하이브리드 가공학

HYBRID MACHINING PROCESSES

강명창 | 신보성 | 정해도 옮김

McGraw Hill Education

HASSAN EL-HOFY

홍릉과학출판사

McGraw-Hill Education Korea

Advanced Machining Processes, 1st Edition.

1 2 3 4 5 6 7 8 9 10 HR 20 13

Original: Advanced Machining Processes, 1st Edition. © 2013
By Hassan El-Hofy
ISBN 978-0-07-145334-9

This book is exclusively distributed by Hong Reung Science Publishing Co.

When ordering this title, please use ISBN 979-11-5600-008-2

Printed in Korea

지은이 머리말

가공공정(machining processes)이란 정확도와 표면품질이 우수한 최종 제품을 생산하는 것이다. 종래의 기계가공에서는 가공물 재료보다도 단단한 절삭공구재료를 사용한다. 그러나 최근의 제조산업에서는 난삭성 재료(difficult-to-cut materials)가 많이 사용되어 새로운 가공공정의 도입이 필요하다.

비전통적 가공공정의 분류는 가공물에서 재료를 제거하는 가공방법에 의해서 결정된다. 본서에서는 각 공정에 대하여 재료제거 메커니즘, 기계가공시스템의 구성요소, 공정변수, 기술적 특성 및 산업체 적용사례를 제시하고 있다.

높은 가공 생산성, 제품의 정확도, 표면품질의 우수성이 대두되면서 두 개 혹은 그 이상의 가공공정이 조합된 새로운 하이브리드가공공정 개발이 요구되고 있다. 재료제거 공정을 일으키는 주요 메커니즘을 기반으로 한 하이브리드가공공정에 대하여 크게 두 가지 범주가 기술되고 있다. 기존의 하이브리드가공공정을 토대로, 현재 동향 및 연구방향을 제시하고, 각 하이브리드가공공정에 대하여 재료제거 방법, 가공시스템, 공정변수들 및 적용사례들을 언급하였다.

이 책은 새로운 하이브리드가공공정뿐만 아니라 비전통적인 가공공정을 위한 포괄적인 설명을 제공한다. 그래서 학부 및 대학원 과정에 있어서 기계, 재료, 생산시스템 및 산업 공학에서 기본원리와 응용을 위한 도서로 적합하다. 또한, 첨단 가공기술 분야에서 종사하는 엔지니어에게 유용한 많은 정보를 제공하고 있다.

본서를 작성함에 있어, 저자는 비교적 간단하고 이해하기 쉬운 방법으로 주제를 제시하면서 충분한 주의를 기울였다. 도식은 단순하고 명확하게 구성하였다. 저자는 이 책에서 언급된 여러 도서의 저자, 논문, 인터넷 사이트 및 기타 자료 등의 모든 것에 감사를 표하며, 차후 버전에서 이 책의 가치를 높이기 위하여 기타 의견과 제안을 환영한다.

책의 개요

아래의 주제와 장들은 비전통적 가공 및 하이브리드가공의 특성을 이해하기 위하여 8 개의 장으로 구성되어 있다.

제 1 장　재료제거 공정
제 2 장　기계적 공정
제 3 장　화학적 공정
제 4 장　전기화학적(전해) 공정
제 5 장　열적 공정
제 6 장　하이브리드 전해 공정
제 7 장　하이브리드 열적 공정
제 8 장　재료부가 공정

제 1 장에서는 기계가공의 역사와 발전 과정을 도입함으로써 전통 및 비전통가공의 차이를 설명하였다. 절단 및 마모에 의한 종래의 기계가공공정의 예제를 제시하였다. 단일공정 비전통적인 가공공정은 재료제거 공정을 야기하는 에너지원(source of energy)에 따라 여러 가지로 분류된다. 하이브리드가공은 여러 가공단계를 결합한 형태로 구성된다. 하이브리드가공은 공정 중에 발생하는 주요 재료제거 메커니즘에 따라 몇 가지로 분류된다.

제 2 장에서는 초음파가공, 워터제트가공, 연마워터제트가공, 아이스제트가공뿐만 아니라 자기연마와 같이 비전통적인 기계가공공정의 모든 범위를 포함한다. 이 과정에서는 기계적인 마모(mechanical abrasion, MA)를 강제로 일으키는 연마제트, 워터제트 및 아이스제트 등의 기계적 에너지가 사용된다.

제 3 장에서는 화학밀링, 광화학가공 및 전해연마 등의 화학 기계가공공정이 언급된다. 이 과정에서 주로 피가공재 표면의 특정 위치에서 일어나는 화학용해(chemical dissolution, CD)를 통해 재료가 제거된다.

제 4 장에서는 전해가공과 전해드릴, 형튜브 전해가공, 전기 스트림, 전해 제트 드릴링 및 전해 디버링을 포함한다. 전해 용해가공은 재료제거율을 제어할 수 있다.

제 5 장에서는 열적 가공공정에 따른 몇 가지 가공공정을 소개하고 있다. 이들은

방전가공, 레이저빔가공, 전자빔가공, 플라즈마 빔가공 및 이온빔가공 등의 공정들이다. 이러한 공정의 대부분은 재료를 용융 및 증발시켜 가공물을 제거한다. 가공부품의 열적 특성은 재료의 제거속도에 영향을 미친다.

제 6 장에서는 하이브리드 전해공정이 다루어지고 있다. 이러한 방법 중 일부는 기계적 마모에 의한 기계적 가공의 지원을 받지만, 주로 전해에 의한 것으로 전해연삭, 전해 호닝, 전기해슈퍼피니싱 및 전해 버핑 등이 있다. 초음파공정을 또 다른 가공공정에 지원함으로써 초음파 지원 동안 전해 용해 작용이 향상된다. 레이저 빔은 전해 반응을 활성화시키고 나아가서는 레이저지원 전해가공의 재료제거율을 높인다.

제 7 장에서는 하이브리드 열적 가공공정을 다루고 있다. 전해 용해는 전기침식용해가공 중 방전침식 작용을 강화한 것이다. 기계적인 마모가 전기방전연삭과 연마지원 공정과 동시에 열적 마모를 강화한다. 초음파 지원은 초음파 지원 방전가공공정 동안에 방전공정을 활성화한다. 3 개 공정의 하이브리드가공은 연삭전기방전의 주요 침식 상태에서 기계적인 마모와 전해 용해와 모두 결합하여 가공정확도와 가공품질을 향상시킨다.

제 8 장에서는 재료부가 가공공정이 설명되어 있다. 이들은 주로 액체, 분말 및 고체 기반 기술로 분류되는 쾌속조형 기술의 넓은 범위를 포함한다.

이 책의 장점

1. 비전통 및 하이브리드의 두 가지 가공공정을 모두 다루고 있다.
2. 재료제거의 원인(기계적, 열적, 화학적 및 전해 공정)과 가공단계에 따라 비전통 가공공정을 자세히 분류한다.
3. 주요 메커니즘에 따라 하이브리드 공정을 규정한다. 열적 하이브리드와 전해 하이브리드 공정으로부터 가공재료의 제거를 일으키는 가공단계에 따라 하이브리드가공공정을 분류한다.
4. 하이브리드가공뿐만 아니라 비전통가공의 재료제거 메커니즘 원리를 분명하게 설명한다.

5. 공정 거동에 대한 각 가공단계의 역할(재료제거를 일으키는 원인)에 대해 설명한다.
6. 가공시스템, 주요 구성요소 및 그들이 어떻게 작동하는지를 설명한다.
7. 각 공정의 기술적 특성(제거 속도, 정확도 및 표면품질)에 대한 가공 변수의 역할에 대해 설명한다.
8. 비전통적 가공방법으로 재료제거에 적용된 동일한 원리를 사용하여 재료의 부가가공공정을 설명한다.

이 책은 다음에 해당되는 분께 도움이 되고자 한다

1. 생산, 산업, 제조, 재료 및 기계공학 전공분야에 재학 중인 학부생
2. 현대식 기계가공공정을 통해 재료제거의 이론을 이해하려고 노력하는 대학원생 및 연구자
3. 첨단 가공분야에서 일하는 엔지니어 및 높은 수준의 기술자

나는 왜 이 책을 썼는가?

나는 박사 학위를 향해 노력할 때에 영국에서 연구 휴가 4 년을 Aberdeen 대학에서 그리고 1 년을 Edinburgh 대학에서 보냈다. 그때 J. McGeough 교수의 지도하에 하이브리드 전기아크 와이어가공(ECAM) 분야에서 학위 논문을 마쳤다. 그 논문은 Wolfson 재단과 British Technology 그룹에 의해 지원받았다. 연구 활동하는 동안에 3 년 연속 해외 연구 학생(overseas research student, ORS)상을 수상했다. 대규모의 연구팀에서 활동하고 정기적인 회의에서의 논제를 공유함으로써, 하이브리드 ECM-EDM, ECAM 드릴링 및 전해 제거 등의 선진적이고 하이브리드가공 적용사례들 등에 관련하여 더 많은 경험을 얻었다. 나는 McGeough 교수 주최 CAPE 회의를 위한 정기 운영위원회의 일원이었다. 나는 그의 책 Micromachining of Engineering Materials의 두 장을 편집하고 한 장을 공동 집필하였다.

나는 강사로 시작해서 첨단 가공공정 분야의 정교수 직위를 역임하면서 학문적 경력을 통해 전 세계의 많은 대학에서 가공에 관련된 모든 과목들을 가르쳐 왔다.

나는 비전통적인 동시에 하이브리드가공분야 관련하여 약 50 편의 연구 논문을 빌표했다. Qatar 대학에서 저자는 교육과 첨단 가공기술에 대한 확고한 소임을 가지고 있으며, 저자는 책에 있던 모든 자료를 수집하기 위해 2001 년부터 마음을 담아 이 작업을 계속 진행하고 있다.

Hassan El-Hofy
Alexandria, Egypt

감사의 글

내가 이름을 일일이 다 언급하지 못할 정도로 많은 사람들이 이 책의 저술에 도움을 주셨다. 무엇보다 먼저, 이집트의 Alexandria 대학의 H. Youssef와 MH Ahmed 교수들과 Qatar 대학의 H. Rahmatallh, S. Soliman 그리고 O. Saad 교수님에게 지원, 제안 및 격려에 대하여 감사드린다.

McGraw Hill의 편집 및 제작 참모들은 이 책 교정본이 잘 출판될 수 있도록 많이 노력하셨고, 나는 이에 진심으로 감사의 마음을 전한다.

특히, 원고 준비 동안 지원과 관심을 보여준 내 아내 Soaad, 딸 Noha, Assmaa, 그리고 Lina에게도 감사드린다. 그리고 나의 아들 Mohamed는 책의 많은 부분에서 좋은 삽화를 제공하고 여러 가지 토론과 제안해 주었다.

나에게 이 책을 위하여 많은 그림과 사진을 다시 사용할 수 있는 권한을 준 많은 기관들의 도움에 커다란 감사를 드린다:

- Acu-Line Corporation, Seattle, WA
- HASM International, Materials Park, OH
- ASME International, New York, NY
- Extrude Hone, Irwin, PA
- IEE, Stevenage, UK
- Jet Cut Incorporation, Waterloo, ON, Canada
- Jet-Edge, St. Michael, MN
- LCSM-EFPL, Swiss FederalInstitute of Technology, Lausanne, Switzerland
- Precision Engineering Journal, Elsevier, Oxford, UK
- TU/e, Eindhoven University of Technology, Netherlands
- Vectron Deburring, Elyria, OH

옮긴이 머리말

패러다임(paradigm)의 설정은 그 분야 또는 시대에 있어 커다란 발전을 촉진시킨다. 최근 '하이브리드(hybrid)'라는 키워드가 하이브리드 자동차, 하이브리드 클럽, 하이브리드 카메라, 하이브리드 앱, 하이브리드 자전거, 하이브리드 채권 등 산업, 경제 및 사회 전반에서 종종 등장된다.

'하이브리드'라는 용어는 원래 이질적인 요소가 서로 섞인 것으로 이종, 혼합, 혼성 및 혼혈이라는 의미를 지닌다. 보다 넓은 의미로는 이종을 결합, 부가가치를 높인 새로운 무엇인가(시장이나 영역 등)를 창조하는 통합 코드로 인식된다. 다시 말해, 하이브리드는 기능의 융합(fusion, convergence)에 초점이 맞추어진다고 말할 수 있다.

하이브리드 패러다임은 가공 및 제조공정에서도 많이 응용 및 도입되고 있다. 기존의 전통적인 가공공정에 새로운 공정이나 다른 공정들을 하이브리드화하여 생산성이나 가공품질을 향상시키는 것이다. 그 한 예로, 기존의 화학기계적 연마공정인 CMP(Chemical-Mechanical Polishing)에 전해인 기술을 도입하여 더욱 좋은 가공품질을 가지는 ECMP(Electro-Chemical Mechanical Planarization)가 있다.

본 교제는 기계가공공정(절삭, 연삭 등)과 물리적, 화학적, 열적 및 전기적인 에너지에 의한 비전통적인 가공공정(초음파, 레이저, 방전 및 전해가공)에 대하여 각각의 기본원리와 공정변수 그리고 재료제거율과 가공품질 등에 대하여 다루고 있으며, 이를 바탕으로 가공공정 간의 새로운 융합개념인 하이브리드가공공정(hybrid machining processes)에 있어서 그 원리, 장단점 및 응용에 대하여 구체적인 사례 중심으로 제시하고 있다.

끝으로, 이 책이 기계가공분야의 교육과 연구에 조금이라도 이바지할 수 있기를 기대하며, 이 책이 출판되는 데 많은 도움을 주신 홍릉과학출판사 여러분의 노고에 깊은 감사를 드린다.

2013 년 11 월

역자일동

약어 설명

약어_Abbreviation	설명_Description
AEDG	연마방전연삭 (Abrasive electrodischarge grinding)
AEDM	연마방전가공 (Abrasive electrodischarge machining)
AFM	연마유동가공 (Abrasive flow machining)
AJM	연마제트가공 (Abrasive jet machining)
AWJM	연마워터제트가공 (Abrasive water jet machining)
BHN	브리넬 경도 수 (Brinell hardness number)
BIS	빔간섭고형화 (Beam interference solidification)
BEDMM	브러시침식용해기계가공 (Brush erosion dissolution mechanical machining)
BPM	탄도입자 제조 (Ballistic particles manufacturing)
C	절단/절삭 (Cutting)
CAD	컴퓨터지원설계 (Computer-aided design)
CAM	컴퓨터지원 제작 (Computer-aided manufacturing)
CAPP	컴퓨터지원 공정계획 (Computer-assisted process planning)
CBN	입방정 질화붕소 (Cubic boron nitride)
CD	화학용해 (Chemical dissolution)
CHM	화학밀링 (Chemical milling)
CIM	컴퓨터통합 제작 (Computer-integrated manufacturing)
CVD	탄소 가스증착 (Carbon vapor deposition)
CNC	컴퓨터 수치제어 (Computer numerical control)
CW	연속파 (Continuous wave)
EBM	전자빔가공 (Electron beam machining)

ECAM	전해아크가공 (Electrochemical arc machining)
ECB	전해버핑 (Electrochemical buffing)
ECD	전해용해 (Electrochemical dissolution)
ECDB	전해디버링 (Electrochemical deburring)
ECDG	전해방전연삭 (Electrochemical discharge grinding)
ECDM	전해방전가공 (Electrochemical discharge machining)
ECDR	전해드릴링 (Electrochemical drilling)
ECG	전해연삭 (Electrochemical grinding)
ECH	전해호닝 (Electrochemical honing)
ECJD	전해제트드릴링 (Electrochemical jet drilling)
ECM	전해가공 (Electrochemical machining)
ECML	레이저지원 전해가공 (Laser-assisted electrochemical machining)
ECS	전해 슈퍼피니싱 (Electrochemical superfinishing)
EDE	방전부식 (Electrodischarge erosion)
EDG	방전연삭 (Electrodischarge grinding)
EDM	방전가공 (Electrodischarge machining)
EDMUS	초음파지원 방전가공 (Electrodischarge machining with ultrasonic assistance)
EDT	방전 텍스처링 (Electrodischarge texturing)
EEDM	전기마모 용해가공 (Electroerosion dissolution machining)
EP	전해연마 (Electropolishing)
ES	전기유속 (Electrostream)
FDM	융합적층 모델링 (Fused deposition modeling)
FJ	유체제트 (Fluid jet)
G	연삭 (Grinding)
HAZ	열영향부 (Heat-affected zone)
HF	혼포밍 (Hone forming)
HIS	홀로그래픽 간섭고형화 (Holographic interference solidification)
IBM	이온빔가공 (Ion beam machining)
IJM	아이스제트가공 (Ice jet machining)

LAE	레이저지원 화학에칭 (Laser-assisted chemical etching)
LAJECM	레이저지원 제트전해가공 (Laser-assisted jet ECM)
LAN	국부 영역 네트워크 (local area network)
LBM	레이저빔가공 (Laser beam machining)
LBT	레이저 빔 텍스처링 (Laser beam texturing)
LENS	레이저 원용 정형가공 (Laser engineered net shaping)
LOM	적층개체 모델링 (Laminated object modeling)
LTP	액체 열중합 (Liquid thermal polymerization)
MA	기계적 마모 (Mechanical abrasion)
MAF	자기연마 마무리 (Magnetic abrasive finishing)
MJM	멀티제트 모델링 (Multijet modeling)
MMC	금속기지 복합재 (Metal matrix composites)
MPEDM	기계적 펄스 방전가공 (Mechanical pulse electrodischarge machining)
MRR	재료제거율 (Material removal rate)
MS	기계적 스크러빙 (Mechanical scrubbing)
M초음파가공	마이크로초음파가공 (Micro-ultrasonic machining)
NC	수치제어 (Numerical control)
ND-YAG	네오디뮴 도핑 이트리윰 알루미늄 가넷 (Neodymium-doped yitrium-aluminum-garnet)
PAM	플라즈마 아크가공 (Plasma arc machining)
PBM	플라즈마 빔가공 (Plasma beam machining)
PCB	광화학 블랭킹 (Photochemical blanking)
PCD	다결정 다이아몬드 (Polycrystalline diamond)
PECM	펄스 전해가공 (Pulse electrochemical machining)
PF	광성형 (Photoforming)
PCM	광화학밀링 (Photochemical milling)
PM	펄스 모드 (Pulsed mode)
RP	쾌속조형 (Rapid prototyping)
RUM	로타리 초음파가공 (Rotary ultrasonic machining)
SB	쇼트 블라스팅 (Shot blasting)

SDM	형상 적층제작 (Shape deposition manufacturing)
SFF	솔리드 자유형 제조 (Solid free-form fabrication)
SFP	솔리드호일 중합 (Solid foil polymerization)
SGC	솔리드 지면 경화 (Solid ground curing)
SLA	광조형 (Stereolithography)
SLS	선택적 레이저소결 (Selective laser sintering)
STEM	형튜브 전해가공 (Shaped tube electrolytic machining)
TEM	열에너지 기법 (Thermal energy method)
US	초음파 (Ultrasonic)
USM	초음파가공 (Ultrasonic machining)
USM EC	초음파지원 전해가공 (Ultrasonic-assisted electrochemical machining)
VRR	체적제거율 (Volumetric removal rate)
WJM	워터제트가공 (Water jet machining)

기호 정의 및 단위

기호_Symbol	정의_Definition	단위_Unit
a	공구이송속도 (tool feed rate)	mm/min
A	원자무게 (atomic weight)	
A/Z	화학당량 (chemical equivalent)	g
$A/Z.F$	전해당량 (electrochemical equivalent)	g/C
A_b	초점위치의 레이저 빔 면적(area of laser beam at focal point)	mm^2
C	전해 가공상수 (electrochemical machining constant)	mm^2/s
C/y_e	단위면적당 재료제거율 (metal removal rate per unit area)	mm/min
C_d	직경방향의 오버컷 (diametrical overcut)	mm
C_l	재료와 전환효율에 대한 상수 (constant depending on material and conversion efficiency)	
C_s	자왜물질 내의 음속 (speed of sound in magnetostrictor material)	m/s
d	화학밀링 언더컷 (CHM undercut)	mm
D	방전가공 깊이 (EDM depth)	mm
D/L_c	모서리 마모율 (corner wear ratio)	mm
D/L_e	끝단 마모율 (end wear ratio)	
D/L_s	측면마모율 (side wear ratio)	
d/T	식각인자 (etch factor)	
d_a	마모입자 평균직경 (mean diameter of abrasive particles)	μìm
d_b	가공물에 닿은 빔 직경(슬롯 폭) (beam diameter at contact with workpiece (slot width))	mm

기호 Symbol	정의 Definition	단위 Unit
d_s	스폿 직경 (spot size diameter)	mm
d_t	공구직경 (tool diameter)	mm
d_w	가공된 구멍직경 (produced hole diameter)	mm
dy/dt	위치변화의 가공물 비율 (workpiece rate of change of position)	mm/min
E	영의 계수 (Young's modulus)	MPa
ϵ_m	자왜 연신율 계수 (coefficientof magnetostriction elongation)	
E_m	자기에너지 크기 (magnitudes of magnetic energy)	
e_v	펄스 수 (number of pulses)	
E_v	재료 기화 에너지 (vaporization energy of material)	W/mm^3
E_w	기계에너지 크기 (magnitudes of mechanical energy)	
$\mathcal{F}$	진동주파수 (frequency of oscillation)	Hz
f	자기장 변화 주파수 (frequency of changes in magnetic field)	Hz
F	패러데이 상수 (Faraday's constant)	C/g per-ion
F_l	렌즈 초점 거리 (focal length of lens)	cm
f_p	펄스 주파수 (frequency of pulses)	Hz
f_r	공진 주파수 (resonance frequency)	Hz
g	요구된 구멍 깊이 (depth of hole required)	
g_e	단위펄스당 제거된 구멍 깊이 (depth of hole removed per pulse)	mm
g_w	휠-가공물 간격 (wheel-workpiece gap)	
h	재료두께 (thickness of material)	mm
H	자기장 강도 (magnetic field intensity)	
H_0	표면 파단강도 (surface fracture strength)	BHN
H_{rms}	표면조도 (surface roughness)	μm
H_w	가공재료경도 (hardness of workpiece material)	N/mm^2
i	방전가공 전류 (EDM current)	A

기호_Symbol	정의_Definition	단위_Unit
I	전해전류 (electrolyzing current)	A
I_e	빔 방출 전류 (beam emission current)	mA
I_p	펄스전류 (pulse current)	A
J	전류밀도 (current density)	A/mm^{-2}
K	상수 (Constant)	
K_h	비례상수 (Proportional Constant)	μm/μJ
K_m	자기 - 기계 커플링 계수 (coefficient of magnetomechanical coupling)	
K_p	손실계수 (coefficient of loss)	
l	자왜소자의 원 길이 (original length of magnetostrictor)	
L	슬롯 길이 (slot length)	mm
L_c	모서리 마모 (corner wear)	mm
L_e	끝단 마모 (end wear)	mm
L_p	레이저 파워 (laser power)	W
L_s	측면마모 (side wear)	mm
m	분해된 질량의 양 (amount of mass dissolved)	g
n	대상재료 밀도 (density of target material)	atoms per cm^3
n_e	펄스 수 (number of pulses)	
N	단위면적당 충돌한 연마제 수 (number of abrasives impacting per unit area)	
N_M	상대적 가공성 (relative machinability)	
P	자왜재료 밀도 (density of magnetostrictor material)	kg/m^3
P_d	파워(출력/에너지) 밀도 (power density)	W/cm^2
P_r	펄스 파워 (pulse power)	W
q_c	순수재료의 비제거율 (specific removal rate for pure metals)	$mm^3/(min \cdot A)$
Q_{ECD}	전기분해 제거율 (removal rate of electrochemical dissolution)	mm^3/min
Q_{ECG}	전해연삭 총제거율 (total removal rate in ECG)	mm^3/min

기호 Symbol	정의 Definition	단위 Unit
Q_l	선형 제거율 (linear removal rate)	mm/min
Q_{MA}	기계연마 제거율 (removal rate of mechanical abrasion)	mm^3/min
Q_v	체적제거율 (volumetric removal rate)	mm^3/min
R	평균 그릿 반경 (mean radius of grit)	mm
R_a	평균 거칠기 (average roughness)	μm
R_t	산-골 거칠기 최대값 (maximum peak to valley roughness)	μm
R_w	마모비율 (wear ratio)	
S	공구의 정적응력 (static stress on tool)	kg/mm^2
$s(\theta)$	이온빔가공 항복 (IBM yield)	atoms per ion
t	가공시간 (machining time)	min
T	전해가공 절삭깊이 (CHM depth of cut)	mm
t_i	펄스 간격 (pulse interval)	μs
t_m	가공시간 (machining time)	
t_p	펄스폭 (pulse duration)	μs
T_r	공구전극에 대한 가공물 융점의 비율 (ratio of workpiece to tool electrode melting points)	
T_t	공구전극 융점 (melting point of tool electrode)	°C
T_w	가공물 융점 (melting point of workpiece material)	°C
U	평균속도 (mean velocity)	
V	간격 전압 (gap voltage)	V
$V(\theta)$	식각률 (etch rate)	atoms per min/ $mA\ cm^2$
V_a	빔 가속전압 (beam accelerating voltage)	kV
V_e	소모전극 체적 (volume of electrode consumed)	mm^3
V_g	연삭 휠 침투깊이 (grinding wheel penetration speed)	mm^3/min
VRR	재료제거율 (material removal rate)	mm^3/min
V_s	가공률 (machining rate)	mm^2/min
V_w	제거가공물 체적 (volume of workpiece removed)	mm^3

기호 Symbol	정의 Definition	단위 Unit
V_w/V_e	체적 마모율 (volume wear ratio)	
W	펄스 에너지 (pulse energy)	μJ
W_t	공구마모율 (wear rate of tool)	mm^3/min
x, y, z	가공물 좌표 (workpiece coordinates)	mm
y	간격 길이 (gap length)	mm
Y	진폭 (amplitude of vibration)	mm
y_e	평형 간격 (equilibrium gap)	mm
Z	가공물 원자가 (workpiece valence)	

그리스 기호

기호	정의	단위
α	빔 발산 (beam divergence)	rad
γ	분해공정 전류효율 (current efficiency of dissolution process)	%
Δl	자왜 증분길이 (incremental length of magnetostrictor)	
ΔT	레이저 펄스폭 (pulse duration of laser)	s
Δv	편광 전압 (polarization voltage)	V
ε	화학 등가무게 (chemical equivalent weight)	
κ	전해 전도도 (electrolyte conductivity)	$\Omega^{-1} \cdot mm^{-1}$
λ	파장 (wavelength)	
v	연마입자속도 (velocity of abrasive particles)	m/s
ρ	양극재료 밀도 (density of anode material)	g/mm^3
ρ_a	연마입자 밀도 (density of abrasive particles)	g/mm^3
ρ_e	전해질 밀도 (density of electrolyte)	
Ψ	드릴링률 (drilling rate)	

목차

Chapter

1

재료제거 공정

_Material Removal Processes

1.1 서론 _Introduction

주조, 성형 또는 다양한 제조공정에 의해 만들어진 부품들은 종종 추가 공정들이 요구되고, 그 이후에 그들은 그대로 사용되거나 혹은 조립할 수 있는 상태가 된다. 많은 공학적 적용사례에 있어서 부품들은 예상 수명 동안 안정적으로 기능하기 위해 교환이 가능하여야 한다. 따라서 치수정확도 및 부품 표면마무리는 제조공정 동안 반드시 제어되어야 할 출력조건이다. 가공정확도와 표면품질이 엄격한 정도 이내에서 정확한 기하학적 형상을 제작하기 위해서는 원재료로부터 몇 가지의 재료제거 공정을 거쳐야 한다.

1.2 가공 역사 _History of Machining

예로부터 재료 절단의 방법들로서 뼈, 나무 또는 돌로 만들어진 손 도구들이 도입되었다. 이러한 청동과 철 등의 금속으로 만든 손 도구는 거의 만년 동안 사용되었다. 거의 7 세기까지도 도구는 두 손에 의해 아주 초보 방식으로 운영하거나 기계적으로 구동되었다. 이러한 방법들에 의하여 왜건(wagon), 선박 및 가구뿐만 아니라 일상적으로 사용되는 기본적인 조리기구 등이 제조되었다. 에너지의 유용한 공급원으로서 물, 증기 그리고 나중에는 증기 및 전력 등이 도입됨으로써 급격하게 많은 용도에 수동으로 구동되는 공구를 대체한 동력 구동식 공작 기계 등이 만들어졌다.

이러한 발전을 기반으로 절삭공구재료로서 합금 재료 개발과 새로운 장비 공구(machine tool) 산업이 18 과 19 세기에 활성화되기 시작하였다. 이러한 새로운 산업에 가장 중요한 공헌은 1774 년에 존 윌킨슨(John Wilkinson)에서부터 시작되었다. 그는 그 당시의 초기 공작 기계에 관련된 문제점들을 극복하기 위하여 증기에 의해 구동되는 최초의 보링(boring) 엔진 실린더 가공을 위한 정밀 기계를 구축했다. 그로부터 23 년 후, 헨리 모즈리(Henry Maudslay)는 기계가공에 있어서 더욱 발전시켜 스크류(screw) 절단 엔진 선반을 고안하였다. 제임스 나스미스(James Nasmyth)는 윤곽 절단과 평면가공을 위한 두 가지 기본적인 공구를 발명하였다. 이러한 기술은 단인 절삭공구(single-point cutting tool)를 사용하여 평면, 그루브(groove), 어깨면(shoulders), T-슬롯(slot) 및 곡면 가공에 사용되었다. 잘 알려진 드릴링 기계는 이러한 공작 기계의 세 번째 범주이며, 예를 들면, 트위스트 드릴공구를 사용하여 구멍을 잘라냈다. 1818 년경에 휘트니(Whitney)는 최초의 밀링머신을 도입하여 그루브, 도브테일(dovetails) 및 T-슬롯 뿐만 아니라 평면 표면을 가공하였다. J. R. 브라운(J. R. Brown)에 의해 1862 년에 제작된 첫 번째 만능 밀링머신(universal milling machine)은 헬리컬 절삭날(helical flutes)을 절단가공하는 데 사용되었다. 19 세기 후반에 랩핑 공정(lapping process)이 도입되었다. 이 기술의 진보된 형태는 고품질 표면마무리와 매우 엄격한 허용 오차를 확보하기 위하여 연삭의 가공 가능 범위인 ± 0.0025 밀리미터(mm)보다 우수한 0.00005 mm 를 구현하였다. 띠톱(band saw) 및 원형 디스크 톱날은 금속판의 외부, 내부 및 각도 컷을 만들기 위해 사용되었다.

주목할 만한 개발로는 나사의 자동 생산을 위해 19 세기 중반에 만들어진 터렛 선반(turret lathe)이 있다. 그리고 1896 년에 F. W. 펠로우(F. W. Fellows)는 기어의 모든 종류를 생산할 수 있는 시스템을 구축하는 중요한 발전을 이루어 냈다. 연삭기술의 초기 성과의 중요한 예로는 자동차의 크랭크 샤프트를 연삭하는 데 필요한 시간을 5 시간에서 최소 15 분으로 단축시킨 C. N. 노턴(C. N. Norton)의 성과를 들 수 있다. 멀티 스테이션 수직 선반, 갱 드릴(gang drills), 생산 밀러(production millers), 브로칭(broaching), 호닝(honing) 및 보링(boring) 등은 공작 기계의 기술 진보의 주목할 만한 성과들이다(McGeough, 1988). 19 세기의 후반과 20 세기에 공작 기계들은 점차 증기보다는 전기로 구동하기 시작하였다. 기본적인 공작 기계공구도 새롭게 개량되어 예를 들어, 다인 밀링 커터(multiple-point cutters)가 도입되었다. 이러한 발전에도 불구하고 기존 공작 기계를 적용할 때, 여전히 절삭공구가 절단되는 피가공물보다 딱딱한 재료로 만들어져야 한다는 기존원리를 벗어나지 못하고 있었다.

이러한 전통적인 방법 도중에 작업자는 완성 부품의 도면 드로잉을 받게 된다. 그러면 그는 가공전략을 결정하고, 시스템을 설정하고, 공구, 속도 및 이송을 선택하게 된다. 그리고 작업자는 검사에 합격할 수 있도록 기계를 조작하여 부품을 자른다. 이러한 상황에서는 제품 정확도 및 표면품질은 여전히 만족스럽지 않다. 이러한 종래 기계에 복사 기술(copying techniques), 캠(cams) 및 노동력의 절감을 추구한 결과 제품의 정확성을 향상하는 자동 메커니즘(automatic mechanisms)을 도입하게 되었고 이로써 추가적인 발전을 이루게 되었다.

1953 년 수치제어(NC) 기술의 도입으로 컴퓨터 수치제어(CNC)와 제품의 정확도와 균일성을 향상시킨 직접 수치제어(DNC) 머시닝 센터(machining centers)등에 넓은 문호를 개방하게 되었다. 기계가공공정과 가공공구의 발전은 전자 및 컴퓨터 산업의 급속한 성장에 힘입어 지난 50 년간 계속 진보하였다. 기존 공작 기계의 독창적인 설계기술 덕분에 복잡한 형상의 세품일지라도 ±1 μm 의 정확도 이내로 제조할 수 있게 되었다. 그림 1.1에서 보이는 것처럼 기존의 기계가공 중 가장 최근의 진보의 사례로서 정밀 지그 보링기(precision jig borers), 지그 그라인더(jig grinding) 그리고 슈퍼피니싱 기계(superfinishing machines)가 포함된다.

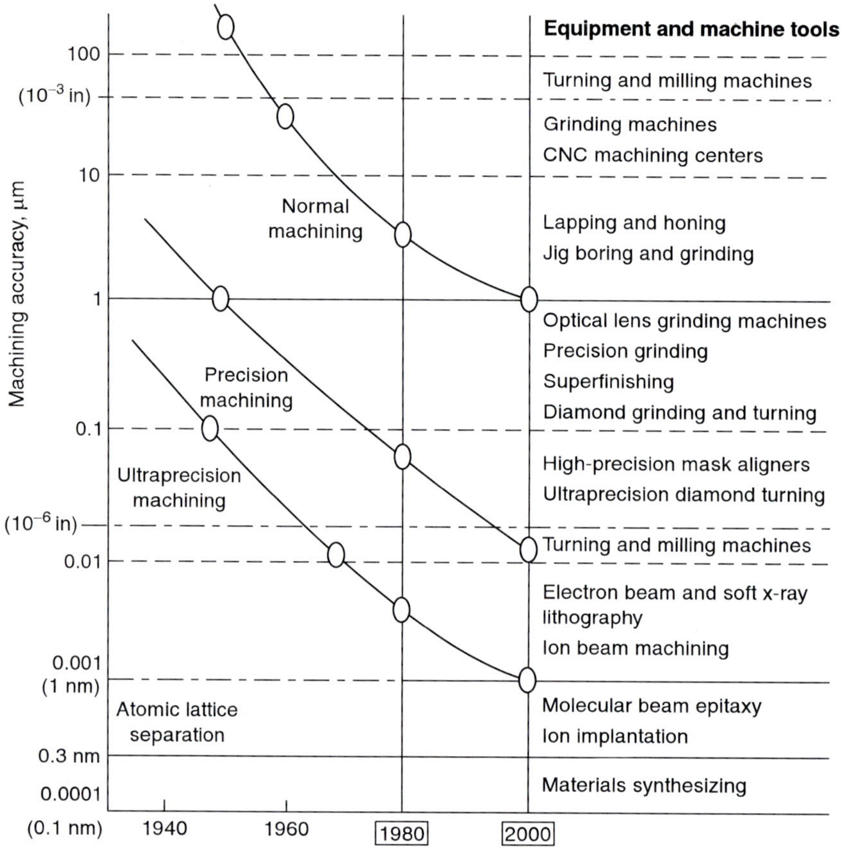

그림 1.1 가공정확도(Tanigushi, 1983)

이들은 ±1 μm의 정확도 수준이 가능하도록 제작되었다. 이런 높은 정확도의 수준은 공압 또는 전자기기 뿐만 아니라 광학 측정기를 사용하여 측정할 수 있다. 향후 정밀 연삭, 랩핑 머신 뿐만 아니라 정밀 다이아몬드 선반이 추가된다.

현대에 와서 기계가공기술의 적용에 있어서 딱딱하고, 강하고, 그리고 질긴 재질에 대한 문제가 더욱 자주 대두된다. 따라서 가공물의 기계적 특성이 재료제거 공정에 어떤 제한도 부과하지 않게끔 더 많은 주의가 가공 과정에서 요구된다. 이러한 맥락에서 종래에 없던 비전통적인 가공기술(nonconventional machining techniques)들이 가공성(machinability), 형상의 복잡성(shape complexity), 표면의 무결성(surface integrity) 및 소형화(miniaturization) 등의 요구에 대한 새로운 대안으로 표면화되기 시작하였다. 즉, 다른 기계가공공정을 결합한 혁신적인 가공기술 또는 기존의 방법에 변화가 필요하게 되었다. 하이브리드가공(hybrid machining)은 상호 간의 이점들을 강화하여 살리고 그것들이 개별적으로 적용되는 경우에 생기는 공정의 구조적 악영향을 방지한다.

기계가공공정을 사용하여 강한 재료에 아주 작은 직경의 구멍(10 ~ 100 μm)을 드릴링 할 수 있게 된 후에, 한동안은 가공물 크기와 치수를 줄이는 경향이 있었다. 최근 마이크로 가공에서는 가공물 크기와 치수를 더욱 줄이는 것이 중요한 이슈가 되고 있다. 이것은 마이크로미터 차원의 크기를 가진 입체 형상, 구조 및 디바이스(device) 제조의 실현을 가리킨다. 마이크로 가공 개발의 주요 목표 중 하나는 마이크로 가공된 구조에 집적전자회로를 완벽하게 결합하여 하나의 통합 시스템(integrated systems)을 제작하는 것이다.

마이크로 가공의 최근 응용사례는 실리콘 마이크로 가공(silicon micromachining), 엑시머 레이저(excimer lasers) 및 포토리소그래피(photolithography) 등이다. 정밀 연삭기는 레이저 계측기와 광섬유를 사용하여 ± 0.01 mm 급의 정확도 수준으로 가공할 수 있다. 마이크로 가공의 향후 동향으로는 레이저, 전자빔 리소그래피 및 초정밀 연삭, 랩핑 및 폴리싱 머신도 포함된다. 이러한 경우에는 McGeough (2002)가 제안한 고정밀 레이저 빔의 측정 도구가 사용된다.

원하는 고정밀 나노 가공의 요구 사항은 이온빔가공의 경우와 마찬가지로 칩(chip)을 제거하기보다는 원자 혹은 분자를 직접 제거함으로써 얻을 수 있다. 서브 미크론 수준의 100 nm 와 0.1 nm 사이의 개별 원자 또는 분자의 범위 내의 부품 및 공차를 최소화하기 위하여 Tanigushi(1983)에 의해 나노가공(Nanomachining)이 소개되었다. 즉, 마이크로 전자 제조업계, 자동차 혹은 항공기 등 많은 분야에서의 높은 성능과 효율성을 위해 이러한 작은 스케일의 필요성이 생겼다. 나노 가공에서 성취할 수 있는 정확도는 지난 10 년간에 거의 두 자리 정도로 증가하고 있다. 나노가공 공정은 원자, 분자, 또는 이온빔가공 및 원자 또는 분자 적층(deposition)을 포함한다. 주사 전자현미경(SEM), 투과 전자현미경(TEM), 이온 분석기(ion analyzer) 또는 전자회절장치(electron diffraction equipment) 기술을 이용하여 ± 1 nm 의 공차를 측정할 수 있다.

1.3 전통적인 가공 _Traditional Machining

전술한 바와 같이, 가공은 가공물의 어느 부분을 제거하거나 그 부분을 변경하여 최종부품을 제작한다. 전통 혹은 재래식 가공은 가공할 가공물보다 강한 공구

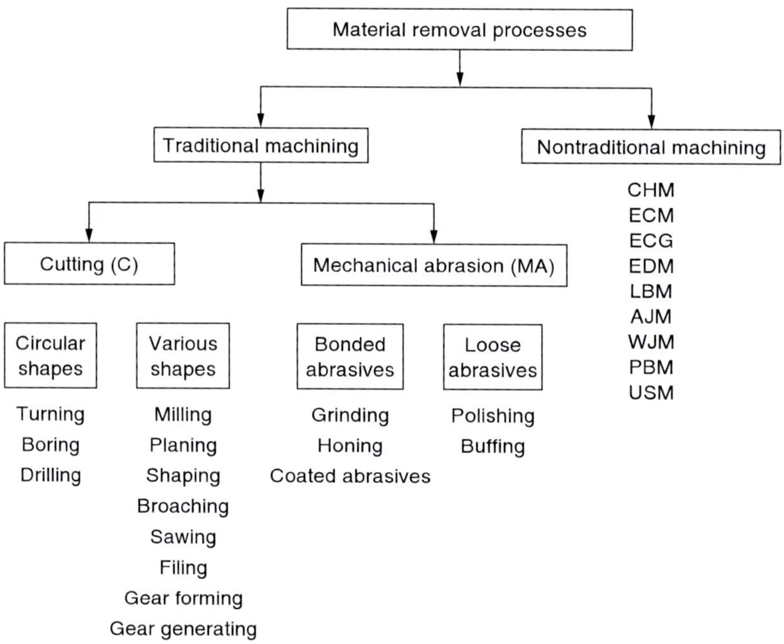

그림 1.2 재료제거 공정들

(tool)를 필요로 한다. 이 공구는 일정한 깊이로 가공물에 파고든다. 또한 공구와 가공물 사이의 상대 운동에 의해 성형(forming) 또는 필요한 형상으로 가공된다. 이러한 공구와 가공물의 접촉 또는 상대 운동이 있고 없는 모든 가공공정은 비전통적인 공정 중의 하나로 간주된다. 전통적인 가공의 분류는 그림 1.2와 같이 절단(cutting, C) 및 기계적인 마모(mechanical abrasion, MA)의 가공작업으로 분류할 수 있다.

1.3.1 절삭에 의한 가공 _Machining by cutting

절삭에 의한 가공공정 중에 공구가 가공재료의 가공 깊이만큼 파고들어 간다. 상대 운동(주 운동, 공구 운동)이 요구되는 가공물의 형태를 결정한다. 따라서 선반은 실린더 부품과 윤곽을 가공하고 밀링은 평면을, 드릴링은 여러 가지 직경의 구멍을 가공한다. 기하학적 모양의 절삭인선(cutting edge)의 특정 숫자가 공구에는 이미 표기되어 있다. 커팅 작업 중에 육안으로 보이는 칩(chip) 형태로 허용치 내에서 제거한다. 절삭가공 동안 절삭공구가 가공물의 윤곽을 마무리하게 되고, 이때 가공물의 형상이 제작된다. 상대 운동은 그림 1.3*a*에서와 같이 일정 깊이에서 공구진입과 더불어 칩(주 운동)을 생성한다. 표면형상 정확도는 주로 총형 절삭공구(form-cutting tool)의 정확도에 따라 결정된다. 가공표면은 칩 생성 과정(주 운동)의 몇 가지 운동과 표면을 따라 생성되는 이동 양상(공구 운동)에 의해 결정된다. 그림 1.3*b*는 절삭에 의한 표면 제조의 전형적인 예를 보여준다. 그림 1.3*c*에서 보여주는 바와 같이 슬롯밀링(slot milling) 가공은 총형양식과 커팅원리를 합쳐져서 사용되고 있다.

절삭가공의 가공물 재료의 저항은 가공영역(machining zone)에서 발생한 온도에 의해 결정된다. 고속 열간가공(high-speed hot machining)은 중요한 기계식 제조방식 중 하나로서 고생산성 기술로 인식된다. 온도가 상승하면 연성이 증가하는 한편, 강도가 저하한다. 고온에서 절삭 힘과 에너지 소비를 줄이고 절단 재료의 가공성을 향상시킨다고 추측하는 것은 매우 논리적이다. 열간가공은 유리 및 엔지니어링 세라믹스의 가공성을 향상시키기 위해 사용되고 있다. El-Kady 등(1998)은

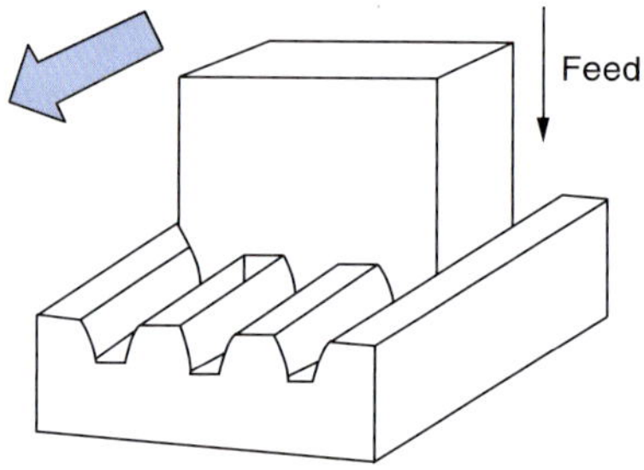

(a) Form cutting (shaping)

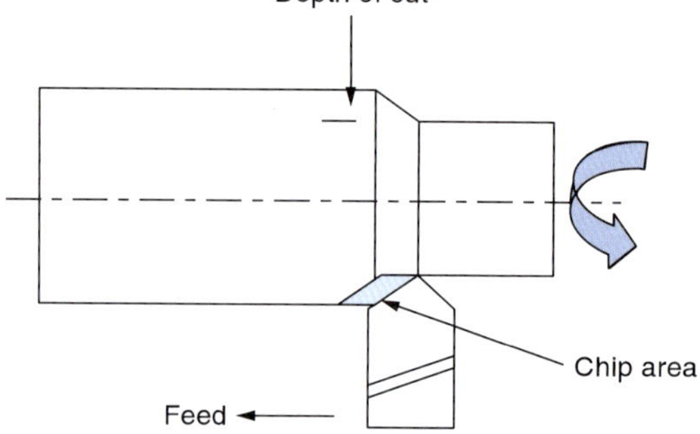

(b) Generation cutting (turning)

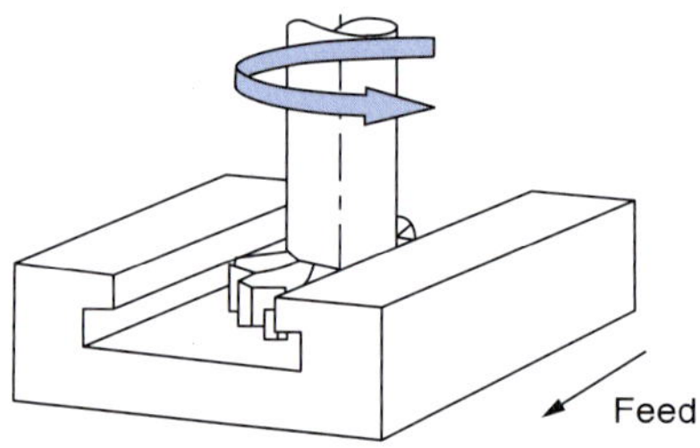

(c) Form and generation cutting (slot milling)

그림 1.3 ▌ 금속절삭공정

가공물의 가열은 재료경도를 줄일 뿐만 아니라 불연속 칩에서 연속 칩 생성 메커니즘으로 변경하면 표면마무리가 개선된다고 주장하였다. Todd와 Copley(1997)는 전통적인 선반 및 밀링센터에서 난삭재(difficult-to-cut materials)의 가공성(machinability)을 향상시키기 위해 레이저지원 시작장비를 구축하였다. 레이저 빔을 가공물의 가공영역 바로 위를 조사하고 있는 레이지를 결합한 선반작업(laser-assisted turning)은 절삭력과 공구마모를 감소시켜 가공품의 기하학적 특성을 향상시킨다.

1.3.2 연마에 의한 가공 _MA, Machining by abrasion

연마가공(abrasion machining)을 쉽게 설명하면 단단하고 각진 연마입자 혹은 연마제(혹은 그릿, grit)의 중복에 의해 제거되는 것으로 공구의 정확한 형태를 형성하기 위해 입자들이 결합되지 않은 경우도 있다. 금속 절삭 공정에 비교하면 연마가공 중에 개별 절삭 날은 무작위의 방향으로 나아가므로, 절삭깊이(변형되지 않은 칩 두께)는 작고 순간적으로 가공물에 접촉하는 연마제 크기와 동일하지 않을 수도 있다. 절삭 날(연마제)은 절삭 마무리 과정에서는 기계적인 연마 작용에 의해

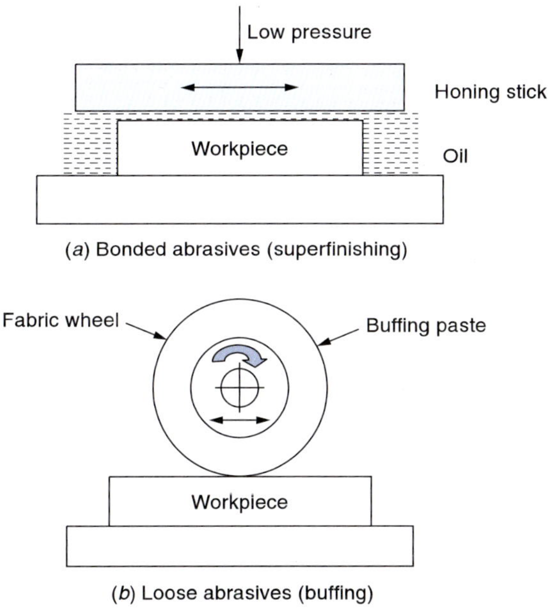

그림 1.4 연마가공

아주 작은 가공공차 내에서 재료를 제거하게 된다. 가공재료는 대부분의 경우에 보이지 않게 아주 미세한 칩의 형태로 제거된다(Kaczmarek, 1976). 기계적인 연마작업은 그림 1.4*a*에서와 같이 연삭, 호닝 및 슈퍼피니싱 공정에 채택되며, 연마제의 형태는 고체 연마 휠(wheel)이나 스틱(stick) 중 하나를 채택한다. 더군다나 그림 1.4*b*에서 보는 바와 같이 랩핑(lapping), 폴리싱(polishing) 그리고 버핑(buffing) 공정 중에서는 루즈(loose) 연마제는 액체 가공 매개체로써 사용된다.

1.4 비전통적인 가공 _Nontraditional Machining

새로운 공학 재료의 열적, 화학적 및 기계적 특성이 획기적으로 개선됨에 따라 새로운 재료의 절단 및 연마와 같은 공정이 전통적인 기계가공만으로는 불가능하게 되었다. 이에 대한 이유는 이러하다. 전통적인 가공은 종종 피가공물보다 딱딱한 공구를 이용한 재료의 제거에 기반을 두고 있기 때문이다. 예를 들면, 금속 단위 부피당 제거에 소모되는 연삭숫돌의 높은 체적 비율(50 ~ 200)이 단지 고전적인 연삭공정의 다결정 다이아몬드(polycrystalline diamond, PCD) 공구 생산만 증가시키는 데 기여했을 뿐이었다.

세라믹스 복합재료의 높은 가공비용 및 가공 중에 발생한 손상 등은 이러한 신재료를 사용하는 데 큰 장애가 되고 있다. 또한, 이러한 첨단 재료에 추가적으로 복잡한 형상, 저강성 구조, 엄격한 공차 및 미세 표면품질을 가진 마이크로 머신 부품이 빈번하게 요구되며 이외에 대부분의 경우도 마찬가지로 필요하다. 그러나 전통적인 기계가공방법은 새로운 재료로 된 부품가공에 있어서 효과가 거의 없다. 따라서 이러한 요구를 충족하기 위해 새로운 공정이 개발되고 있다. 이러한 방법은 항공기, 자동차, 공구 및 금형 등을 만드는 산업에 중요한 역할을 한다. 비전통적인 가공방법(그림 1.5)은 가공물에서 재료제거를 일으키는 가공작업의 수에 따라 분류된다.

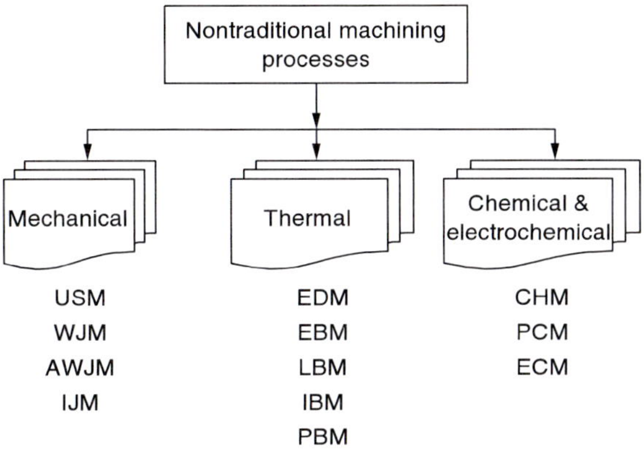

그림 1.5 비전통적인 가공공정

1.4.1 단일공정의 비전통적인 가공 _Single-action nontraditional machining

이러한 공정에는 재료를 제거하기 위해 오로지 하나의 가공작업만이 사용된다. 이들은 기계적, 열적, 화학적 및 전기 등의 가공작업을 생성하는 데 사용되는 에너지 원에 따라 분류할 수 있다.

1.4.1.1 기계적 가공 _Mechanical machining. 초음파가공(ultra-sonic machining, USM)과 워터제트가공(water jet machining, WJM)은 단일공정 즉, 기계적, 비전통적인 기계가공공정의 전형적인 예이다. 워터제트가공의 경우 액체제트를 사용하여 절단가공하는 바와 같이 초음파가공에서는 기계적인 연마에 의해 가공된다. 후자에서 연마 슬러리(slurry) 안에 고체입자가 현탁되어 있는 반면에, 워터제트가공방법에서는 유체(fluid)가 가공매체로 사용된다. 유체제트(fluid jet)에 연마제와 얼음입자의 도입은 연마워터제트가공(abrasive water jet machining, AWJM) 또는 아이스분사가공(ice jet machining, IJM)의 절단성능을 각각 증가시킨다(그림 1.6 참조).

1.4.1.2 열적 가공 _Thermal machining. 열적 가공은 피삭 가공재료를 용융 또는

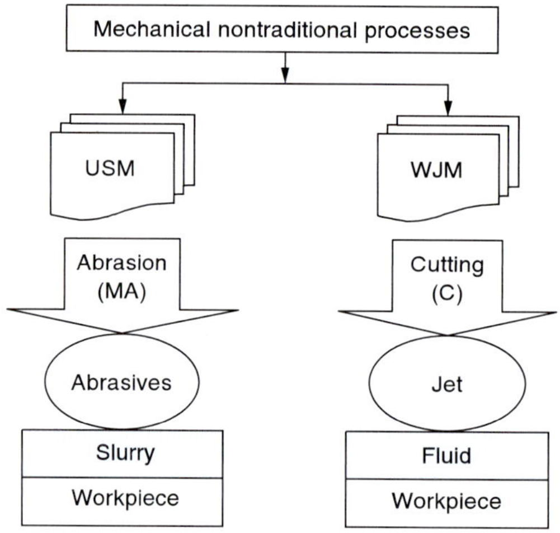

그림 1.6 ▮ 기계가공공정

기화에 의해 가공한도(machining allowance)를 제거한다. 가공품의 표면품질에 관련된 수많은 문제는 가공공정 도중에 발생하는 미세균열(microcracking), 열영향부(heat-affected zone) 및 횡문근(striation) 등이다.

재료제거에 필요한 열원으로는 방전가공(EDM)과 플라즈마 빔가공(plasma beam machining, PBM)에 있어서 플라즈마를, 레이저(laser beam machining, LBM)에 있어서 광자(photon)를, 전자빔가공(electron beam machining, EBM)에서는 전자를, 혹은 이온빔가공(ion beam machining, IBM)에서는 이온을 각각 필요로 한다. 이러한 각각의 공정에 대해서 가공매체가 다르다. 그림 1.7에서 보는 바와 같이 방전가공을 위해 절연성 액체 안에서 방전이 일어나는 반면 IBM과 LBM 공정 중에는 이온과 레이저 빔이 진공 상태에서 발생한다.

1.4.1.3 화학 및 전해 가공 _Chemical and electrochemical machining. 화학밀링(chemical milling, CHM), 광화학가공(photochemical machining, PCM) 혹은 화학 블랭킹(chemical blanking, PCB)으로 일컬어지는 식각액의 이온을 통해

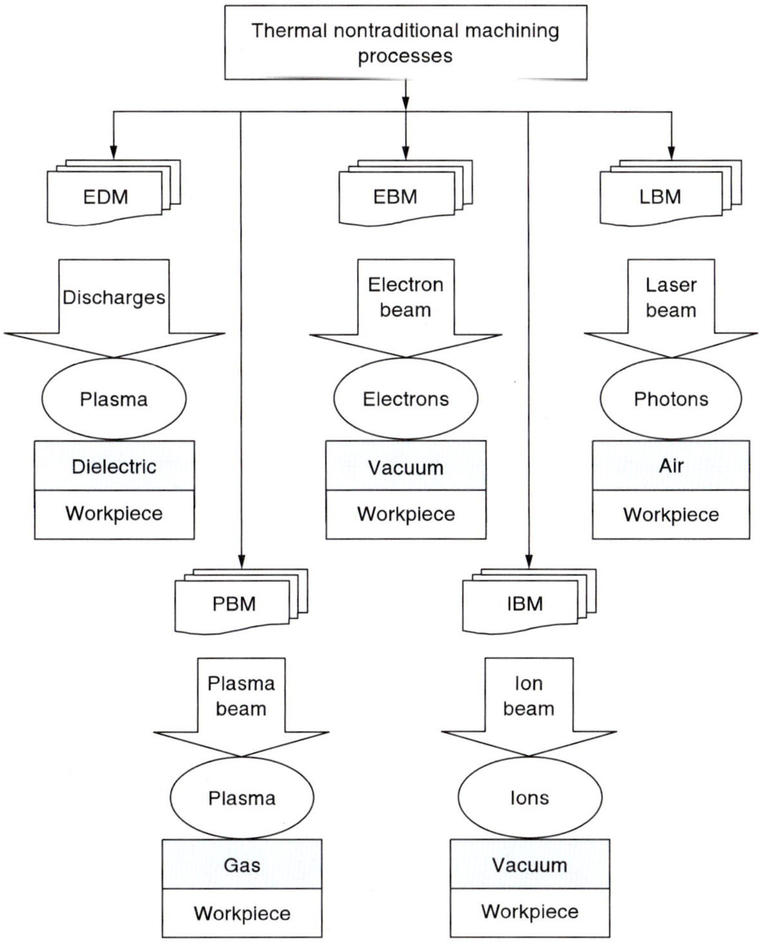

그림 1.7 열적 비전통 가공공정

가공한도를 제거하기 위해 회학용헤(chcmical dissolution, CD) 자업을 수행한다. 전해가공(electrochemical machining, ECM)은 전해조(그림 1.8) 안에서 이온전송(ion transfer)을 통하여 가공한도를 제거하기 위하여 전해 용해(electrochemical dissolution, ECD)의 상태를 거친다.

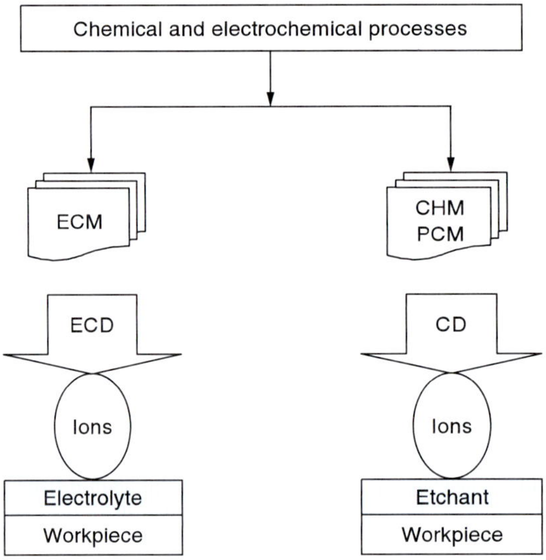

그림 1.8 ▌전해 및 화학적 가공공정

1.4.2 하이브리드가공 _Hybrid machining

가공공정의 기술개선은 각기 다른 가공작업 혹은 단계를 결합하여 가공재료에 적용함으로써 나타나곤 한다. 기존의 기계적인 단일 절삭(single cutting)이나 기계적인 연마작업 과정은 방전가공에 있어서 각각의 가공단계의 방전가공에서 방전, 전해가공에서 전해용해 등과 함께 기계가공단계와 결합할 수 있다. 이러한 조합 및 하이브리드가공공정을 개발하는 주된 이유는 다른 공정들이 결합됨으로써 이들 공정의 이점들을 잘 사용할 수 있고, 그들 공정이 개별적으로 적용될 구조적인 과정에서 발생하는 일부 악영향을 피하거나 줄이기 때문이다. 하이브리드 공정의 성능특성(performance characteristics)은 단상공정(single-phase processes)의 생산성, 정확도 및 표면품질과는 상당히 다르다(*www.unl.edu.nmrc/outline.htm*).

재료제거에 관여하는 주요 가공단계에 따라 하이브리드가공은 화학적, 전해공정(hybrid chemical and electrochemical process) 및 하이브리드 열적 가공(hybrid thermal machining)으로 분류할 수 있다.

1.4.2.1 하이브리드 화학적 및 전해공정_Hybrid chemical and electro- chemical process. 하이브리드가공공정의 제품군에서 물질 제거의 주요 단계는 화학용해와 전해용해 중 하나이다. 레이저지원 전해가공(electrochemical machining, ECML)에서와 같이 이러한 기계가공작업은 국소적인 가열에 의해 열과 결합할 수 있다. 즉, 기계적인 연마작업에 이러한 개념을 도입하게 되면 전해연삭(electrochemical grinding, ECG) 및 전해 슈퍼피니싱(electrochemical superfinihing, ECS) 공정에서 전해용해 가공단계를 지원한다. 초음파지원 전해가공(ultrasonic-assisted electrochemical machining, UEM)은 전해가공과 초음파가공 구성요소를 같이 사용하고 있다. 유체제트의 기계적 작용은 전해버프(electrochemical buffing, ECB)의 화학용해 공정을 도와준다.

Kozak과 Rajurkar(2000)는 가공물과의 기계적 상호작용이 가공물의 표면을 박리함으로써 우수한 양극 방전 조건으로 변경된다고 보고했다. 이러한 조건에서 양극 표면에서 산화물과 다른 화합물의 얇은 층을 제거하여 용해와 평활화(smoothing) 과정은 보다 강화된다. 기계적 가공 작용의 중요한 효과는 초음파에서 보다 더 관찰된다. 이러한 진동에 의해 발생하는 캐비테이션은 전해질 플러싱(flushing)을 개선함으로써 전해가공을 향상시키고 가공면으로부터 재료제거를 촉진한다.

1.4.2.2 하이브리드 열적 가공_Hybrid thermal machining. 이 경우 재료제거 기구는 열적 효과이다. 이들 단계와 전해용해 단계, 기계적인 연마작업 혹은 초음파(ultra sonic, US) 진동과의 조합은 이중 작업 공정(double action process)의 제품군이라 할 수 있다. 삼중 하이브리드가공(triplex hybrid machining)도 마찬가지로 방전부식(electro-discharge erosion, EDE) 단계와 전해용해 작업 및 연삭공정의 기계적인 연마 등이 결합된다. 이러한 조합은 재료제거 및 표면품질을 향상시켜 그림 1.9에서와 같이 전해방전연삭(electrochemical discharge grinding, ECDG)의 재료제거율을 높일 수 있다.

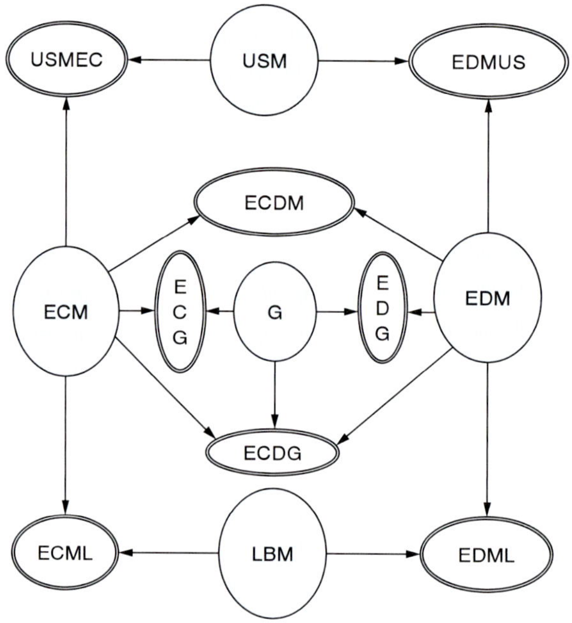

그림 1.9 하이브리드가공공정

Chapter

2

기계적 공정

_Mechanical Processes

2.1 초음파가공 _Ultrasonic Machining

2.1.1 서론 _Introduction

초음파가공(ultrasonic machining, UM)은 강한 취성재질을 제거하기 위하여 18 ~ 20 kilohertz(kHz)의 축방향 진동을 사용한다. 진동이 가해지는 동안 B_4C 또는 SiC의 연마 슬러리(abrasive slurry)는 연질 공구(황동 혹은 강)와 가공물 사이로 계속적으로 공급된다. 따라서 연마입자는 가공물의 표면을 망치로 두드리듯 파고들고 결국 그로부터 미세한 입자들을 뜯어내게 된다. 진동공구의 진폭 범위는 10 ~ 40 μm 이며 연마입자에 정하중을 부가하는 동시에 아래쪽으로 진행함으로써 원하는 공구 모양과 같은 모양으로 재료를 제거가공한다(그림 2.1). 1945 년 Balamuth는 연마제 분말(파우더)을 이용한 초음파 연마공정 중에 초음파가공을 처음으로 발견하였다. 산업적인 적용은 1950 년대부터 시작되었고 새로운 가공공구들이 선보이기 시작했다. 초음파가공은 가공물 재료의 금속구조에 악영향을 남기지 않는 것이 특징이다.

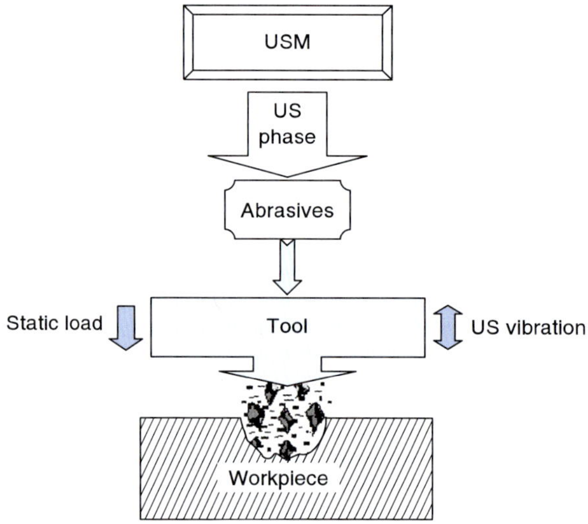

그림 2.1 ▮ 가공 정초음파가공 구성요소

2.1.2 가공시스템 _The machining system

그림 2.2와 2.3에서 보여주는 바와 같이 가공시스템은 주로 자왜소자(magneto-

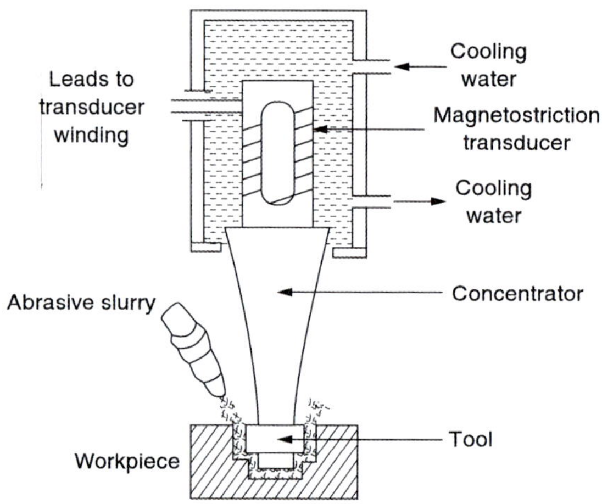

그림 2.2 ▮ 초음파가공시스템의 주요 요소들

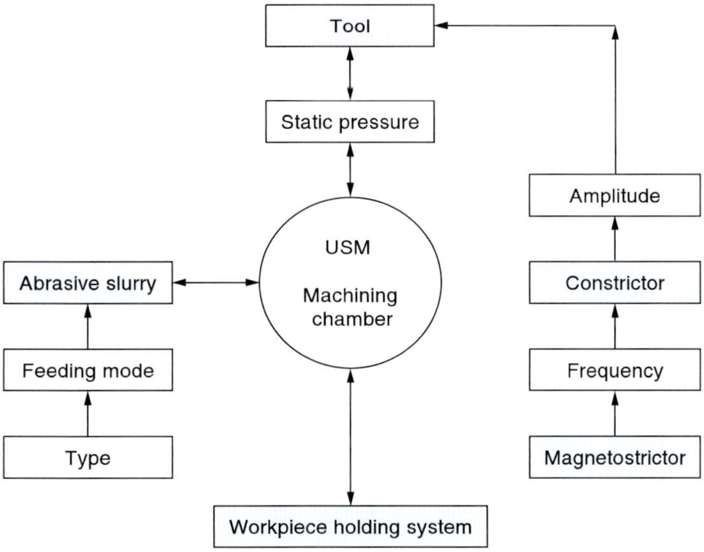

그림 2.3 ▮ 초음파가공시스템 구성요소

strictor), 집중기(concentrator), 공구(tool) 그리고 슬러리 공급배열기(slurry feeding arrangement)로 구성되어 있다. 자왜소자는 초음파 주파수 영역에서 에너지와 작은 진폭의 진동을 만든다.

이러한 작은 진동은 공구를 고정하고 있는 집중기(기계적 증폭기, mechanical amplifier)에 의해 증폭된다. 연마 슬러리는 진동공구와 취성 가공물 사이에 공급된다. 정적 압력은 연마 슬러리를 유지하는 공구 - 가공물 경계(인터페이스)에 적용된다.

2.1.2.1 자왜소자 _Magnetostrictor. 그림 2.4에서와 같이 초음파가공에서 사용되는 자왜소자는 코어(core)에 고주파 발생을 위해 철편(armature) 주위에 특수 편광 방향으로 권선이 감겨져 있다. 자왜소자 효과(magnetostriction effect)는 1874 년 맨체스터에서 Joule에 의해 처음으로 발견되었다. 이에 따르면 초음파 주파수를 받은 자기장은 그 영향력의 영역에 배치된 강자성체 개체(ferromagnetic object)

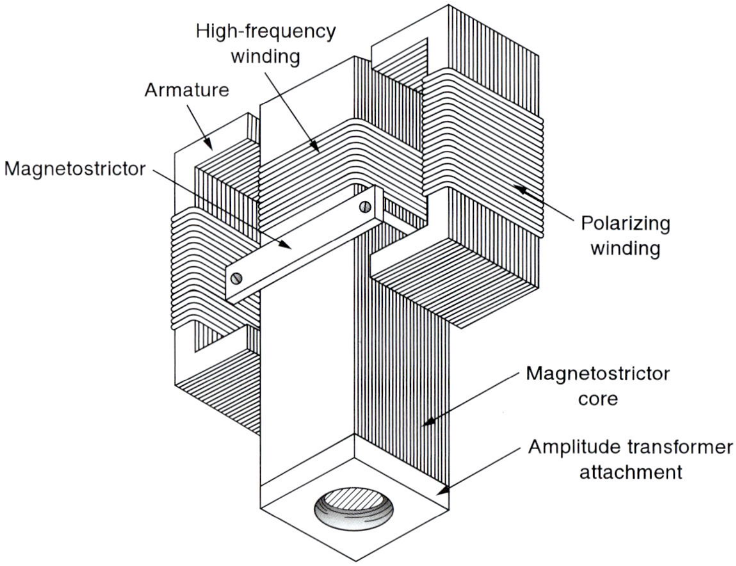

그림 2.4 자왜변환기(Kaczmarek, 1976)

를 이에 상응하는 만큼 변화시킨다. 이 효과는 초음파 주파수(18 ~ 20 kHz)의 자왜소자의 끝부분에 설치된 초음파 가공공구를 발진하는 데 사용된다. 자왜소자의 동작 방법은 다음과 같이 설명될 수 있다.

자왜소자 신장계수(coefficient of magnetostriction elongation) ϵ_m은

$$\epsilon_m = \frac{\Delta l}{l}$$

여기서, Δl은 자왜소자 코어의 길이증분이고, l은 원래 길이이며 둘 다 단위는 mm이다. 높은 자왜신장(magnetostriction elongation)을 갖는 재료가 자왜소자로 사용되는 것이 좋다. 그림 2.5는 자기장 강도 H와 ϵ_m의 관계를 보여준다. 이에 따르면,

- 길이증분은 자기장 부호와 독립적이다.
- 자기장 강도변화는 더블 주파수($2f$)에서 길이가 변화한다.

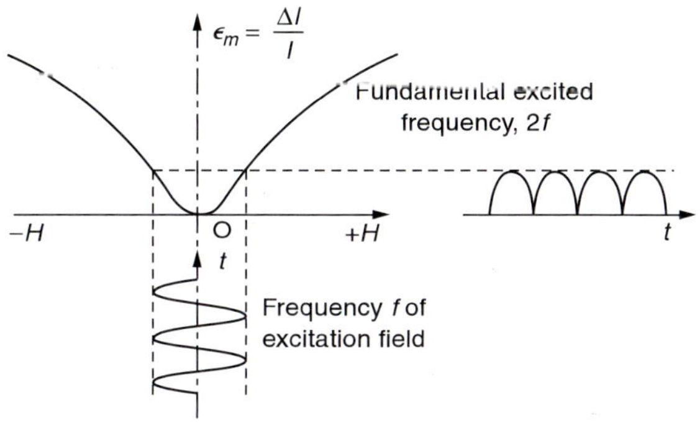

그림 2.5 자화 없이 여러 가지 자기장에 의해서 여기되는 자왜소자 (Kaczmarek, 1976)

- 길이의 변화는 사인파가 아니며(정파, full wave rectified) 자기장계 강도변화와 같다.

그림 2.6과 같이 변환기(transducer)는 직류 전류에서 자화된 경우, 길이증분은 사인파 변화로 얻어진다. 자왜소자의 길이에 대한 최대 길이증분 A_{max}는 파장 길이

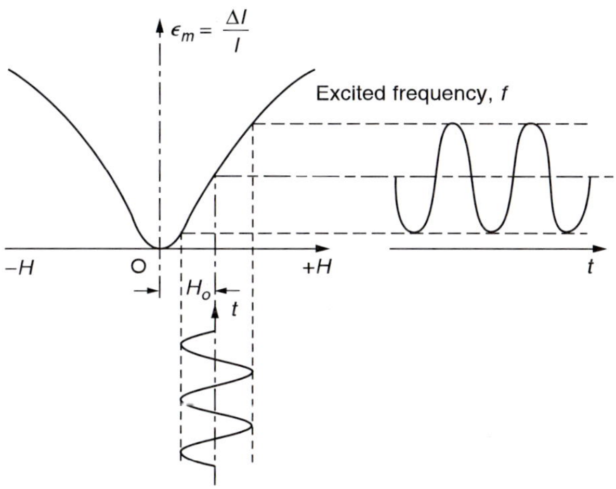

그림 2.6 편광 후의 여러 가지 자기장에 의한 자왜효과 (Kaczmarek, 1976)

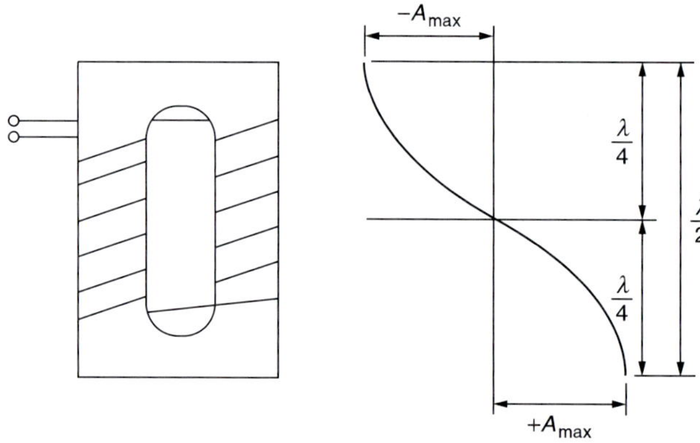

그림 2.7 자왜소자의 길이에 따른 길이증분 파형변화 (Kaczmarek, 1976)

λ(그림 2.7)의 절반에 해당하고 중심부로부터 λ/4 의 거리에서 발생한다. 따라서

$$\lambda = \frac{C_s}{f}$$

여기서 C_s는 자왜재료의 음속(m/s)이고, f는 자기장의 변화의 주파수(1/초)이다. 또한

$$\lambda = \frac{1}{f}\sqrt{\frac{E}{P}}$$

여기서, E는 영(Young)의 계수(MPa)이고 P는 자왜재료의 밀도(kg/m^3)이다.

따라서 최대 증폭 및 좋은 효율을 얻기 위해서는 자왜소자의 고유 진동수는 자기장의 주파수와 동일한 공진상태에서 작동하도록 설계되어야 한다. 공진주파수 f_r은 아래와 같다.

$$f_r = \frac{1}{2l}\sqrt{\frac{E}{P}}$$

표 2.1 **자왜재료의 특성**

Material type	Coefficient of magnetostrictive elongation E_m ($\times 10^6$)	Coefficient of magnetomechanical coupling K_m
Alfer (13% Al, 87% Fe)	40	0.28
Hypernik (50% Ni, 50% Fe)	25	0.20
Permalloy (40% Ni, 60% Fe)	25	0.17
Permendur (49% Co, 2% V, 49% Fe)	9	0.20

SOURCE: McGeough (1988).

또한 자왜재료는 기계적인 에너지가 자기에너지로 변환하고 있기 때문에 자기-기계 커플링 계수, K_m(coefficient of magnetomechanical coupling)이 높아야 한다.

$$K_m = \sqrt{\frac{E_w}{E_m}}$$

여러 가지 자왜재료에 대한 기계적 에너지 E_w와 자기에너지 E_m은 표 2.1에서와 같다.

2.1.2.2 기계적 증폭기_Mechanical amplifier. 길이의 자왜소자를 이용할 경우 공진 주파수 f_r에서의 길이신장은 0.001 ~ 0.1 μm 이다. 이러한 크기는 일반적으로 실제 가공용도로서는 너무 작다. 진동진폭은 자왜소자의 출력에 증폭기(음파 혼, acoustic horn)와 결합하여 증가한다. 보다 더 큰 진폭인 약 40 ~ 50 μm 정도가 실제 용도에 더욱 적합하다. 최종적으로 필요한 진폭에 따라 진폭 증폭(amplitude amplification)은 하나 이상의 음파 혼(그림 2.8)에 의해 얻어질 수 있다. 진동의 최대 진폭(공진)을 얻기 위해서는 집중기 길이는 집중기(혼)의 반 파장의 정수배가 되어야 한다. 또한 음파 혼 모양의 선택은 최종 진폭을 결정한다. 5 개의 음파 혼(원통형, 계단, 지수 함수, 쌍곡선 코사인 및 원뿔)이 Youssef(1976)에 의해 보고되었다. 지수와 계단 유형이 자주 사용되는데, 이는 그들이 쉽게 디자인되었으며 원뿔형과 쌍곡선 혼에 비해 생산되기 쉽기 때문이다.

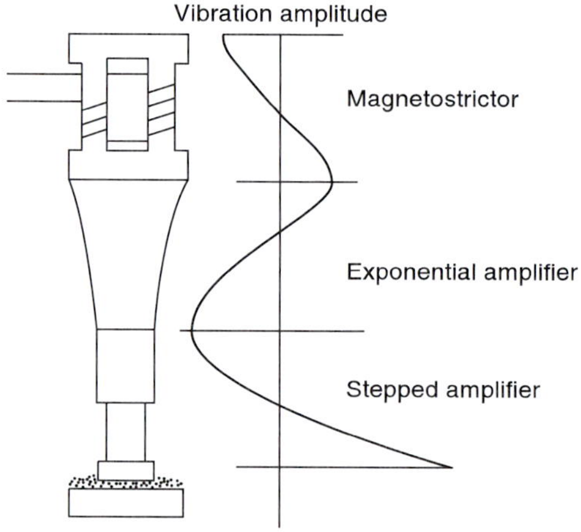

그림 2.8 초음파가공에서의 2 단계 증폭

알루미늄 청동(Aluminum bronze) 및 해양 청동(marine bronze)은 피로강도가 185 ~ 150(MN/m^2)의 높은 값을 가지며 또한 저렴하다. 자왜변환기(magnetostrictive transducer)의 주요 단점은 높은 손실 발생, 낮은 효율(55 %), 지속적인 열의 상승 그리고 냉각이 필요하다는 것이다. 최근 초음파가공시스템에 압전 변환기(piezoelectric transformers)를 사용함으로써 높은 효율(90 ~ 95 %)이 가능하게 되었다.

2.1.2.3 공구 _Tools. 공구는 높은 내마모성과 피로강도를 가지고 있어야 한다. 유리, 텅스텐 카바이드, 구리 및 크롬 등의 재료가공에 있어서 강철(silver steel) 공구가 권장되고 있다. 은과 크롬 니켈강은 소결 카바이드(carbide) 재료가공을 위해 사용된다. 초음파가공 시 공구는 가공물 방향으로 나아가면서 동시에 가공물을 지지하고 가공물과의 경계면에 절삭저항을 극복해야 한다. 다른 공구의 이송기구로는 공압, 스테핑 모터(stepping motor)와 솔레노이드(solenoid), 소형 스프링 시스템(compact spring-loaded system) 및 *claymore.engineer.gvsu.edu*에서 언급한 평형 추(counterweight) 등이 있다.

2.1.2.4 연마 슬러리 _Abrasive slurry. 연마 슬러리는 일반적으로 부피에 따라 50 % 의 물과 탄화 붕소(B_4C), 산화 알루미늄(Al_2O_3) 또는 규소(SiC) 등의 미세한 입자(100 ~ 800 그릿 번호)로 구성되어 있다. 연마 슬러리는 진동공구와 가공물 사이로 공급되어 재순환된다.

정적으로 공급하는 힘과 초음파 진동의 영향 아래에서 연마입자는 가공물 표면 속으로 망치질하듯(hammering) 파고들고, 결국 미세한 파편으로 기계적 치핑(mechanical chipping) 작업을 수행한다. 슬러리는 분당 25(L/min)의 속도로 공구 - 가공물 경계 면에 노즐을 통해 아주 가까이에서 공급된다.

가공이 진행됨에 따라 슬러리 입자는 마모되고 부서져서 점차 효율이 떨어진다. 초음파가공에 노출되면 약 150 ~ 200 시간 범위가 기대 수명이다(*Metals Handbook*, 1989). 슬러리는 지속적으로 가공영역에 공급됨으로써 가공부의 버(bur)를 제거하는 플러싱(flushing) 효율을 확보하고, 또한 가공 중에 슬러리 현탁액(suspension)을 차가운 상태로 유지한다. 초음파가공의 성능은 슬러리를 절단영역에 공급하는 방법에 따라 좌우된다. 그림 2.9는 다양한 슬러리 공급 방식을 보여준다.

2.1.3 재료제거 공정 _Material removal process

그림 2.10은 초음파가공의 재료제거 공정을 보여주는 것으로 다음의 3 가지와 같이 분명히 구별되는 작업들이 있다:

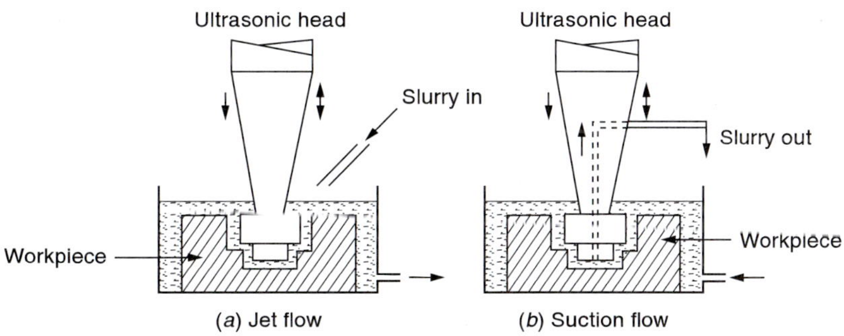

그림 2.9 ▌슬러리 토출 방식

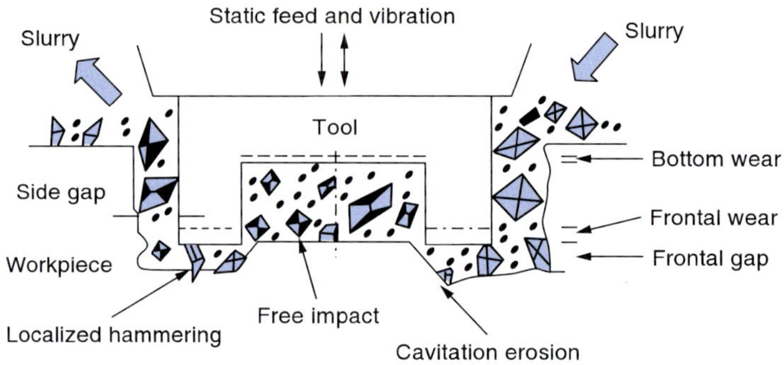

그림 2.10 초음파가공에서 재료제거기구(Thoe et al., 1995)

1. 공구진동과 인접의 가공표면 사이에 있는 연마제 입자에 의한 국부적인 영역에 직접 망치로 때리듯 가해지는 기계적인 연마
2. 연마제 입자가 가공간격 사이를 자유로이 날아다니면서 가공물의 임의 영역과의 자유충돌에 의한 마이크로 치핑
3. 슬러리 유속의 캐비테이션에 의한 가공물 표면마모

캐비테이션에 대한 상대적인 효과는 전체 재료제거율의 5 % 미만으로 보고되고 있다. 모든 재료에 대하여 주된 재료제거율은 직접적인 해머링(hammering)이다. 연강과 같이 연질 탄성 재료는 처음에는 소성변형이 일어나다가 이후 낮은 비율로 제거가 서서히 일어난다.

유리 등의 경-취성재료의 경우에는 속도가 높기 때문에 자유충격(free impact)의 역할이 주목된다. 흑연(graphite) 등의 다공성 재료가공에는 부식 메커니즘이 도입된다. 초음파가공의 재료제거 속도는 공구의 주파수, 정압, 기계가공영역의 크기, 연마제 및 가공재료 등에 달려있다. 따라서 초음파가공에 의한 가공성(machinability)을 뜻하는 재료제거 속도는 재료의 파괴강도(breaking strength)에 대한 전단(shearing)의 비율 즉, 취성기준(brittleness criterion)에 따라 바뀐다. 표 2.2에서 유리는 비슷한 경도를 갖는 금속보다 높은 가공성을 보여주고 있다. 또한 강은 연질이며 낮은 취성기준을 가지고 있기 때문에 주로 공구재료로 사용된다. 초음파가공의

표 2.2 초음파가공에 의한 몇 가지 재료의 상대적인 가공성

Work material	Relative removal rate, %
Glass	100
Brass	66
Tungsten	4.8
Titanium	4.0
Steel	3.9
Chrome steel	1.4

성능에 영향을 미치는 매개변수들로서 가공물, 연마제, 가공 조건 및 초음파 기계 등을 그림 2.11에 정리하였다(Jain과 Jain, 2001).

초음파가공에서 재료제거율(material removal rate, MRR)은 일반적으로 다음 식으로 설명할 수 있다(*www2.cerm.wvn.edu/*):

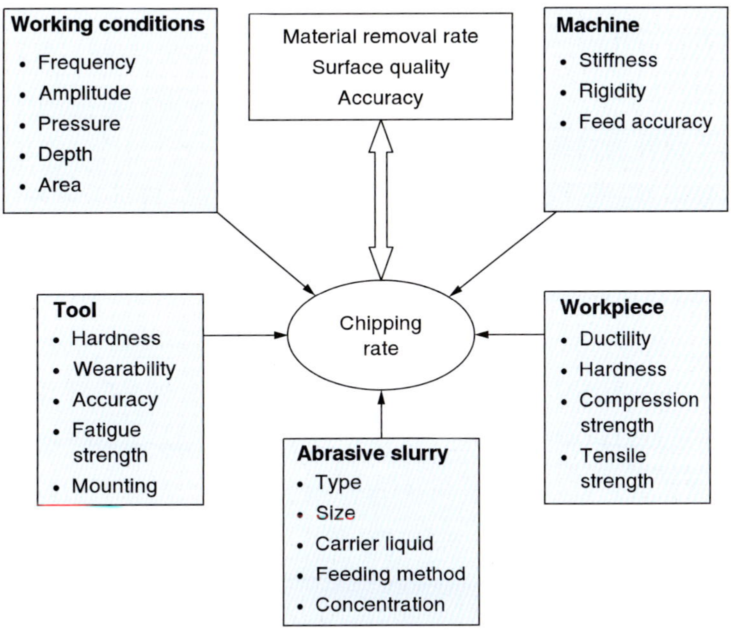

그림 2.11 초음파가공 성능에 미치는 요인들

$$\text{MRR} = 5.9\mathcal{F}\left(\frac{S}{H_0}\right)R^{0.5}Y^{0.5}$$

여기서, $\mathcal{F}$ = 진동주파수(frequency of oscillation)

S = 공구에 작용하는 정적응력(static stress on tool, kg/mm^2)

H_0 = 표면 파괴강도(surface fracture strength, Brinell hardness number, BHN)

R = 그릿의 평균반경(mean radius of grit, mm)

Y = 진동진폭(amplitude of vibration, mm)

2.1.4 재료제거율에 미치는 요인 _Factors affecting material removal rate

2.1.4.1 공구진동 _Tool oscillation. 공구의 진동진폭은 모든 공정변수 중에 가장 효과가 크다. 재료제거율은 공구의 진동진폭의 증가와 함께 증가한다. 왜냐하면 진동진폭은 공구와 가공물과의 계면에서의 연마입자의 속도를 결정하기 때문이다. 이러한 상황에서 운동에너지는 큰 진폭에서 증가하게 되고 기계식 치핑을 촉진하여 그 결과 제거율이 증가하게 된다. 그러나 큰 진동진폭이 오히려 활성화된 연마입자의 개수를 감소시키는 스플래시(splashing)를 발생시켜 재료제거율이 저하되는 원인으로 이어질 수도 있다.

Kaczmarek(1976)에 의하면 실제로 사용되는 입자크기(grain size) 범위 내에서 진동의 진폭은 0.04 ~ 0.08 mm 사이에서 변한다고 한다. 이송력 증가는 각 입자로 하여금 치핑 힘을 증가시켜 전체적인 제거속도를 높인다. 제거율에 대한 진동주파수의 효과에 대해서는 McGeough(1988)에 의해 보고되었듯이 진동주파수의 증가는 오히려 제거 속도를 감소시킨다. 이러한 경향은 낮은 치핑 작업이 재료제거율의 감소로 이어져서 각 입자에 허용되는 짧은 치핑 시간과 관련이 있다.

2.1.4.2 연마입자 _Abrasive grains. 입자크기와 진동진폭은 모두 제거율에 비슷한 효과가 있다. McGeough(1988)에 따르면 입자크기가 진동진폭에 도달하면,

이 단계에서는 제거율이 감소하지만 이때까지는 재료제거율은 입자크기가 클수록 증가한다. 입자크기가 진동진폭에 비해 큰 경우에는 가공간격에 새로운 연마제를 교환하는 데 어려움이 있다. 소다 유리(soda glass) 가공물 가공의 경우에 B_4C의 높은 경도 때문에 탄화규소(SiC)보다 높은 제거율을 가지게 된다. 탄화규소를 이용하여 얻은 재료제거율은 유리를 사용한 경우보다 약 15 %, 공구강(tool steel)의 약 33 %, 소결탄화규소(sintered carbide)의 약 35 % 정도로 각각 낮은 제거율을 보인다.

벤젠(benzene), 글리세롤(glycerol) 및 기름(oil) 등이 대안으로 거론되지만, 일반적으로 물이 연마 슬러리의 연마제 수송액체(abrasive carrying liquid)로 가장 많이 사용된다. 슬러리의 향상된 흐름은 제거율을 증가시킨다. 실제로 연마제의 체적대비농도(volumetric concentration)는 약 30 ~ 35 % 가 권장된다. 농도변화는, 가공 동안에 빈번히 발생되는 기계 테이블 위의 연마제 먼지에도 영향을 받기도 한다. 따라서 실제 농도는 일정한 시간 간격으로 체크되어야 한다. 최대 40 % 까지 입자농도를 증가시키면 가공률도 향상된다. 가공영역에서 절단면이 많을수록 치핑비율(chipping rate)이 증가하고 그 결과 전반적인 제거율이 올라간다.

2.1.4.3 가공물 충격 경도 _Workpiece impact-hardness. 가공률은 가공품의 경도에 대한 공구의 경도 비율에 의해 영향을 받는다. 이 점에서 더 높은 비율은 더 낮은 재료제거율이 된다. 이런 이유 때문에 부드럽고 질긴(tough) 소재들이 초음파가공공구로 권장된다.

2.1.4.4 공구 형상 _Tool shape. 가공률은 공구 형상 및 크기에 영향을 받는다. 공구 면적의 증가는 전체 가공영역에 연마 슬러리를 충분히 분배하는 데 문제가 있기 때문에 가공률이 저하된다. 또한 동일한 가공영역에 대해 좁은 직사각형 모양이 사각형 단면보다 높은 절삭속도를 얻을 수 있다(McGeough, 1988). 정적 공급 압력의 상승은 가공률을 더욱 증가시키지만 그것은 더 이상 증가가 일어나지 않는 한계상태(limiting condition)까지만 가공률을 향상시킨다. 이러한 경향에 대

한 숨겨진 이유는 횡 방향의 진동이 발생되는 곳에서 가해지는 힘이 높아서 공구의 진동 거동의 혼란이 나타나는 것과 관련이 있다.

Kaczmarek(1976)에 의하면 최적치보다 낮은 압력에서 가공재료에 가해지는 연마입자의 압력이 너무 작으면, 특정 입자에 의해 제거되는 체적이 감소한다. 최적 압력보다 초과하면 댐핑(damping)이 너무 강해서 공구는 입자로부터 벗어나지 않게 하고, 따라서 입계가 움직여서 위치를 변경하려 할 때 그들을 방지하여 결국 제거율이 감소한다. 실제 측정한 결과도 가공 구멍 깊이는 증가하면 재료제거율은 감소하는 결과를 보여 주었다. 그 이유는 공구가 더 깊은 곳에 도달하면, 공구 아래에 있는 연마제의 교환이 더 늦어질 뿐만 아니라 점차 더 어려워지기 때문이다.

2.1.5 치수정확도 및 표면품질 _Dimensional accuracy and surface quality

2.1.5.1 치수정확도 _Dimensional accuracy. 일반적으로 가공 부품의 치수정확도는 다음의 방해 요인들 즉, 크기초과(oversize), 원뿔형상도(conicity) 그리고 거칠기 초과(out of roundness) 등으로부터 영향을 받는다.

- 공구의 측면마모
- 연마제의 마모
- 부정확한 공구이송
- 공구의 형상오류
- 진동공구의 주위에 연마 슬러리의 비정상이고 고르지 못한 공급

오버컷 _Overcut. 가공정확도는 구멍 드릴링 중에 생기는 오버컷(크기초과)을 통해 측정된다. 구멍의 크기초과는 상단 표면에서 측정된 구멍의 직경과 공구직경의 차이이다. 공구와 가공 구멍 사이의 측면 간격은 연마 진동공구 아래의 가공영역에 연마제가 유입할 수 있도록 하는 데 필요하다. 따라서 연마제의 입자크

기는, 오버컷에 영향을 미치는 주요 요인으로 나타난다. 유리와 텅스텐을 가공할 때, 오버컷은 평균 입자크기보다 약 2 ~ 4 배 큰 것으로 간주된다. 이는 B_4C(메시 번호 280 ~ 600)의 평균 입자크기보다 약 3 배 정도 크다. 오버컷의 크기는 가공물의 종류 및 공구이송 방법을 포함하여 여러 가지 공정변수들에 의존한다. 일반적으로 초음파가공 정확도 수준은 ± 0.05 mm 정도이다.

원뿔형상도 _Conicity. 오버컷은 일반적으로 새로이 공급되는 날카로운 연마입자의 누적 작용 효과에 의해 가공부의 출구쪽보다 입구쪽이 통상적으로 크다. 흑연을 대상으로 10 mm 깊이와 20 mm 직경의 구멍을 가공할 때 이러한 효과의 결과로 약 0.2 ° 의 원뿔형상의 구멍이 생긴다. 원뿔형상은 다음의 방식으로 줄일 수 있다.

- 연마 슬러리를 가공영역에만 직접 분출
- 음각의 테이퍼 벽을 가진 공구의 사용
- 높은 정적압력의 사용은 미세한 연마입자를 생성하고, 결국 공구마모량과 원뿔형상도를 저하시킴
- 내마모성의 공구재료 사용
- 처음 절단가공에는 크기가 작은 공구를 사용하고, 최종형상이 필요한 마지막 가공에서는 보다 큰 공구를 사용함. 이는 빠른 가공이 가능하게 하지만 원뿔형상도를 저하시킴

비원형도 _Out of roundness. 비원형도는 공구의 횡 방향 진동에 의해 발생한다. 이러한 진동은 공구면과 공구 중심선이 벗어나 있는 경우와 기계의 음파 부품이 어긋나있는 경우에 발생한다. 전형적인 비원형도의 오차는 유리와 흑연 재료의 경우에 각각 40 ~ 140 μm 그리고 20 ~ 60 μm 이다.

2.1.5.2 표면품질 _Surface quality. 표면마무리는 초음파가공의 가공률과 밀접

표 2.3 ▌ 초음파가공을 위한 그릿 수, 그릿 크기 및 표면조도

Grit number	Grit size, mm	Roughness, μm
180	0.086	0.55
240	0.050	0.51
320	0.040	0.45
400	0.030	0.40
600	0.014	0.28
800	0.009	0.21

하게 관련 있다. 표 2.3은 그릿(grit) 번호와 그릿 크기의 관계를 보여준다. 큰 그릿 크기는 더 빠르게 절단하지만 그만큼 표면이 거칠다. 0.38 ~ 0.25 μm 의 표면마무리는 연마제 그릿 번호 240 을 사용한다. 그러나 또 다른 요인들, 예를 들면, 공구표면, 공구진동의 진폭 및 가공대상재질 등도 표면마무리에 영향을 미친다. 큰 그릿 번호(더 작은 입자)는 더욱 매끄러운 표면을 제작한다. 전술한 바와 같이 취성재질에 형성된 커다란 치핑 마크는 경질 합금강 보다 더 거친 표면을 만든다. 공구의 진동진폭은 표면마무리에 영향이 적다. 진폭이 커질수록 개별 입자는 더 심하게 가압되고, 결국 가공물 표면에 깊은 크레이터(crater)를 남기게 되어 보다 더 거친 표면을 만든다. 또 다른 공정변수인 정압(static pressure)은 가공표면에 미세한 영향을 끼친다.

또한 매끄러운 표면은 연마 슬러리 액체 수송매체의 점도가 감소할 때 얻을 수 있다. 이는 구멍 측벽의 표면 불균일성이 바닥의 것보다 심한 경우에 더욱 분명히 나타난다. 입자가 들어갔다가 가공영역을 떠날 때 상처가 생기는 측벽이 원인이 된다. 가공표면에 대한 캐비테이션 손상은 가공품 안에 공구입자가 깊이 침투할 때 발생한다. 이러한 상황에서 적절하게 더 깊은 영역까지 슬러리를 보충하는 것이 더 어렵고 결국 거친 표면이 생긴다.

2.1.6 적용사례 _Applications

초음파가공은 1,000 mm^2 미만의 표면적을 갖는 경 - 취성재료의 얕은 구멍절단에 적합하다.

2.1.6.1 드릴링 및 코어링 _Drilling and coring. 그림 2.12에서 보는 바와 같이 초음파가공의 수정된 버전에는 공구 비트(tool bit)가 기존의 드릴링과 비슷한 유형으로 피가공재 주위를 회전한다. 따라서 이를 로타리 초음파가공(rotary ultrasonic machining, RUM)이라 한다. Cruz(1995) 등은 유리, 알루미나(alumina), 세라믹, 페라이트(ferrite), 석영, 산화 지르코늄(zirconium oxide), 루비, 사파이어, 산화 베릴륨(beryllium oxide) 및 일부 복합재료 등을 비금속 재료의 가공방법으로 사용하였다. 로타리 초음파가공공정은 높은 제거율, 섬세한 부품의 경우에 낮은 공구 압력, 개선된 심공 드릴링(deep hole drilling), 작은 브레이크 아웃(break-out), 관통 홀(through hole) 및 코어 드릴링(core drilling) 등을 보장한다. 이러한 공정은 기존의 드릴링에서 가공시간을 증가시키는 공구 후퇴(tool retraction)를 줄임으로써 소구경 구멍가공을 가능하게 한다.

침투율(penetration rate)은 구멍의 크기 및 깊이에 달려있다. 침투깊이가 깊어지면 깊어질수록 작은 구멍가공에 더 많은 시간을 필요로 한다. 왜냐하면 공구면에 새로운 슬러리를 지속적으로 공급하는 것이 어렵기 때문이다. 일반적으로 직경 대비 깊이의 비(depth-to-diameter ratio) 2.5 는 로타리 초음파가공을 통해 달성될 수 있다.

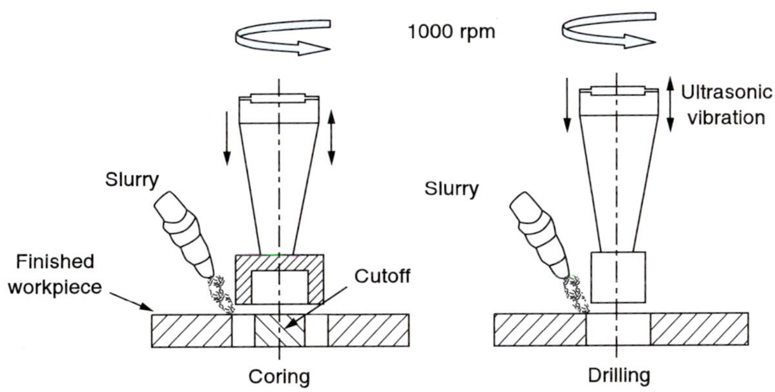

그림 2.12 ▮ 로타리 초음파가공

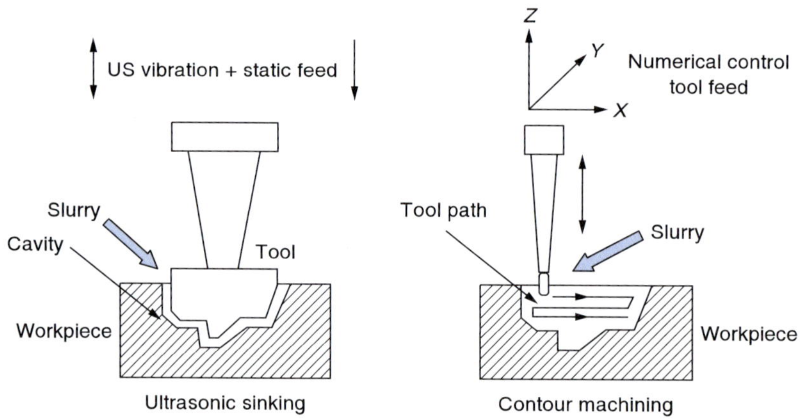

그림 2.13 ▮ 초음파 싱킹과 윤곽 가공

2.1.6.2 초음파 싱킹과 윤곽 가공 _Ultrasonic sinking and contour machining.

초음파 싱크의 경우에 가공 깊이가 5 ~ 7 mm 초과하거나 공구의 활성 부분이 중요해질 때 재료제거가 곤란하다. 이러한 조건에서 계면의 입자가 빠져 나오기가 어려워져서 재질제거공정이 불가능하다. 또한 이러한 도구 제조는 일반적으로 복잡하고 고가이다. 윤곽 초음파가공(그림 2.13)은 단순한 공구를 사용하여 요구되는 윤곽을 따라 움직인다(Benkirane 등, 1995). 그림 2.14에서 보는 바와 같이 초음파 싱크 가공에 의해 3 차원 형상이 가공되고, 여기서 형상 가공된 초음파 공구는

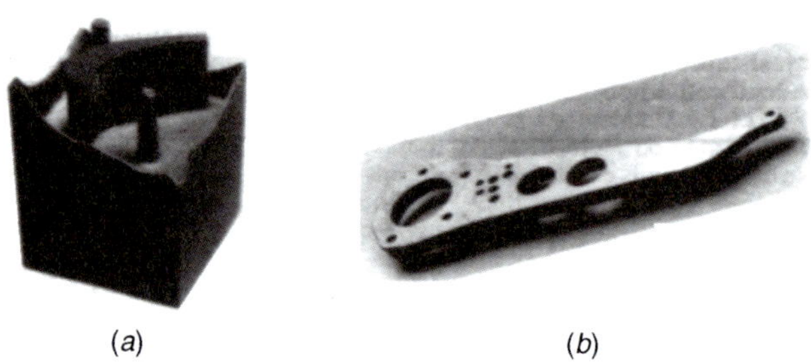

그림 2.14 ▮ (a) 실리콘 나이트라이드 터빈 브레이드(싱크), 그리고 (b) CFC 가속 레버와 구멍들(윤곽 가공) (Benkirane et al., 1995)

그림 2.15 ▌초음파가공으로 제작된 흑연 방전가공 전극 (Gilmore, 1995)

음각 복제틀(negative replica)을 만드는 데 사용된다. 그림 2.14는 초음파 윤곽 가공(contour machining)을 사용하여 가공된 윤곽 형상과 구멍 형상의 예를 보여준다.

2.1.6.3 방전가공 전극의 제조 _Production of EDM electrodes._ 그림 2.15와 같이 Gilmore(1995)는 초음파가공을 사용하여 흑연 EDM 전극을 만들었다. 흑연의 전형적인 초음파 절삭속도는 0.4 ~ 1.4(cm/min) 범위이다. 표면조도의 범위는 0.2 ~ 1.5 μm 그리고 정확도는 ± 10 μm 이다. 낮은 가공력은 취약한 흑연 EDM 전극의 제조를 가능하게 한다.

2.1.6.4 초음파 연마 _Ultrasonic polishing._ 흑연이나 유리 등과 같이 취성공구 재료를 가공물 안으로 초음파의 주파수와 비교적 낮은 진동진폭으로 진동시킴으로써 연마가공한다. 슬리리 중에 미세 연마입자는 가공물의 튀어나온 부분을 갈아버림으로써 약 0.012 mm 혹은 그 이하 형상을 제거한다. 이러한 기술을 이용하여 Gilmore(1995)는 0.3 μm 이하의 표면마무리를 실현하였다. 그림 2.16에서는, 컴퓨터 수치제어(CNC) 조각 작업(engraving operation)에 의해 남겨진 가공마크를 제거하기 위해 1.5 ~ 2 분 동안 초음파 연마한 예를 보여준다.

Before

After

그림 2.16 CNC 가공된 부품의 초음파 폴리싱 (Gilmore, 1995)

2.1.6.5 마이크로초음파가공 _Micro-ultrasonic machining. 마이크로초음파가공(micro-ultrasonic machining, MUSM)은 가공물의 진동을 이용하는 방법이다. Egashira와 Masuzana(1999)에 따르면 가공물을 진동하는 것은 시스템의 설계를 보다 자유롭게 한다. 왜냐하면 그것은 변환기, 혼 및 콘(cone) 등을 포함하지 않기 때문이다. 또한 전체 시스템은 기존의 초음파가공(그림 2.17)보다 훨씬 간단하고 컴팩트하다. 이러한 방법의 가공 방식에 의하여 탄화텅스텐 합금(tungsten carbide(WC) alloy) 마이크로 도구를 사용하여 석영, 유리 및 실리콘에 5 μm 직경의 미세홀(microhole)이 제조되었다.

또한 소결 다이아몬드(sintered diamond, SD) 공구는 내마모성이 우수하므로 하나의 도구를 사용하여 여러 개의 구멍을 가공할 수 있게 한다. 마찬가지로 마이크로초음파가공은 그림 2.18과 같이 3 차원 형상을 가공하는 데도 사용된다.

2.1.6.6 기타 적용사례 _Other applications.

- 종래의 기계가공법에 비해 높은 제거율로 반도체 부품가공

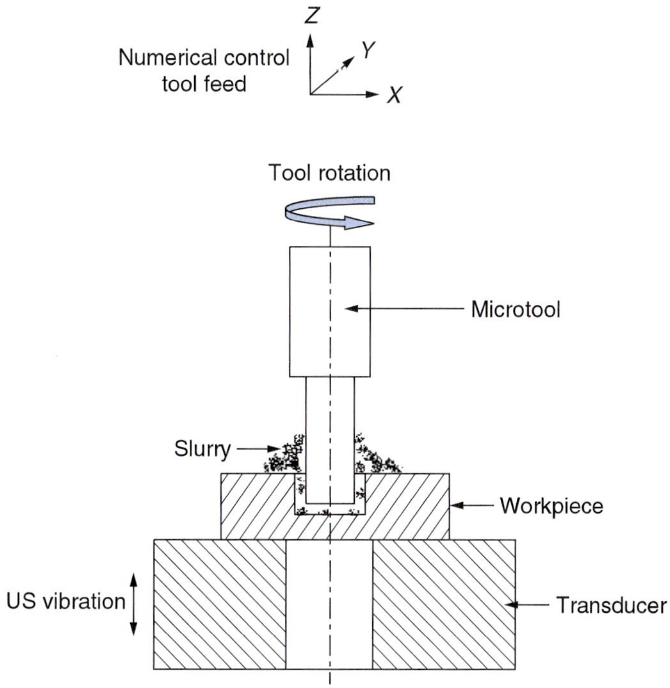

그림 2.17 마이크로초음파가공

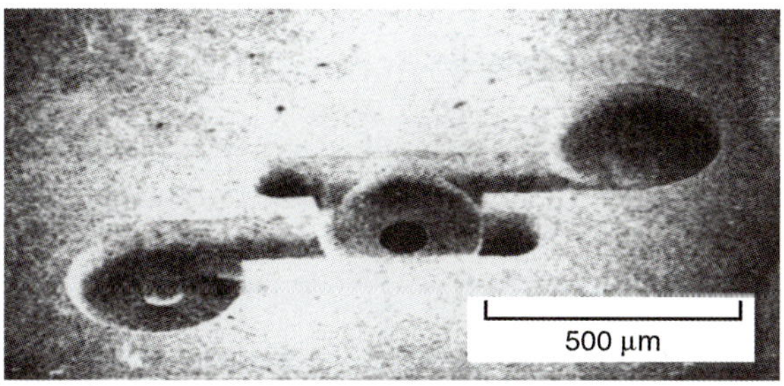

그림 2.18 마이크로초음파로 가공된 캐비티(Masuzawa와 Tonshof, 1997)

- 열처리 강, 소결 탄화물(sintered carbide) 및 유리의 조각가공
- 다이아몬드를 포함한 보석 절단과 가공

2.2 워터제트가공 _Water Jet Machining

2.2.1 서론 _Introduction

워터제트가공(water jet machining, WJM)의 중요한 요소는 900 m/s(약 마하 3)의 높은 속도로 이동하는 워터제트이다. 물줄기가 가공물 표면에 닿으면 물에 의한 강한 힘이 급속하게 재료를 제거한다. 이 경우에 물이 톱날과 같은 기능을 하게 되고 가공물을 좁은 그루브(groove)로 절단한다.

2.2.2 가공시스템 _The machining system

그림 2.19에서 워터제트가공시스템을 구성하는 개념도를 나타내고 있다.

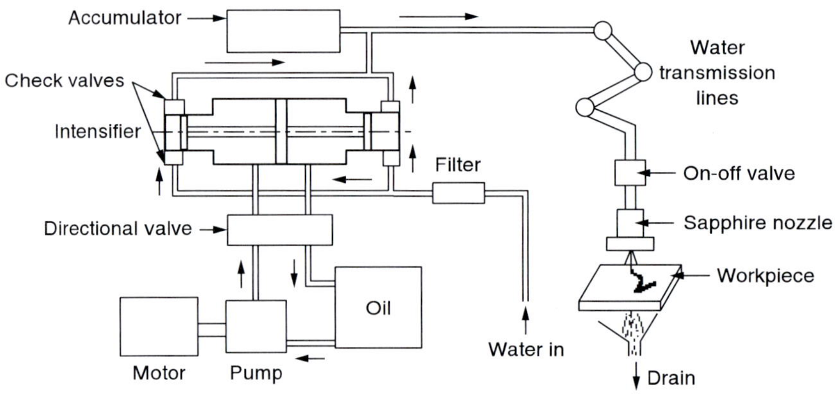

그림 2.19 워터제트가공시스템의 개념도

2.2.2.1 유압 펌프 _Hydraulic pump. 유압 펌프는 30 kW 출력의 전기 모터에서 전력을 공급받아 117 bar 의 높은 압력으로 기름을 공급하고, 증압기(intensifier)라고 불리는 왕복 플런저 펌프(reciprocating plunger pump)를 구동한다. 유압 펌프는 워터제트 절단 및 세척작업을 완벽하게 지원한다. 또한 가공 생산성을 증가하기 위해 하나 또는 그 이상의 절단 스테이션(station)을 갖추고 있다.

2.2.2.2 증압기 _Intensifier. 증압기는 저압(일반적으로 4 bar)의 물을 받아들여 3,800 bar 의 고압으로 축압기(accumulator)를 통해 그것을 배출한다. 증압기는 저압의 작동 유체를 초고압의 물로 에너지 변환시킨다. 유압 시스템(hydraulic system)은 증압기 중심부의 왕복 피스톤(reciprocating piston)에 유체동력을 제공한다. 피스톤 이동의 각 끝부분에 있는 한계 스위치(limit switch)는 방향 제어밸브를 이동하는 전자제어에 신호를 함으로써, 방향제어밸브를 변하게 하여 피스톤 방향을 반전시킨다. 피스톤의 양측에 플런저와 같이 증압기 어셈블리는 양방향으로 압력을 발생시킨다. 증압기의 한쪽이 입구 쪽으로 향할 때 상대 쪽은 초고압 출력을 생성한다. 플런저 입구 쪽에서 여과된 물은 체크밸브 어셈블리를 통해서 고압 실린더로 들어간다. 플런저가 방향을 전환하면, 물은 초고압으로 압축하고 종료된다.

2.2.2.3 축압기 _Accumulator. 축압기는 고압의 지속적인 흐름을 유지하고 압력 변동(pressure fluctuations)을 없앤다. 증압 피스톤의 방향이 변화할 때 균일한 토출 압력(discharge pressure)과 물 제트 속도를 유지하기 위해 물의 압축성(3,800 bar 에서 12 %)을 유지한다.

2.2.2.4 고압튜브 _High-pressure tubing. 고압튜브는 가압된 물을 수송하여 커팅헤드에 보낸다. 전형적인 관의 직경은 6 ~ 14 mm 이다. 이는 절단 헤드를 유연하게 움직이게 한다. 절단 동작은 수동으로 또는 이를 위해 특별히 설계된 원격 제어밸브를 통해 제어된다.

2.2.2.5 제트 절단 노즐_Jet cutting nozzle. 노즐은 전통적인 가공법으로 가공할 수 없는 저밀도의 부드러운 소재의 최적 절단을 위하여 일관된 워터제트류(jet stream)를 제공한다. 노즐은 일반적으로 합성 사파이어로 만들어진다. 약 200 h 작업 후에는 먼지 입자와 부식된 물의 경도(erosive water hardness)에 의해 오리피스(orifice)에 무기물 축적 등으로 노즐 부위에 손상이 나타난다. 긴 노즐의 수명을 위해서는 0.45 μm 이상의 원하지 않는 고체를 제거하는 다단 여과(multistage filtration)를 해야 한다. 워터제트 절단 헤드는 컴팩트한 디자인이 가능하므로 단순한 2 축(XY) 테이블에서부터 정밀 다축 로봇 장치까지의 운동제어 시스템과의 통합이 가능하다.

2.2.2.6 캐쳐_Catcher. 캐쳐는 워터제트의 가공 파편을 포집하는 저수조이다. 또한 마하 3 의 워터제트 속도에서 음속 수준으로 소음 수준[105 데시벨(dB)]을 낮추게 한다.

2.2.3 공정변수_Process parameters

제트 노즐_jet nozzle. 그림 2.20에서 보는 바와 같이 이격거리(스탠드오프 거리,

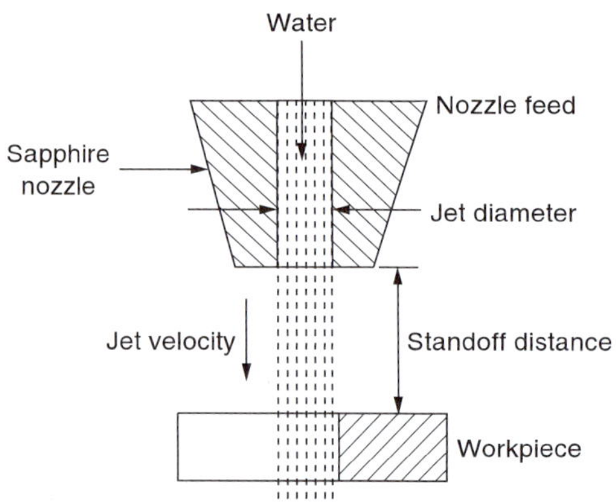

그림 2.20 워터제트가공 용어 설명

standoff distance)는 제트 노즐(0.1 ~ 0.3 mm, 직경)과 가공물(2.5 ~ 6 mm, 두께) 사이의 간격이다. 그러나 인쇄회로기판 재료의 경우에 그 간격은 13 ~ 19 mm로 증가할 수 있다. 0.12 mm 직경이고 노즐 절삭속도가 1.1(mm/s)인 노즐의 경우에 McGeough(1988)에 의하면 큰 스탠드오프 거리는 절삭깊이를 감소시킨다고 보고되었다. 섬유강화플라스틱(fiber-reinforced plastics)을 절단하는 경우에는 노즐직경이 작고 절삭속도가 증가하면 손상 층(damaged layer)의 폭은 증가하는 것으로 밝혀졌다.

제트 유체 _jet fluid. McGeough(1988)가 보고한 바에 따르면 전형적인 압력은 150 ~ 1,000 MPa 이다. 이는 8 ~ 80 kW 의 동력을 제공한다. 노즐직경이 주어졌을 때, 압력이 증가하면 가공공정의 동력이 증가하고 결국 절단깊이를 증가시킨다. 제트 속도는 540 ~ 1,400 m/s 범위이다. 절단품질은 높은 압력에서 제트직경을 넓히고 이송속도를 낮추면 개선된다. 이러한 조건에서는 두께가 두껍고 밀도가 높아도 절단된다. 또한 더 큰 펌프 압력일수록 절삭깊이가 증가한다. 사용되는 유체는

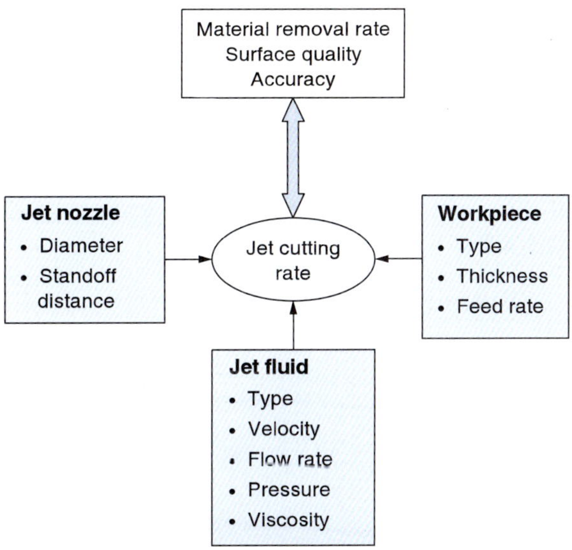

그림 2.21 ▮ 워터제트가공 성능에 미치는 요인

에너지 손실을 최소화하고 부식성과 독성이 없고, 일반적이며, 저렴하고, 낮은 점도를 갖고 있어야 한다. 물은 일반적으로 합금강을 절단하는 데 사용된다. 식용유는 냉동식품을 절단하는 데 권장되며, 또한 알코올은 고기를 절단하는 데 사용된다. 그림 2.21은 워터제트가공 성능에 영향을 미치는 다양한 매개변수들을 요약한 것이다.

가공대상 재료 _target material. 연성재료는 절단이 잘 되며 취성재료는 파괴된다. 재료두께는 0.8 ~ 25 mm 범위 또는 그 이상의 범위를 가진다. 표 2.4는 다른 재료두께에 대한 절단율을 보여준다.

2.2.4 적용사례 _Applications

워터제트가공은 금속, 종이, 천, 가죽, 고무, 플라스틱, 식품 그리고 세라믹 등에 사용된다. 이것은 전통적인 가공방법의 대안으로 사용할 수 있는 범용성과 함께 효율적인 절단과정이다. 이는 열영향 영역, 유독가스, 재응고층(recast layer), 가공경화(work hardening) 및 열 응력을 완전히 제거한다. 그리고 여러 산업체의 요구에 대응할 수 있는 가장 유연하고 효과적인 세척공정이기도 하다. 일반적으로 절단면은 샌드분사가공 외관(sandblast appearance)을 가지고 있다. 또한 단단한

표 2.4 여러 가지 재료에 대한 전형적인 워터제트가공의 절단 비율

Material	Thickness, mm	Feed rate, m/min
Leather	2.2	20
Vinyl chloride	3.0	0.5
Polyester	2.0	150
Kevlar	3.0	3
Graphite	2.3	5
Gypsum board	10	6
Corrugated board	7	200
Pulp sheet	2	120
Plywood	6	1

SOURCE: Tlusty (1999).

재료는 더욱 우수한 가장자리 마무리를 보여준다. 전형적인 표면마무리는 실효값(root mean square, RMS)으로 1.6 μm 의 매우 거친 범위를 가진다. 공차는 얇은 소재의 경우 ± 25 μm 의 범위이다. 가공된 표면조도와 오차 모두 절삭속도에 따라 달라진다.

2.2.4.1 절단 _Cutting. 워터제트가공은 유리 섬유 또는 판재로 제한되어 있다. 그림 2.22에서는 대리석의 워터제트 절단의 전형적인 예를 보여주고 있다. 그림 2.23은 식품업계에서의 일반적인 응용사례를 보여준다.

그림 2.22 워터제트 절단 예시 (*www.jetcutinc.com*)

그림 2.23 토마토의 워터제트가공 (*www.jetedge.com*)

2.2.4.2 드릴링 _Drilling. 방전가공과 전자빔가공 같은 다른 공정이 너무 비싸거나 너무 늦게 가공되기 때문에 다양한 재료의 정밀 드릴링에 사용된다.

2.2.4.3 섬유강화플라스틱의 가공 _Machining of fiber-reinforced plastics. 이 경우 열 재료의 손상을 무시할 수 있다. 이 경우에는 효과적이고 정확하게 윤곽(contour)을 자를 수 있다. 주요 단점은 가공 후에 튀어나온 매트릭스 안의 파이버에 의해서 워터제트가 휘어지는 현상이다. 이송속도는 요구되는 표면품질에 따라 다르다. 표 2.5는 섬유강화플라스틱에 대한 한계 이송속도를 보여준다.

2.2.4.4 암석 절단 _Cutting of rocks. McGeough(1988)에 의하여 워터제트 진동 노즐(oscillating nozzle)을 사용하여 화강암(granite)에 대하여 이송속도 25.4 mm/s, 275 MPa 압력으로 14 번 중첩 가공하여 55 mm 깊이의 슬롯(slot) 절단이 보고되었다. 또한 모든 경로에서 스탠드오프 거리가 조절되면서 172 MPa 압력에서 동일한 이송속도의 진동 노즐 시스템의 작동으로 사암(sandstone)을 178 mm 의 깊이 구멍을 절단하는 데 적용하였다.

2.2.4.5 디버링 _Deburring. 이 방법은 700 bar 의 압력 및 27 L/min 의 유량으로, 중공 몰리브덴 - 크롬 스틸(molybdenum-chromium steel) 샤프트 12 mm 직경의 드릴 구멍의 큰 버(bur, 3 mm 높이)를 15 초 이내에 제거하였다. 이 방법에서

표 2.5 3,500 bar 압력, 0.1 mm 노즐, 그리고 2 mm 이격거리의 가공조건으로 섬유강화플라스틱을 WJC할 때의 한계 이송속도

Material	Thickness, mm	Feed rate, m/min
Glass fiber-reinforced polymers (GFRP) (laminate)	2.2	1.8 – 6.0
	3.0	1.4 – 5.0
	5.0	0.7 – 6.0
Aramid fiber-reinforced polymers (AFRP) (weave)	1.0	10.0
	2.0	2.4 – 4.0

SOURCE: McGeough (1988).

버는 물의 충격에 의해서 부서져 나갔다. 높은 압력(4,000 bar)과 낮은 유량(2.5 L/min)으로 비철 재료의 버를 제거하는 데 사용한다.

2.2.4.6 인쇄회로기판의 절단 _Cutting of printed circuit boards. 작은 직경의 워터제트를 사용하여 전자회로기판(PCB)을 8 m/min 이상의 이송속도로, ± 0.13 mm 의 정확도로 절단할 수 있다. 휴대용 라디오나 카세트 플레이어 등의 여러 가지 형상의 기판을 컴퓨터 수치제어(computer numerical control, CNC) 기술을 이용하여 절단 가능하다.

2.2.4.7 표면처리 _Surface treatment. 이 공정은 다음과 같이 다양하게 응용된다:

- 독성 화학 물질 없이 침전물이나 잔류물을 제거할 수 있고, 고비용의 청소작업과 폐기 문제를 피함
- 파이프 및 주조, 장식적인 마무리, 핵 제거(nuclear decontamination), 식품 기구 세척, 탈지(degreasing), 연마, 정밀 검사 준비 및 표면 텍스처링(surface texturing) 등의 표면 세척
- 경제적인 표면처리 및 코팅제거
- 부식방지 및 스프레이 잔여물(spray residue) 제거, 용해 소금(soluble salts), 화학물질, 재 코팅이나 도장 전의 표면 손상 회피

2.2.4.8 와이어 피막제거 _Wire stripping. 이 공정은 와이어 절연재료를 금속의 손상과 구리 와이어를 얇게 하지 않고 쉽게 제거할 수 있다. 이는 공정시간을 수동 스트립 방식에 비해 약 20 퍼센트까지 줄일 수 있다(*Metals Handbook*, 1989).

2.2.5 워터제트가공 이점과 단점 _Advantages and disadvantages of WJM

이점

- 여러 방향의 절단이 가능하다.

- 비열 공정이다.
- 절단은 어느 위치에서라도 시작할 수 있고, 예비드릴(predrilled) 홀이 필요 없다.
- 가공재질을 최소한으로 젖게 한다.
- 가공물의 나머지에 처짐이 없다.
- 생산된 버는 최소이다.
- 공구의 마모가 없기 때문에 공구의 샤프닝(sharpening)이 필요 없다.
- 환경적으로 안전하다.
- 다른 공정과는 달리 세척공정 중에 유해하며 공기 중의 먼지오염과 폐기물 침전문제가 없다.
- 다축헤드 공정이다.
- 간단한 고정장치(fixturing)로 처리시간을 단축하여 비용을 절감하고, 복잡한 작업을 줄여준다.
- 연삭 및 연마는 추가적인 작업비용을 절감하고 제거된다.
- 여러 부품을 하나의 블랭크(blank)에서 절단하는 경우, 좁은 커프(kerf)로 인하여 속이 꽉 찬 중첩이 가능하다.
- 이것은 거의 정형(net shape) 모양으로 재료 황삭가공에 적합하다.
- 구리와 알루미늄 등과 같이 레이저 반사 재료에 최적이다.
- 부드러운 소재를 보다 정확하게 절단할 수 있다.
- 티타늄과 인코넬(inconel)의 두께가 각각 383 및 307 mm 정도로 매우 두꺼운 재료를 절단한다.

단점

- 시간당 가공비가 상대적으로 높다.
- 보수 요구 사항이 높기 때문에 대량생산에는 적합하지 않다.

2.3 연마제트가공 _Abrasive Jet Machining

2.3.1 서론 _Introduction

연마제트가공(abrasive jet machining, AJM)에는, $A1_2O_3$ 또는 SiC 연마제가 빠르고 집중화된 가스 및 공기의 집중의 유동에 의해 운반되어 가면서 0.3 ~ 0.5 mm 직경 노즐을 통과하여 가공물 표면에 입사된다. 이 공정은 샌드분사공정과는 달리, 연마제트가공에는 연마 분사가 작지만 보다 정밀한 제어 전달 체계를 갖추고 있다. 가공물 재료는 고속 연마입자의 기계적 마모(mechanical abrasion, MA) 작용에 의해 제거된다. 연마제트가공은 최고의 초경 재료(superhard materials)의 가공 구멍에 적합하다. 이는 일반적으로 유리, 세라믹, 경질 금속 절삭, 크리닝, 피닝(peening), 디버링(debur), 디플래시(deflash) 및 에칭 등에 사용된다.

2.3.2 가공시스템 _Machining system

그림 2.24의 가공시스템에서 가스(질소, CO_2, 혹은 공기)는 2 ~ 8 kg/cm^2 의 압력으로 공급되고 산소는 결코 사용하지 않는데, 이는 가공재료의 칩(chip)과 연마제

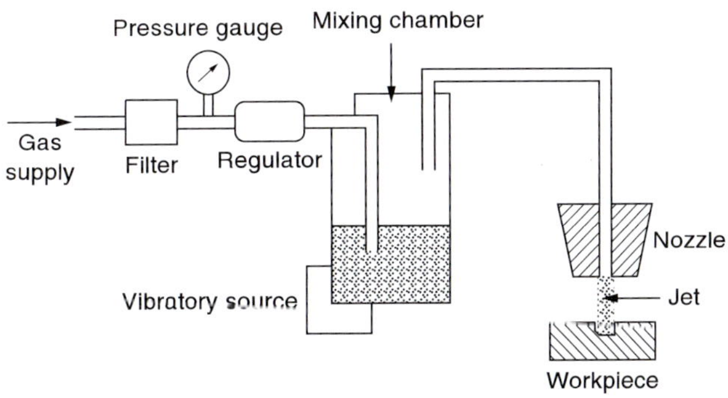

그림 2.24 연마제트가공시스템

사이의 화학적 반응을 일으키기 때문이다. 여과 조정 후에 가스는 연마입자와 함께 50 Hz 로 진동하는 믹싱 챔버(mixing chamber)를 통과한다. 이후에 연마입자(10 ~ 40 μm)를 동반한 가스는 0.45 mm 직경 텅스텐 카바이드 노즐을 150 ~ 300 m/s 속도로 통과한다.

절단, 디버링 및 중세척(heavy cleaning)을 위해 산화 알루미늄($A1_2O_3$)과 탄화규소 분말이 사용된다. 중탄산 나트륨(magnesium carbonate)은 경세척(light cleaning) 및 에칭에 사용되는 반면 탄산 마그네슘(sodium bicarbonate)은 정밀 세척(fine cleaning) 및 연성재료의 절단에 사용하는 것이 좋다. 상용 등급의 분말은 적합하지 않은데 그 이유는 분말 크기가 잘 구분되지 않기 때문이다. 그들은 건강을 해칠 수 있는 실리카 분진을 포함할 수도 있다. 오염 및 마모된 그릿(grit)은 절삭속도 저하의 원인이 되기 때문에 연마제를 재사용하는 것은 좋지 않다. 연마 공급량은 혼합 챔버 진동의 진폭에 의해 제어된다. 노즐의 스탠드오프 거리는 0.81 mm 이다. 가공품과 노즐 사이의 상대 운동은 수동 또는 자동으로 캠 드라이브(cam drives), 팬터그래프(pantographs), 추적 장치 및 컴퓨터에 의해 제어된다. 구리, 유리 및 고무 마스크 등은 가공물에 제한된 위치에 연마입자의 제트 흐름을 포커싱하는 데 사용될 수도 있다. 복잡하고 정확한 형상은 윤곽 마스크를 이용하여 가공할 수 있다. 제진장치는 환경을 보호하기 위해 도입된다.

2.3.3 재료제거율 _Material removal rate

그림 2.25에서 보는 바와 같이 노즐에서 나온 연마입자는 경로를 따라 짧은 거리를 평행하게 이동 후에 연마제 제트는 바깥쪽으로 좁은 원뿔처럼 분산된다. Al_2O_3 또는 SiC의 날카로운 연마입자가 고속으로 깨지기 쉬운(fragile) 재료에 때렸을 때, 작은 취성 파괴는 작은 입자로 벗겨진 그곳에서 시작된다. 떨어져 나온 입자는 공기나 가스에 의해 이동되어 나온다. 재료의 체적제거율(volumetric removal rate, VRR)은 다음 식으로 주어진다.

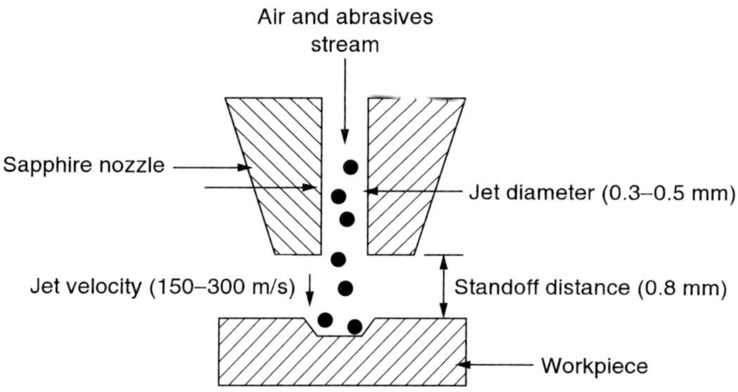

그림 2.25 ▮ 연마제트가공용어

$$\text{VRR} = KNd_a^{3}v^{3/2}\left(\frac{\rho_a}{12H_w}\right)^{3/4}$$

여기서, K = 상수

N = 충돌 면적당 연마입자 개수

d_a = 연마입자의 평균 지름, μm

ρ_a = 연마입자의 밀도, kg/mm^3

H_w = 가공재질의 경도

v = 연마입자의 속도, m/s

재료제거 속도, 절단 정확도, 표면조도 및 노즐 마모는 노즐크기와 거리, 연마제의 조성, 강도, 크기, 유량, 캐리어 가스, 압력 및 속도에 영향을 받는다. 재료제거율은 유량 및 연마제 크기에 주로 의존한다. 더 큰 입경이 더 큰 제거율을 유발한다. 특정 압력에서 체적제거율(volumetric removal rate)은 최대의 최적 값까지 연마 유량을 증가하면 제기율은 증가하고, 이후 유량 증가와 함께 오히려 감소한다. 따라서 가스의 질량 유량이 연마제 유량의 증가에 따라 감소하고, 혼합 비율이 증가함과 동시에 재료제거율은 감소한다. 왜냐하면 사용 가능한 에너지는 재료제거율이 증가할수록 오히려 저하하기 때문이다.

표 2.6 연마제트가공 공정특성

Abrasives	
Type	Al_2O_3 or SiC (used once)
Size	Around 25 μm
Flow rate	3 – 20 g/min
Medium	
Type	Air or CO_2
Velocity	150 – 300 m/s
Pressure	2 – 8 kg/cm^2
Flow rate	28 L/min
Nozzle	
Material	Tungsten carbide or sapphire
Shape	Circular, 0.3 – 0.5 mm diameter Rectangular (0.08 × 0.51 mm – 6.61 × 0.51 mm)
Tip distance	0.25 – 15 mm
Life	WC (12 – 30 h), sapphire (300 h)
Operating angle	Vertical to 60° off vertical
Area	0.05 – 0.2 mm^2
Tolerance	± 0.05 mm
Surface roughness	0.15 – 0.2 μm (10 μm particles) 0.4 – 0.8 μm (25 μm particles) 1.0 – 1.5 μm (20 μm particles)

유리를 절단할 때 일반적인 재료제거율은 16.4 mm^3/min 이다. 금속의 절단율(cutting rates)은 1.6 ~ 4.1 mm^3/min 이다. 경질 세라믹의 경우 절단율은 유리에 비해 약 50 % 높고 컷의 최소 너비는 0.13 mm 이다. ± 0.05 mm 의 정밀한 지그(jig)와 모션 컨트롤을 사용하면 공차는 일반적으로 ± 0.13 mm 이다. 가공된 표면은 무작위 또는 무광택(matte)의 질감을 가지고 있다. 각각 10 μm 과 50 μm 사이의 입자를 사용하여 0.2 μm 와 1.5 μm 정도의 표면조도를 얻을 수 있다. 테이퍼는 깊은 컷 가공 시 존재한다. 노즐의 높은 압력은 높은 재료제거율을 제공하지만, 한편으로 노즐 수명은 저하된다. 표 2.6은 전반적인 공정특성을 정리한 것이다.

2.3.4 적용사례 _Applications

1. 구멍가공(drilling holes), 슬롯 절단(cutting slots), 경질표면의 세척(cleaning hard surfaces), 디버링(deburring), 연마(polishing) 및 라디어싱(radiusing)
2. 유압 밸브, 항공기 연료 시스템, 의료기기 등의 버 프리(bur free) 마무리가 필

요한 소형 정밀부품에서 교차 구멍 및 스레드(thread)의 디버링

3. 복잡한 형상이나 민감하거나, 취성 또는 얇은 난삭재의 구멍가공
4. 도체에 영향을 주지 않는 절연 스트립 및 와이어 세척
5. 피하 주사바늘의 미세한 디버링
6. 회로기판, 하이브리드 회로의 저항, 커패시터, 실리콘, 갈륨(gallium)의 트리밍 및 유리의 불투명화
7. 연마제 스트림은 윤곽제어가 가능하므로 필름을 제거하거나 불규칙한 표면의 섬세한 세척이 가능함.

2.3.5 연마제트가공의 이점과 한계점 _Advantages and limitations of AJM

이점

- 연마제트가공은 냉각 가공공정이기 때문에 유리, 석영(quartz), 사파이어(sapphire) 그리고 세라믹 등의 취성 그리고 열 민감 재료에 적합하다.
- 초내열 합금이나 내화 재료에 사용된다.
- 어떠한 가공재료와도 반응이 없다.
- 공구교환이 필요 없다.
- 복잡한 부품이나 날카로운 모서리 가공이 가능하다.
- 가공된 재료는 가공경화가 없다.
- 와이어 방전가공에서 필요한 초기 가공홀이 가공초반에 필요 없다.
- 재료 사용효율이 높다.
- 얇은 재료가공이 가능하다.

한계점

- 제거율이 낮다.
- 이탈 절단(stray cutting)을 피할 수 없다(± 0.1 mm 낮은 정확도).

- 금속 드릴링에 테이퍼 효과(tapering effect)가 나타날 수 있다.
- 연마제가 가공품 표면에 나타날 수 있다.
- 적절한 먼지 포집 시스템(dust-collecting systems)이 제공되어야 한다.
- 연질 재료(soft materials)는 가공할 수 없다.
- 실리카(Silica) 먼지는 건강에 유해하다.
- 통상 공장의 공기는 먼지와 기름을 제거하기 위하여 여과되어야 한다.

2.4 연마워터제트가공 _Abrasive Water Jet Machining

2.4.1 서론 _Introduction

연마워터제트가공(abrasive water jet machining, AWJM)은 플라스틱, 식품, 고무 단열재, 자동차용 내장재와 천장 및 대부분의 섬유 등을 절단하기에 적당하다. 예를 들면, 유리, 세라믹, 콘크리트 및 복합재료 등의 경질재료는 처음에 전통적으로 금속 표면처리를 위해 1974 년에 개발된 워터제트에 연마제를 첨가하여 즉, 연마워터제트가공(AWJM)으로 절단할 수 있다. 워터제트에 연마제를 첨가하면, 재료제거율이 증가하여 51 ~ 460 mm/min 속도 범위 사이에서 절단한다. 일반적으로 연마워터제트가공은 복합재료의 전통적인 가공방법에 비해 10 배 빠른 절단이 가능하다. Zheng 등(2002)은 연마제 워터제트는 순수 제트보다 강력하여 수천 배는 아니지만 수백 배라고 주장했다.

연마워터제트가공은 4.2 bar 의 저압을 사용하여 물(70 %)과 연마제(30 %)의 혼합물을 30 m/s 의 속도로 가속한다. 10 ~ 150 μm 크기의 탄화규소, 알루미나 및 유리 입자가 주로 연마제로 사용된다(그림 2.26). 연마제 캐리어(carrier)로서 물은 감쇠 작용 동안에 연마제 침식 작용에 의해서 철강 부품연삭 후에 남아있는, 높이 0.35 mm, 폭 0.02 mm 의 버를 분쇄하여 제거한다. 압축공기를 워터제트에 도입하면 디버링 효과는 더욱 강화된다.

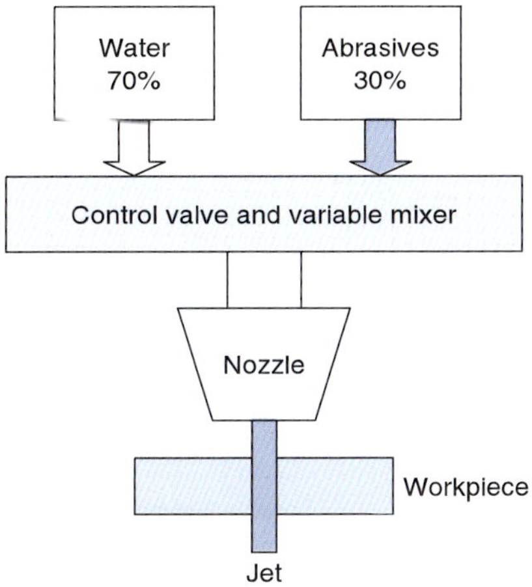

그림 2.26 ▮ 연마제워터제트가공요소

2.4.2 가공시스템 _The machining system

연마제워터제트가공에서 워터제트 흐름은 연마입자를 가속하여 물이 아닌 입자에 의한 재료제거를 일으킨다. 순수 제트가 만들어진 후, 연마제는 그림 2.27과 같이

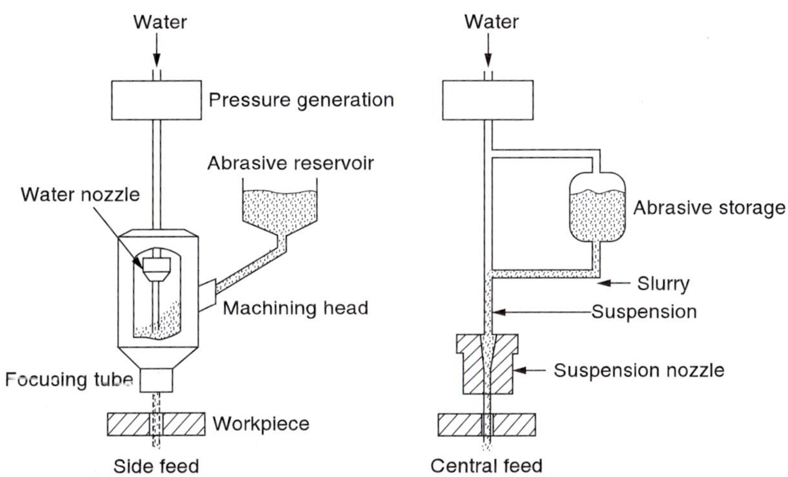

그림 2.27 ▮ 주사(injection) 및 현탁(suspension) 제트

연마제가 첨가되는데, 주사(injection)방식 또는 현탁(suspension) 방법이 사용된다. 연마제의 중요 매개변수는 재료의 구조와 경도, 기계적 거동, 입자 모양, 입자 크기 및 분포이다.

연마제워터제트의 기본적인 가공시스템은 다음 요소를 포함한다.

- 물 이송장치
- 연마제 호퍼와 공급장치
- 증압기(intensifier)
- 필터
- 믹싱 챔버
- 절단 노즐
- 캐쳐(catcher)

2.4.3 공정능력 _Process capabilities

전형적인 공정변수는 압력, 노즐직경, 스탠드오프 거리, 연마제 종류, 그릿 번호 및 가공물 이송속도 등이다. 연마제 워터제트는 38 mm/min 의 절단 속도로 한 번의 가공(single pass)으로 356.6 mm 두께의 콘크리트 슬래브 또는 76.6 mm 두께의 공구강 판재를 절단한다. 정확도 ± 0.13 mm 의 공차를 얻을 수 있는 반면, 제작 표면조도는 3.8 ~ 6.4 μm 의 범위이다. 반복정확도 ± 0.04 mm, 직각도 0.043 mm/m 그리고 축당 직진도 0.05 mm 의 재현이 가능하다. 때때로 주물사도 게이트(gate)와 라이저(riser)를 절단하는 데 사용된다. 그러나 가장 일반적인 연마제는 석류석(garnet)으로 이는 모래보다 30 % 이상 더 효과적이다. 유리는 16.4 mm^3/min 의 절단 속도로 가공가능하며, 이는 금속의 경우에 비해 4 ~ 6 배에 해당한다. 표면조도는 피가공재, 그릿 크기 및 연마제의 종류에 의존한다. 높은 제거율을 갖는 재료는 큰 표면조도를 가진다. 따라서 경질재료와 동일한 조도를 얻기 위해서는, 미세한 입자가 연질 금속 가공에 사용된다. 미세 입자의 경우에 표면조도는 절삭깊이 감소와 변형하지 않는 칩의 단면에 따라 줄어든다. 또한 슬러리 부피당

입자 수가 증가하면 단위 면적에 떨어지는 입자수도 증가한다.

방청 첨가제와 물로 이루어진 수송액체(carrier liquid)는 공기보다 훨씬 큰 밀도를 가진다. 이것은 더 높은 입자속도를 유발하고 결과적으로는 금속 제거율을 증가시킨다. 또한 수송액체는 표면에 퍼져있는 빈공간(cavity)을 채우는 동시에 연마입자가 충격할 때 방해하는 얇은 막을 형성한다. 부풀어 오르거나 표면 요철 부위가 먼저 영향을 받을 가능성이 높으며 이후에 점차 표면품질이 향상된다. Kaczmarek(1976)는 물과 공기 제트의 사용은 공기기류의 영향과 비교함으로써 평균적으로 표면조도를 향상시키는 결과를 보여주었다. Hashis(1992)는 인코넬(Inconel)의 고속 워터제트가공에서 낮은 슬러리 유속과 마찬가지로 높은 절단 속도도 표면조도를 증가시킨다고 증명하였다.

고급 워터제트와 연마워터제트 시스템은 다른 시스템에서 가져온 CAD(computer-aided design) 도면을 읽을 수 있는 기능이 있다. 컴퓨터는 시작점과 끝점을 결정하고 이후 순차적으로 작업 순서를 결정한다. 작업자는 재료의 종류와 공구 옵셋 데이터를 입력한다. 그러면 컴퓨터는 절단 이송속도를 결정하고 부품을 절단한다. 기타 시스템은 모뎀(modem) 및 CAD/CAM(computer-aided manufacturing)을 갖추고 있는데, 주로 CATIA, AUTOCAD, IGES 및 DXF 형식의 데이터를 전송하는 기능을 가지고 작동한다. 컴퓨터는 블록 또는 플레이트(plate)에서 부품을 절단할 때, 폐기물(waste)을 최소화하는 방법을 수초 이내에 결정하는 프로그램도 실행한다(*www.jetedge.com/*).

2.5 아이스제트가공 _Ice Jet Machining

2.5.1 서론 _Introduction

워터제트가공의 주요 단점은 제트와 가공물 간의 에너지 전달 효율이 낮다는 것이다. 이는 비교적 연질의 재료가공에만 워터제트의 사용이 가능하다는 제한이 있고, 결국 낮은 절삭속도를 유발한다. 모든 엔지니어링 재료에 대해서는 연마워터제트가공을 사용할 수 있지만 연마워터제트가공의 에너지 효율은 여전히 낮다. 물과 연마제를 혼합 사용할 때는 사용 가능한 최소 제트 지름도 제한된다.

2.5.2 공정설명 _Process description

아이스제트가공(ice jet machining, IJM)에서 아이스제트를 형성하는 연마제가 얼음입자로 대체된다. 얼음입자의 경도는 연마제의 그것보다 작기 때문에 연마제워터제트가공과 비교하여 보다 낮은 재료제거율이 기대되고 있다. 그러나 비용 절감과 환경에 아이스제트가공은 좋은 영향을 미친다. 아이스제트가공은 식품, 전자, 의료 및 우주 산업 등과 같이 오염이 불가능한 곳에 사용되고 있다.

얼음입자는 유체 흐름을 동결(< 500 μm)하거나 또는 얼음입자를 유체 흐름에(> 500 μm) 공급하는 방법들 중 하나를 사용하여 제조된다. 제빙기에서 공급된

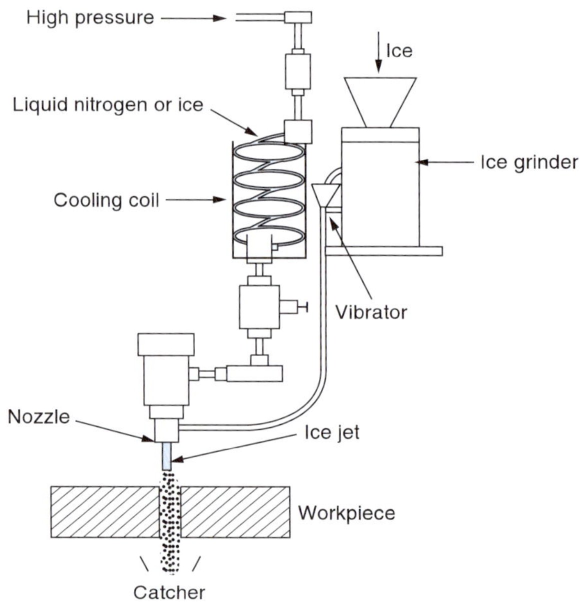

그림 2.28 Geskin 등에 의해 수정된 아이스제트가공 개념도(1995)

표 2.7 320 MPa 압력, 0.175 mm 노즐을 사용한 워터제트(WJ)와 아이스제트(IJ) 드릴링의 비교

Material	Thickness, mm	Depth, mm		Diameter, mm		Time, min	Removal rate, mm^3/min		Particle size
		WJ	IJ	WJ	IJ		WJ	IJ	
Aluminum	20	4.3	10.5	1.4	2.8	2.0	3.31	32 3	Large
Steel	6.4	2.5	6.4	1.1	1.1	5.6	0.43	1.09	Large
Steel	2.9	2.1	2.9	1.1	1.1	2.1	0.95	1.31	Small
Ti alloy	12.9	3.1	4.3	1.1	1.2	4.2	0.70	1.16	Small
Graphite	7.4	5.3	7.4	1.2	1.2	5.0	6.90	9.63	Large
Stainless steel	3.2	2.5	2.9	1.1	1.1	3.0	0.79	0.92	Small
Stainless steel	2	0.0	1.7	1.1	1.1	8.0	0.00	0.20	Large

SOURCE: Data from Geskin et al. (1995).

후자의 경우, 얼음은 분쇄기(grinder)에 공급된다. 고체 CO_2는 그림 2.28에서 보는 바와 같이 얼음조각 용융을 방지하기 위해 첨가된다. 얼음조각은 이후 가공노즐을 통해 공급된다.

노즐 앞에서 물은 액체 질소에 감겨있는 코일을 통과하여 냉각된다. Geskin 등 (1995)은 절단 노즐 안에서 얼음입자를 순간적이며 연속적으로 생성시킴으로써 가공 특성을 대폭적으로 개선하였다(표 2.7 참조).

2.6 자기연마 마무리 _Magnetic Abrasive Finishing

2.6.1 서론 _Introduction

자기장 원용 연마(magnetic field-assisted polishing)는 가공 힘이 자기장에 의해 제어되는 비전통적인 공정이다. 따라서 마무리 연마(finish polishing)는 고가, 강성, 초정밀 진동 및 무오류의 기계공구(machine tools)가 필요 없이 실현되며 이는 기존 공작 기계에 자기연마 요소가 통합되었다. 자기장 지원 연마에는 두 종

류가 있다. 마무리 가공을 위하여 자기장 연마의 브러시를 이용하는 자기연마 마무리(magnetic abrasive finishing, MAF)와 연마제를 가진 수송 액체 안의 자기장 입자가 콜리노이드 분산이(colloidal dispersion) 된 자성 유체(magnetic fluid)를 이용한 자기부유연마(magnetic float polishing 혹은 magnetic fluid grinding)가 그것들이다. 비록 자기연마 마무리는 40 년대 미국에서 시작되었지만, 그것은 50 년대 후반과 60 년대에서 구소련과 불가리아에서 많은 개발이 있었다. 80 년대 일본은 계속 연구하여 다양한 연마 응용사례를 수행하였다.

2.6.2 가공시스템 _The machining system

그림 2.29에는 자기연마 마무리 장치의 개념도를 보여준다. 원통형 가공물은 회전운동하는 스핀들 척에 고정된다. 가공물은 자성의(강철) 또는 비자성의(세라믹) 재료 등이 될 수 있다. 자력선(magnetic field lines)이 가공물을 통과한다. 축 방향의 진동운동이 자기장과 가공물에 관련하여, 자장 극성의 요동운동에 의하여 자기장 안에 도입된다. 그리고 강자성체(ferromagnetic material), 자기연마 집합체(그림 2.30) 및 미세한 연마제 혼합물이 자기장 헤드(magnetic heads)와 가공물 사이에 사용된다. 여기에서 마무리 공정은 자기장에 의해 작동된다. 일반적으로 자성 연마 집합체(magnetic abrasive conglomerates)의 크기는 50 ~ 100 μm 이며, 연마입자는 1 ~ 10 μm 범위이다. 비자성 가공물에 대해서는 자성 연마제가 유연

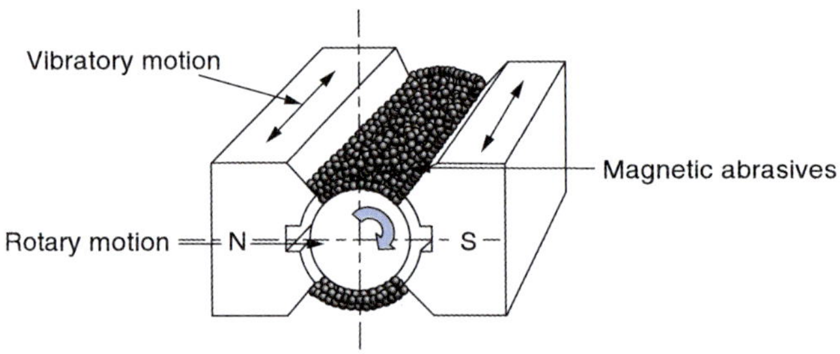

그림 2.29 자기연마 마무리의 개념도

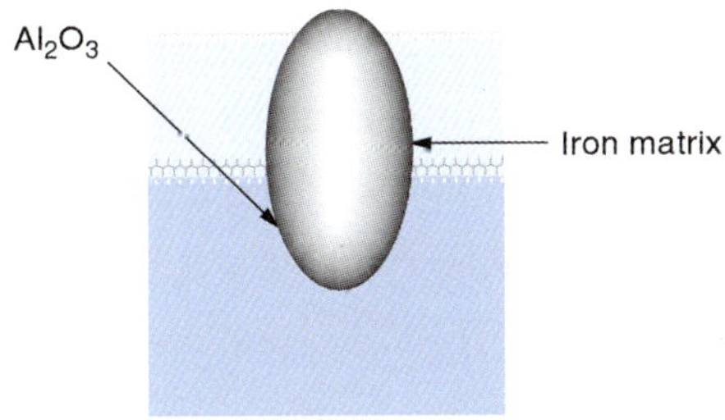

그림 2.30 ▌ 전형적인 자기연마 집합체

한 자기연마 브러시를 형성하면서 동시에 자기력 선을 따라 자성의 N과 S극 사이에 자기적으로 상호 연결된다. 연마제의 일정한 회전을 위해서 자성의 연마제는 주기적으로 휘저어져야 한다. Fox 등(1994)은 표면과 모서리의 마무리 가공을 위하여 아래의 자기연마 마무리 조건을 채택하였다:

Roller speed	Up to 1.3 m/s
Magnetic field density	0 – 0.53 Tesla (T)
Magnetic pressure	0 – 30 kPa
Abrasive type	80 % Fe (40) + 20 % SiC (1200)
Vibration frequency	12 – 25 Hz
Lubricant	Dry or oil

2.6.3 재료제거 공정 _Material removal process

자기연마 마무리는 자기연마 브러시로 작동하는데, 연마입자는 이온입자들과 정렬하여 유연하게 가공물의 표면의 윤곽을 따라 작동한다. 연마입자는 가공물의 표면 윤곽에 단단하게 붙이 있다가 짧은 왕복 진동이 가공물의 축 방향으로 주어진다. 자기연마 마무리 브러시는 접촉한 상태로 표면의 비규칙성을 형성하는 돌출 요소(protruding elements) 위에 작용한다. 스크래치(scratches), 하드 스팟(hard spot), 레이 라인(lay line) 그리고 공구흔적(tool mark) 등과 같은 표면결함 등이 제거된다.

테이퍼(taper), 루핑(looping), 떨림 흔적(chatter mark) 등이 2.0 μm 의 깊이 제한 이내에서 수정될 수 있다. 재료제거율과 표면마무리는 가공물의 원주 속도, 자기장의 플럭스 밀도(flux density), 가공유격(working clearance), 가공 재질, 자기 연마제의 입경 크기와 사용된 연마제의 종류, 입자크기 및 자성 입자 집합체가 차지하는 부피 비율 등에 따라 결정된다. Fox 등(1994)은 접지봉(ground rod)의 평균 표면마무리가 10 nm 정도에 완성되었다고 보고하였다. 자기장 플럭스가 증가하면 마무리 가공률이 증가한다. 재료제거율과 최상의 표면마무리는 축방향의 진폭과 주파수가 증가할수록 높아진다. 축 방향의 진동과 회전 속도는 최상의 표면마무리와 재료제거율을 보여주는 단면 패턴을 얻기 위하여 반드시 고려되어야 한다. Singh와 그의 팀원들은(2004) 표면품질을 향상시키기 위해 높은 전압 수준(11.5 V), 낮은 가공유격(1.25 mm), 높은 회전 속도(180 rpm) 그리고 높은 메시 번호를 추천한다.

2.6.4 적용사례 _Applications

2.6.4.1 볼과 롤러의 연마 _Polishing of balls and rollers. 베어링에 사용되는 세라믹 볼의 전통적인 마무리 연마공정에는 낮은 속도와 연마 매체로서 다이아몬드 연마제가 필요하다. 긴 가공시간과 비싼 다이아몬드의 사용은 결국 가공비를 높인다. 높은 하중에서의 다이아몬드 연마제는 아주 깊은 상처, 스크래치 및 미세 균열을 야기하고, 높은 가공비와 가공시스템의 신뢰성 부족 등의 한계가 있다. 표면 손상을 최소화하기 위하여 즉, 가공물보다 강하지 않는 연마제와 가공 힘이 낮은 수준에서 제어가 되는 그런 부드러운 연마 조건이 요구된다. 최근 자기연마 마무리의 개발사례는 그림 2.31에서와 같이 세라믹 볼과 베어링 롤러의 연마에 연마 슬러리를 지지하는 자기장을 포함하고 있다. 물과 등유(kerosene)와 같이 어떤 유체 안에 아주 미세한 강자성체 입자와 연마입자를 함유한 자기장이 가이드 링(guide ring) 안을 채워져 있다. 세라믹 볼은 드리프트 축(drift shaft)과 플로트(float) 사이에 있다. 연마입자, 세라믹 볼 그리고 플로트(비자성체로 만들어진)는

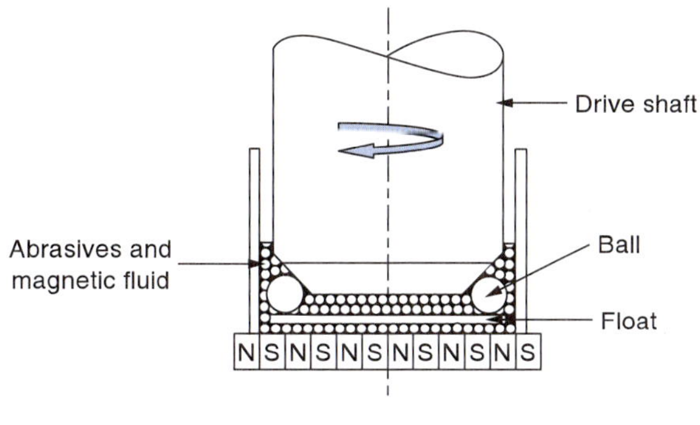

그림 2.31 볼의 자기 마무리(Kalpakjian, 1997)

자기력에 의해 현탁되어 있다. 볼은 회전 드라이브 축에 대하여 정지되어 있고 기계적인 마모 작업에 의하여 연마된다. 연마입자에 의해 작용되는 힘은 지극히 작고 제어가 가능하기 때문에 연마작용은 매우 미세하게 이루어진다. 공정 자체가 경제적이고 가공된 표면이 거의 결함이 없다.

2.6.4.2 튜브 내면의 마무리 _Finishing of inner tube surface. 청정가스와 유체 파이프 시스템은 내부 표면의 높은 마무리가 필요하다. 왜냐하면 순환에 있어서 오염을 방지해야 하기 때문이다. 파이프가 가늘고 길면 부드러운 내면을 만들기가 어렵고 비용이 많이 든다. 전해 마무리는 높은 가격과 공정 제어의 비용 등 문제가 있고 환경오염 없이 전해용액을 폐기하기가 쉽지 않다. 그림 2.32는 자기연마

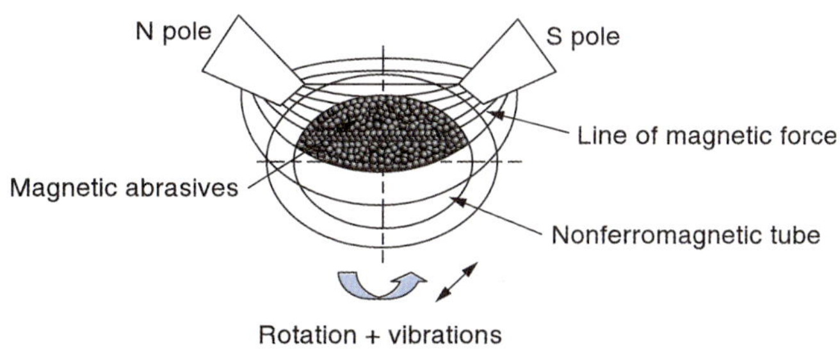

그림 2.32 비자성체 튜브의 마그네틱 마무리

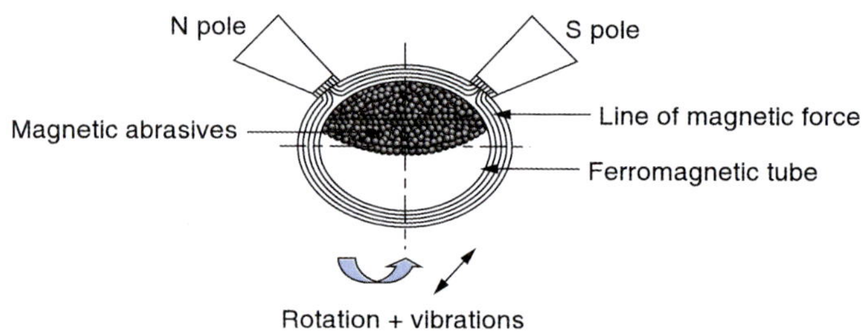

그림 2.33 자성 튜브의 자기 마무리 공정

마무리를 사용하여 비자성체 튜브 내면을 마무리 가공하는 2 차원 개념도이다. 튜브 내부에 있는 자성 연마제는 자기장에 의해 마무리 가공영역으로 이동하고 가공에 필요한 자기력을 받는다. 고속으로 튜브가 회전함으로써 자기 연마제는 내부 표면을 부드럽게 만든다. 그림 2.33에서 보는 바와 같이 자기 튜브 마무리 가공(ferromagnetic tube finishing)의 경우에는 높은 자기장 침투(magnetic permeability) 때문에 자기 플럭스가 대부분 튜브 안으로(튜브 내부를 관통하는 대신) 흘러가게 된다. 이러한 조건 하에서 연마제는 강하게 가공영역 안에 잔류하게 되고 이때 튜브는 회전한다. Geskin 등(1995)은 형상 정확도를 벗어나지 않고도 경면 마무리(mirror finishing)를 성공하였다.

2.6.4.3 다른 적용사례_Other MAF applications. 자기연마 마무리 공정은 Khayry (2000), Umehara 외(1997) 그리고 Hitomi와 Shinmura(1995) 등이 언급한 것, 이 외에도 많은 분야에 적용된다:

1. 인쇄회로기판 등의 미세부분의 연마
2. 보호 코팅막과 산화막의 제거
3. 기어와 캠의 디버링과 모서리 따기
4. 복잡 형상의 자동연마
5. 평면 연마

보다 많은 상세정보는 아래의 인터넷 사이트를 참조하라:

www.iijnet.or.jp/MMC/nv.19/fig31.gif
www.jstp, or/jstpJE/Pubis/paper/memboo7.html
khai.itl.net.ua/eng/ttc/204/
www.manufacturingcenter.com/tooling/archives/0600/
www.riken.go.jp/lab-www/library/publication/reuiew/

Chapter

3

화학적 공정

_Chemical Processes

3.1 화학밀링 _Chemical Milling

3.1.1 서론 _Introduction

화학밀링(chemical milling, CHM)은 가공물 재료를 반응력이 강한 시약에 접촉시켜 화학용해(CD)를 제어하는 공정을 말한다. 이때 금속이 선택적으로 제거되지 않게 해 주기 위해 표면을 특수 코팅에 의해 보호해 주는 역할을 마스크(maskants)가 담당한다. 이 공정은 포켓이나 윤곽을 만들거나, 높은 비강도(strength-to-weight ratio)를 갖는 부품을 제작하기 위해 재료를 제거하는 데 사용되고 있다. 화학밀링은 다음의 4 단계로 구성된다.

1. 가공물 표면의 전 세정(precleaning); 이는 마스크 재료가 잘 부착하게 해 줄 뿐만 아니라 가공에 방해를 주는 오염물질을 확실히 제거시켜 준다.
2. 마스크로 가공물 표면의 보호(masking); 마스크는 쉽게 벗겨낼 수 있으면서도 화학 반응이 일어나지 않으며, 식각(etching) 중에는 가공물 표면에 충분한 부착력을 가져야 한다.

3. 마스크의 스크라이빙(scribing); 화학밀링이 일어날 영역을 드러내기 위해 형판으로 안내하여 마스크에 스크라이빙을 하고 선택적으로 제거(peeling)한다. 마스크의 종류는 가공물의 크기, 부품의 수량 그리고 원하는 분해능에 따라 결정된다. 특히, 실크 스크린 마스크는 정밀한 치수 공차를 요구하는 얇은 제거에 적합하다.
4. 가공물의 식각, 헹굼을 거친 후에 마스크를 제거하면 완성된다.

일반적으로 화학밀링(그림 3.1)에서 식각되는 깊이는 화학액에 침전되는 시간에 의해 제어되는데, 불균일한 제거가 일어나지 않게 하기 위해서 표면에 침투되는 화학액은 새 것을 사용한다. 이러한 화학액은 부식성이 매우 강하므로 안전 수칙을 반드시 준수해야 한다. 특히, 환경 보호를 위해 화학밀링 시 발생하는 증기와 폐액을 엄격히 처리해야 한다. 한편, 가공물과 화학액은 잘 휘저으면서 유동성을 확보해야 하지만, 지나친 경우 마루(ridges)나 골(channels, grooves)이 표면에 형성될 수 있다. 그러나 가공물을 기울여 놓으면 가스 거품에 의한 골의 형성을 방지할 수 있다. Bellows(1977)의 *Metals Handbook*(1989)에서는 화학반응에 의한 불균일한 열 분포로 인해 가공물 표면에서 디싱(dishing)이 발생할 수 있다고 한다. 전형적인 반응 온도 범위는 37 °C ~ 85 °C 이다. 당연히 고온에서 높은 식각률을 나타내지만, 균일한 제거를 위해서는 목표 온도에서 ± 5 °C 이내로 제어되어야 한다.

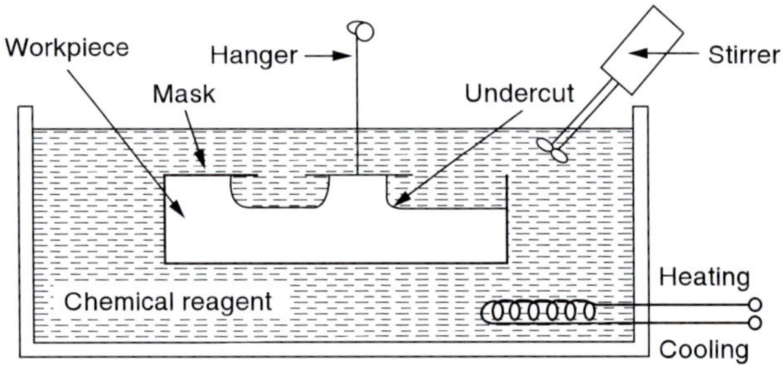

그림 3.1 화학밀링의 구성도

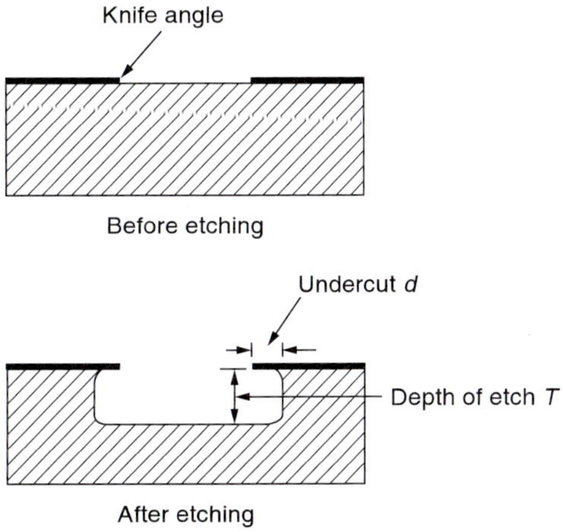

그림 3.2 화학밀링의 식각계수

습식 식각에서는 그림 3.2와 같이 열려있는(open) 영역의 하부만이 아니라, 마스크 하부 금속까지 수평방향으로 제거되는 식각계수(etch factor)를 고려해야 한다. 식각계수는 식각깊이 T에 대한 언더컷 d의 비율을 말한다. 이 비율은 형판을 이용하여 마스크에 스크라이빙을 할 때 명확히 고려되어야 한다. 제거 깊이 1.27 mm까지는 전형적인 1:1 식각계수를 나타내지만, 이보다 더 깊게 제거를 하면 식각계수는 1:3 으로 감소한다. 즉, 형성된 필렛의 반경은 거의 식각깊이와 같다고 할 수 있다. 여러 부품을 동시에 가공할 경우에는 걸이(racks)나 고정구를 적극 활용하여 화학액에 담그거나 헹굼 작업을 하면 매우 편리하다. 가공물로부터 화학액을 깨끗이 헹궈낸 후에 마스크를 손으로 직접 혹은 브러시나 다른 화학액을 이용하여 벗겨내는데 이를 디마스킹(demasking)이라 한다.

화학밀링은 가공물 표면의 울퉁불퉁함, 움푹 파임, 스크래치 및 굴곡 등을 개선할 수는 없다. 그림 3.3은 마스크의 다단계 제거와 식각을 통해 계단형 형상을 구현한 사례를 나타낸다. 그림 3.4는 마스크를 쓰지 않고 담금이나 끌어올림의 깊이, 속도 그리고 횟수를 제어하여 테이퍼 가공이 가능하다. *Metals Handbook* (1989)에 의하면 대량생산에서 알루미늄은 0.06 mm/mm, 강 합금은 0.01 mm/mm 정도까지 테이퍼 가공이 가능하다.

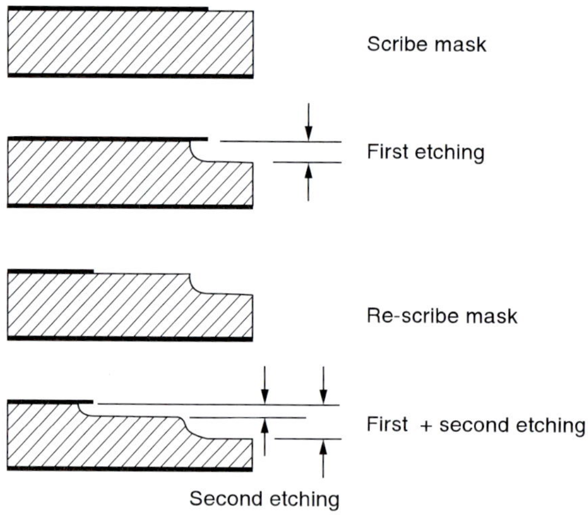

그림 3.3 화학밀링에 의한 윤곽 가공

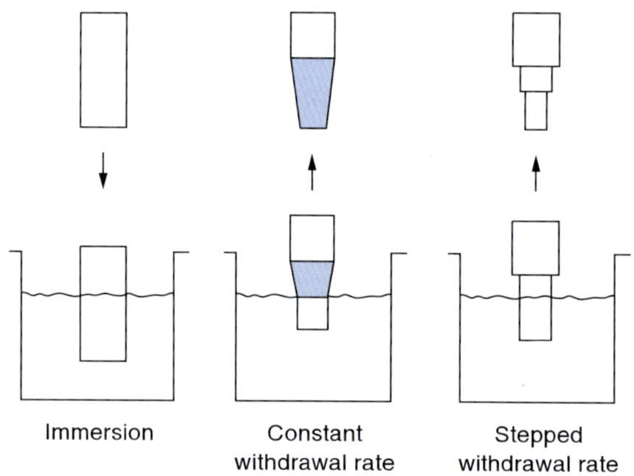

그림 3.4 화학밀링에 의한 테이퍼와 계단 가공

3.1.2 화학밀링 툴링 _Tooling for CHM

화학밀링을 위한 툴링은 상대적으로 저렴하며 개조하기가 간단하다. 4 가지 주요 도구(tools)로는 마스크, 식각액(etchants), 스크라이빙 형판 및 부속품이다.

3.1.2.1 마스크 _Maskents. 일반적으로 마스크는 화학용해작용으로부터 가공물을 부분적으로 보호하기 위하여 사용된다. 합성 혹은 고무 재료가 주로 사용되는데, 표 3.1은 여러 가공물에 적합한 식각액과 마스크를 사용하였을 때 얻을 수 있는 식각률과 식각계수를 나타낸다. 이러한 마스크는 충분히 그 역할을 다하기 위해서 다음과 같은 특성을 가져야 한다.

1. 공정 중 취급에 충분히 견딜 수 있을 만큼 강인해야 한다.
2. 가공물 표면에 잘 부착되어야 한다.
3. 스크라이빙하기 쉬어야 한다.
4. 사용되는 화학액의 반응에 견뎌야 한다.
5. 식각 중 발생되는 열에 견딜 수 있어야 한다.
6. 식각 후 쉽고 저렴하게 제거될 수 있어야 한다.

실제 식각액에 대한 저항을 향상시키고 가공표면상에 핀 홀(pinholes)이 생기는 것을 방지하기 위해 마스크를 여러 겹 코팅하여 사용하기도 한다. 그리고 오랜

표 3.1 여러 가공물에 적합한 마스크와 식각액

Workpiece	Etchant	Maskant	Etch rate, mm/min	Etch factor
Aluminum	$FeCl_3$	Polymers	0.013 – 0.025	1.5 – 2.0
	NaOH	Polymers	0 020 – 0.030	
Magnesium	HNO_3	Polymers	1.0 – 2.0	1.0
Copper	$FeCl_3$	Polymers	2.0	2.5 – 3.0
	$CuCl_3$		1 2	
Steel	$HCl:HNO_3$	Polymers	0.025	2.0
	$FeCl_3$		0.025	
Titanium	HF	Polymers	0.025	1.0
	$HF:HNO_3$			
Nickel	$FeCl_3$	Polyethylene	0.13 – 0.038	1.0 – 3.0
Silicon	$HNO_3:HF:H_2O$	Polymers	Very slow	

SOURCE: Tlusty (1999).

시간 노출시켜 깊게 제거할 경우에는 담금(dip) 및 스프레이 코팅을 두껍고 거칠게 해야 한다. 마스크를 형성하기 위해서는 담금, 브러시, 스프레이, 롤러, 전기적 코팅 및 접착 테이프에 이르기까지 다양한 방법이 있다.

가공물 위에 원하는 형상이 설계된 실크 스크린을 놓고 스프레이 코팅을 하면, 마스크를 벗겨낼 필요 없이 한 번에 2 차원 형상을 갖는 마스크를 만들 수 있다. 따라서 미세한 눈을 갖는 실크 스크린을 이용한다면 가공물의 품질이 상당히 향상될 수 있다. 그러나 이 방법에 의해 형성된 코팅층은 일반적으로 얇아서 전통적인 컷앤필(cut-and-peel) 방법에 비해 장시간에 걸쳐 식각하기 어렵다. 광화학밀링(PCM)에서 사용되는 포토 레지스트(photoresist) 마스크 역시 코팅과 선택제거 작업을 모두 수행한다. 담금이나 스프레이에 의해 코팅된 상대적으로 얇은 막은 거칠게 취급하거나 장시간 식각액에 노출시키기 어렵다. 그러나 포토 레지스트 마스크는 높은 정확도(accuracy)를 가지며, 여러 형상을 반복적으로 식각할 수 있을 뿐만 아니라 수정하기가 용이하다는 이점을 가지고 있다. 평면상의 치수정확도는 마스크가 얼마나 복잡한가에 달려있다. 몇 가지 마스크에 대한 공차는 다음과 같다.

- 컷앤필 마스크 ± 0.179 mm
- 실크 스크린 레지스트 ± 0.077 mm
- 포토 레지스트 ± 0.013 mm

3.1.2.2 식각액 _Etchants. 식각액은 표 3.1에 나타낸 것처럼 일정한 화학 조성과 온도범위로 조절된 산이나 알칼리 용액을 말한다. 식각액의 주요 기술적 목표는 다음 각 항을 달성하는 데 있다.

1. 양호한 표면상태
2. 균일한 금속 제거
3. 선택적 및 결정립 간의 식각 제어
4. 티타늄 합금의 경우 수소 흡착 제어
5. 개인 안전 관리

6. 저장 탱크 제작 시 재료의 안정성과 낮은 가격
7. 공기 정화 및 가능한 환경문제의 해결
8. 단위 무게당 낮은 가격
9. 식각액의 재처리 혹은 중화 및 폐기 능력

3.1.2.3 스크라이빙 형판 _Scribing templates. 스크라이빙 형판은 화학액에 노출되는 영역을 표시하기 위하여 사용된다. 가장 일반적인 스크라이빙은 날카로운 칼로 마스크를 자르고 선택된 영역을 조심스럽게 벗겨내는 것이다. 금속이나 섬유유리로 만들어진 단순한 형판이나 배치(layout)선이 스크라이빙 작업을 안내한다. 그리고 식각계수 여유(allowance)는 어떤 스크라이빙 방법에서든 명시되어야 한다. 즉, 배치도, 형찬 및 실크 스크린 등은 식각 중에 예측되는 언더컷(under-cut)의 정도에 따른 여유를 주어야 한다. 그림 3.5는 대면적의 화학밀링을 위해

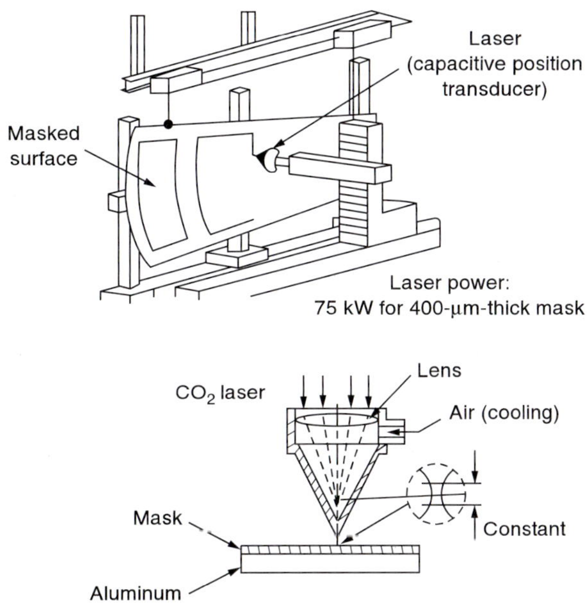

그림 3.5 대면적의 화학밀링을 위한 레이저 스크라이빙(Tlusty, 1999)

마스크를 수치제어로 레이저 스크라이빙하는 모습을 나타낸다.

3.1.2.4 부속품 _Accessories. 부속품으로서는 화학액 저장탱크, 고리, 브라켓, 선반 및 고정구이다. 이것들은 한 개나 여러 개의 부품을 식각하거나 헹굴 때 사용된다.

3.1.3 공정변수 _Process parameters

화학밀링의 공정변수로서 반응 용액의 종류, 농도, 물성, 작업 온도 및 순환을 들 수 있다. 물론 공정은 마스크나 적용 분야에 따라서도 영향을 받는다. 이 변수들은 가공물에 다음과 같은 직접적인 영향을 준다.

1. 식각계수(d/T)
2. 식각률
3. 가공공차
4. 표면조도

화학밀링으로 저렴하면서도 높은 품질을 얻기 위해 가공에 앞서 재료의 열처리 상태, 결정립 크기, 치수와 표면상태, 압연 방향, 용접 결합부 및 냉간가공 정도 등을 미리 파악해야 한다.

3.1.4 재료제거율 _Material removal rate

재료제거율 즉, 식각률은 화학액과 가공물의 금속학적 균일성 그리고 용액의 온도에 의존한다. 그림 3.6과 3.7에서 나타낸 바와 같이 결정립이 가장 큰 주물이 표면이 가장 거칠고 재료제거율 또한 가장 낮다. 반대로 압연 금속판재가 가장 표면이 부드러우며 재료제거율도 가장 높다. 식각률은 단단한 금속에서 높으며, 반대로 무른 금속에서는 낮았다(*Metals Handbook*, 1989). 일반적으로 식각률이 높을수록 낮은 표면조도 값을 가지며, 이에 따라 가공공차도 작다.

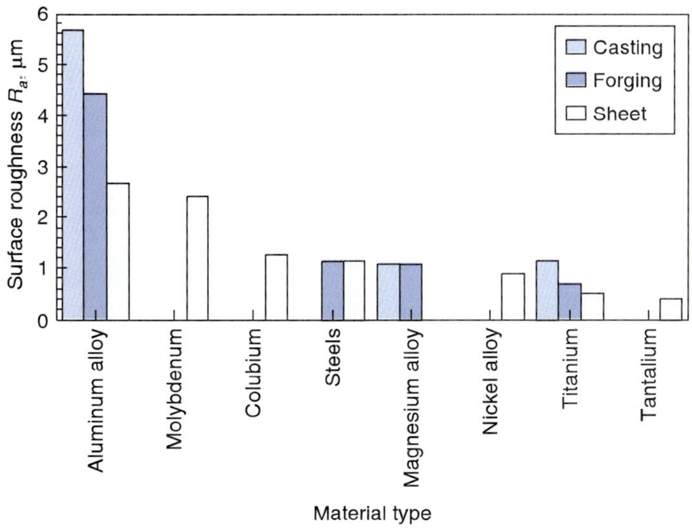

그림 3.6 화학밀링에 의해 여러 합금을 0.25 ~ 0.4 mm 제거한 후의 평균 거칠기 (El-Hofy, 1995)

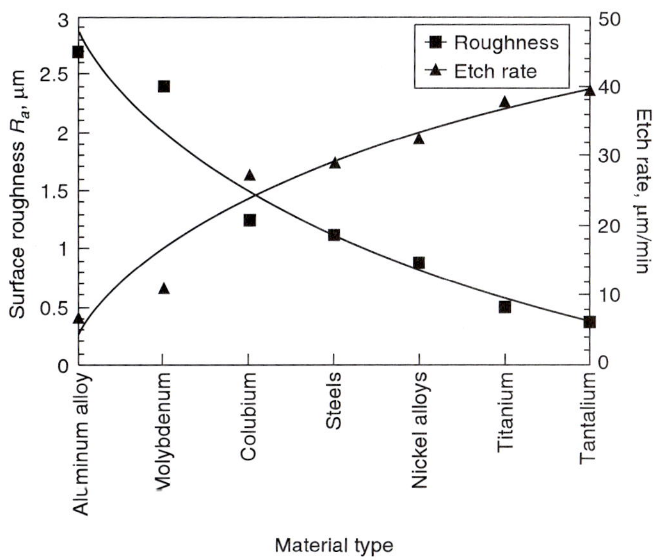

그림 3.7 여러 합금을 0.25 ~ 0.4 mm 제거한 후의 표면조도와 식각률 (El-Hofy, 1995)

3.1.5 정확도 및 표면마무리 _Accuracy and surface finish

화학밀링에서 금속은 화학적으로 용해된다. 이는 금속의 결정립 표면과 입계(boundary) 두 곳에서 동시에 일어난다. 따라서 미세한 표면품위와 균일한 외관을 가지기 위해서는, 미세한 결정립과 균질한 금속학적 구조를 가져야 한다. 화학밀링에 의해 가공된 표면은 규칙적인 무늬를 갖지 않는다. 결정립의 크기, 방향, 열처리 및 이미 존재하는 응력상태에 따라 모든 재료는 기본적인 표면품위를 가진다. 표면의 결함은 화학밀링에 의해 제거되지는 않지만, 표면의 불규칙성이나 굴곡, 파임이나 스크래치는 약간 변하거나 재생될 수 있다.

가공속도는 표면조도에 영향을 주고 다시 공차를 변화시킨다. 일반적으로 식각이 천천히 일어나면 가공 전의 표면과 유사하게 유지된다. 그림 3.7은 여러 재료에 대한 전형적인 가공 후의 표면조도를 나타낸다. 양호한 표면품위를 얻기 위해서는 압연 방향이나 결정립의 방향 역시 중요한 변수가 된다. 그리고 가공 깊이 공차는 높은 가공속도로 깊은 가공을 할수록 커진다. 알루미늄과 마그네슘 합금은 강이나 니켈, 티타늄 합금보다 엄격하게 공차를 관리할 수 있다. 가공물 재질과 가공 깊이에 따라 다소 차이는 있지만, 가공 폭에 대해 ± 10 % 의 공차를 가지고 0.025 mm/min 의 식각률을 확보할 수 있다.

가공 후의 표면조도 역시 초기 가공물의 표면조도의 영향을 받는다. 식각액에서 금속 이온의 농도가 증가함에 따라 표면은 거칠어진다. 200 μm 이하의 얕은 깊이까지는 가공 깊이가 증가함에 따라 표면이 급격히 거칠어지지만, 그 이상에서는 약간의 변화만 있을 뿐이다. 그림 3.7은 가공물 재료에 따라 식각률과 표면조도가 상호 의존하고 있음을 나타낸다. 가공물의 초기 표면조도에 의존하면서 전형적으로 0.1 ~ 0.8 μm 를 얻을 수 있다. 그러나 특별한 조건에서는 0.025 ~ 0.05 μm 까지 가능하다(*Machining Data Handbook*, 1997).

금속의 표면층이 내부와 기계적 특성이 다른 경우에는 화학밀링에 의해 가공품의 기계적 특성도 달라질 수 있다. 즉, 표면층의 제거로 인해 가공품의 평균 기계적 특성이 변해 버린 것이다. 티타늄 산화층, 탄화층 그리고 개주(recast) 구조와 같은 표면상태는 화학밀링에 의해 쉽게 제거되며 가공품의 특성을 향상시키기도 한다. 알루미늄을 화학밀링한 후에는 피로 특성이 떨어진다고 보고되고 있으나, 숏피닝이나 입자 블라스팅에 의해 회복될 수 있다.

3.1.6 이점 _Advantages

화학밀링은 다음과 같은 이점을 가지고 있다.

- 전통적인 방법으로는 가공하기가 힘든 복잡한 외형에서 무게를 감소시킬 수 있다.
- 모든 표면으로부터 동시에 재료를 제거하여 생산성을 향상시키고 은폐된 곳을 감소시킨다.
- 버(burr)가 발생되지 않는다.
- 가공물에 응력이 발생되지 않아 변형을 최소화할 수 있고 섬세한 부품의 가공도 가능하다.
- 윤곽 단면에 연속 테이퍼 형상도 구현할 수 있다.
- 대형 부품을 가공하기 위한 장비의 자본재 투자비도 상대적으로 낮다.
- 숙련공을 필요로 하지 않는다.
- 툴링 비용도 미미하다.
- 버가 없고 표면품위가 양호하여 추가 후처리가 필요 없다.
- 미세한 형상을 갖는 다수의 부품을 가공할 수 있다.
- 장식 처리나 얇은 망 가공도 가능하다.
- 파쇠(scrap)되는 비율이 매우 낮다(3 %).

3.1.7 한계점 _Limitations

화학밀링은 다음과 같은 한계점과 단점을 가지고 있다.

- 깊이가 얕은 가공에 한정되는데, 판재의 경우 12.27 mm 까지, 압출물은 3.83

mm 까지, 그리고 단조물은 6.39 mm 까지이다.

- 화학액의 취급과 폐기가 쉽지 않다.
- 수작업에 의한 마스크 코팅, 스크라이빙 및 벗기기 모두 시간이 많이 소요되고 반복적이며 지루하다.
- 표면결함이 가공 후에 재생된다.
- 좋은 결과를 얻기 위해서는 금속학적으로 균질한 표면이 요구된다.
- 좁고 깊은 홈은 가공하기 어렵다.
- 필렛(fillet) 반경은 제거된 깊이로 결정된다.
- 다공질 주물제품은 식각 후 표면이 불균일하다.
- 용접부의 식각률은 모재와 다른 경우가 빈번하다.
- 잔류응력을 갖는 한쪽 면을 제거하면 심각한 뒤틀림이 발생한다.
- 화학 가공된 면에 잔류응력이 없다는 것이 오히려 압축잔류응력이 존재하는 면보다는 피로강도 측면에서 불리하다.
- 어떤 재료에서는 수소를 빼 내어간다든가, 결정립 사이가 심각하게 부식되어 문제가 되기도 한다.
- 측벽의 진직도는 필렛이나 언더컷 한계에 영향을 받는다.
- 스크라이빙 정확도는 한계가 있고 복잡한 설계는 비싸다.
- 경사가 심한 테이퍼는 실제 가공이 어렵다.

3.1.8 적용사례 _Applications

알루미늄, 구리, 아연, 강, 납 그리고 니켈을 포함하는 모든 일반 금속은 화학 가공이 가능하다. 티타늄, 몰리브덴, 지르코늄과 같은 신종 금속이나 유리, 세라믹, 일부 플라스틱과 같은 비금속 재료에도 화학밀링을 적용할 수 있다. 그리고 이 공정은 대형 알루미늄 항공기 날개부품에서 작은 집적회로 소자에 이르기까지 광범위하게 사용되고 있다. 실제 적용되고 있는 제거 깊이는 2.54 ~ 12.27 mm 정도

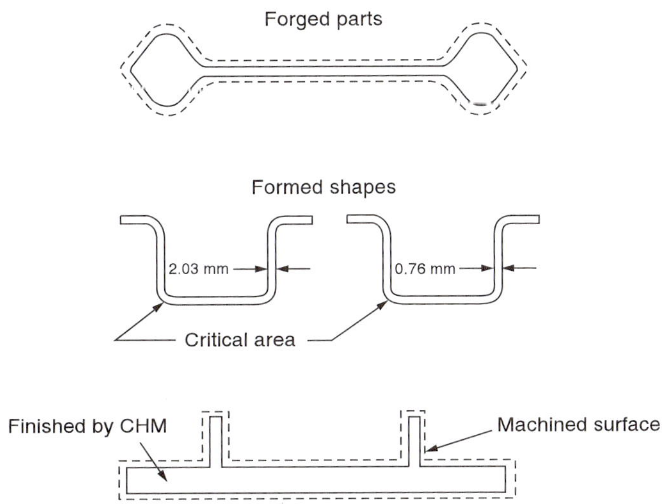

그림 3.8 화학밀링에 의한 부품의 박육가공(thinning) (Tlusty, 1999)

이다. 특히, 대형 박판을 얇게 제거하는 응용기술은 항공기 부품의 무게 절감을 위해 가장 많이 활용되고 있다. 같은 박판에 여러 모양을 동시에 가공하는 사례도 흔히 볼 수 있다. 화학밀링은 그림 3.8에서 나타낸 것처럼 단조, 주조 그리고 판재 성형에 의해 제작된 부품의 벽(walls), 망(webs) 및 살(ribs)을 더 얇게 만들기 위해 적용되기도 한다. 기타 응용사례로서 가공물의 표면 특성을 향상시킨 것으로 다음과 같다.

1. 티타늄 단조품이나 초소성 부품의 1 차 표면층 제거
2. 저합금강 단조품에서 탄화층 제거
3. 방전가공 후의 변질(recast) 층의 제거
4. 복잡한 형상을 절삭한 후 잔류하는 날카로운 버의 제거
5. 표면 하부에 숨어 있는 결함을 검사하기 위해 단조품이나 주조품의 표면을 얇게 제거

3.2 광화학밀링 _Photochemical Milling

3.2.1 서론 _Introduction

광화학밀링(photochemical milling, PCM)은 내화학성 마스크에 사진기술을 적용한 화학밀링의 변종이다. 두 방법 모두 화학액을 이용하여 금속을 용해 제거시킨다는 점에서 매우 유사하며 실제 공정 단계의 많은 부분이 유사하다. 화학밀링이 주로 단조 및 주조를 거친 3 차원 부품의 표면에 적용되고 있는 반면, 광화학밀링은 2 차원 박판에서 새로운 부품을 가공해 낸다. 따라서 이 공정은 평평하고 얇은 (0.013 ~ 1.5 mm) 게이지의 복잡한 형상을 정밀하게 가공할 수 있어서 광화학 블랭킹(photochemical blanking, PCB)이라고도 불린다. 때로는 재료의 일정 깊이까지만 식각하여 글자나 그래픽이 새겨져 있는 부품을 만들기도 한다. 화학밀링에서는 식각깊이가 특정 식각액에 담궈진 시간으로 제어된다. 광화학밀링 및 화학밀링 모두 맨드릴(mandrel) 위에 금속을 전기 도금하는 광학 성형(photo forming, PF)과는 다르다. 이 광학 성형품은 적당한 두께만큼 금속이 부착되면 맨드릴로부터 분리된다.

3.2.2 공정설명 _Process description

그림 3.9는 광화학밀링의 흐름도를 나타낸다. 첫 단계는 원하는 형상을 포토 툴(photo tool)이라는 사진 필름이나 유리판 위에 만드는 것이다. 컴퓨터 지원설계(CAD)를 이용하여 포토 툴의 1 차 이미지로 사용될 부품 형상을 만들게 된다. 금속 박판은 화학 세정을 한 후에 광에 민감하게 반응하는 포토 레지스트 필름으로 코팅한다. 포토 레지스트는 부품 표면에 부착되어 식각 중 표면을 보호하는 스텐실(stencil) 레지스트로서의 역할을 수행한다. 포토 레지스트가 액체인 경우에는 부품을 담구어 코팅하고 말린다. 일반적으로 부품을 가운데 두고 상, 하가 정밀하게 일치되는 한 벌의 포토 툴을 가지고 사용된다. 이렇게 하면 부품의 양 면에서

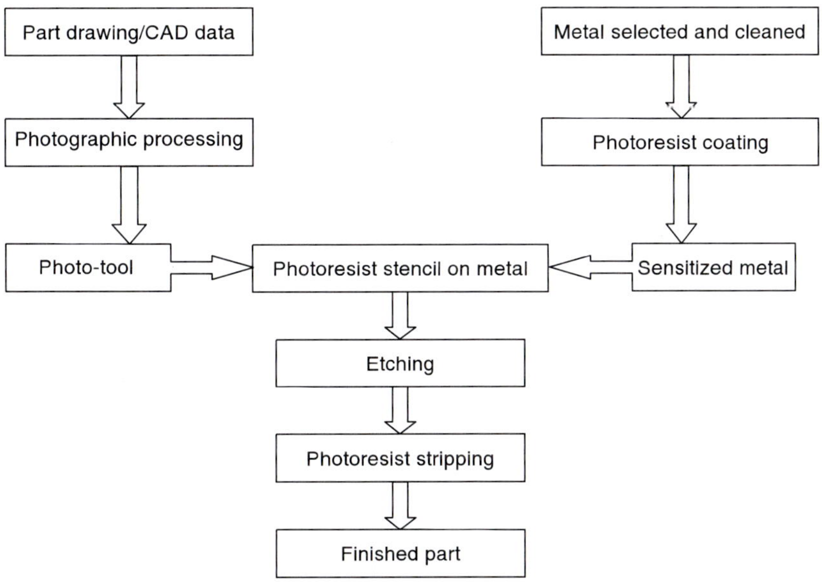

그림 3.9 광화학밀링의 흐름도

재료제거가 일어나므로, 포토 레지스트의 언더컷을 최소화할 수 있으며, 반듯한 측벽을 얻을 수 있다.

레지스트가 부착되고 금속이 포토 툴 아래에 놓이면, 진공에서 자외선 광원에 노출되게 된다. 노광을 통해 이미지가 레지스트에 정확히 전사되고 나면 원하는 형상이 복제되는 것이다. 노광된 이미지는 담그거나 스프레이 방식에 의해 현상(developing)을 한다. 포토 레지스트 종류에 맞는 현상액이 있는데 예를 들면 물, 알칼리 용액, 탄화수소 그리고 용제 등이다. 현상을 한 후에는 Allen(1993)이 도시한 것처럼 빛에 노출되지 않은 레지스트를 제거하기 위해 씻어낸다.

이미지화 된 금속은 산(acid)을 스프레이나 담금에 의해 통과시켜 선택적으로 용해시킨다. 여러 재료에 적합한 식각액을 선정할 필요가 있는데, 올바른 선택을 위해 원가, 품질, 식각깊이 및 재료제거율을 충분히 고려해야 한다. 그림 3.10은 광화학 가공의 주요 단계를 나타낸다. 스프레이나 담금에 의해 식각을 한 후에는

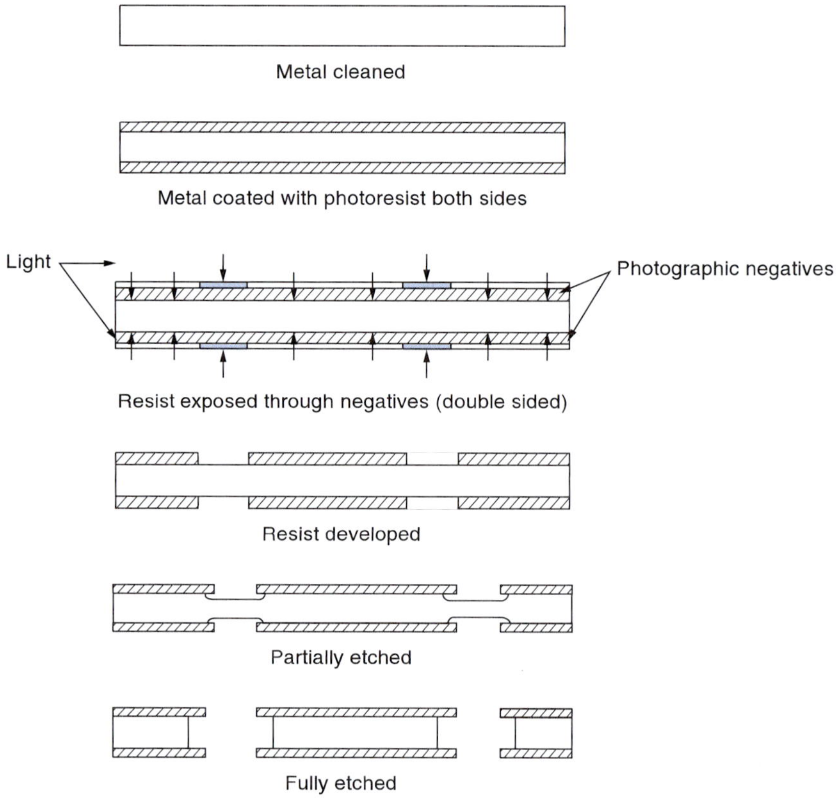

그림 3.10 광화학밀링의 단계(Tlusty, 1999)

헹구고 말려야 한다. 마지막으로 필요없게 된 포토 레지스트는 화학적 혹은 화학 기계적 방법으로 제거된다.

3.2.3 적용사례 _Applications

알루미늄, 구리, 아연, 강, 납, 니켈, 티타늄, 몰리브덴, 지르코늄, 유리, 세라믹 그리고 일부 플라스틱은 모두 광화학적으로 가공된다. 고온 템퍼링을 하였거나 취성인 재료는 전통적인 기계가공을 할 경우 부러지거나 응력이 집중되므로 광화학 가공에 안성맞춤이다. 그리고 펀칭하기 힘든 탄성(springy) 재료의 가공에도 매우

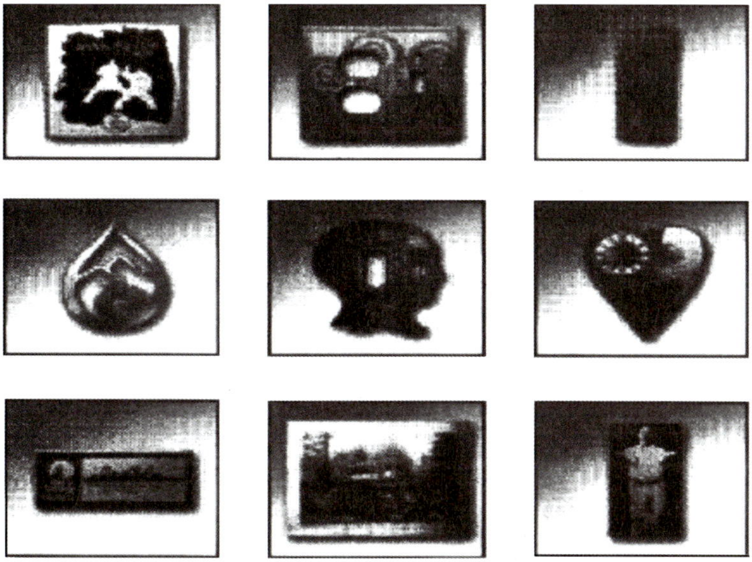

그림 3.11 장식 및 예술적 디자인의 광화학밀링 (www.aculineetch.com/)

적합하다. 광화학밀링은 그림 3.11에서 나타낸 것처럼 장식 산업이나 신호 및 라벨을 만드는 그래픽 산업에서도 많이 활용된다. 광화학밀링에 적용되는 재료는 두께가 0.013 ~ 1.5 mm 로 매우 얇고 편평해야 하다. 가공이 완료된 후에는 구부리거나 다른 부품에 조립되기도 한다. 그리고 이 가공으로 평판에 주름(홈)을 형성하여 박스나 밀폐 용기 등을 만드는 것도 전형적인 적용사례이다. 광화학 가공에 의해 만들어진 제품은 전자, 자동차, 항공, 통신, 컴퓨터 및 의료 등 많은 산업 분야에서 쉽게 발견할 수 있다. 그림 3.12는 전형적인 부품인 필터, 스크린, 가스킷, 리드 프레임, 접촉 단자, 커넥터, 프로브를 확인할 수 있다. 그림 3.13은 몇 가지 광화학적으로 가공된 패턴을 나타낸다.

3.2.4 이점 _Advantages

광화학밀링은 화학밀링의 일반적인 이점에 다음과 같은 이점을 추가할 수 있다.

그림 3.12 ▮ 전형적인 광화학밀링 부품 (www.chemart.cim/)

그림 3.13 ▮ 광화학밀링된 패턴의 사례 (www.greatlakesetching.com/)

- 복잡하게 설계된 수량이 적은 생산에서 상대적으로 단위 부품당 원가가 낮다. 그 이유는 사용되는 툴링(tooling)이 전단 펀치나 다이에 비해 매우 싸기 때문

이다.

- 금형과 같은 하드 툴링에서 요구되는 납기 시간에 비해 빠르다.
- 구멍의 크기나 깊이와 같은 설계 변경이 있어도 식각 시간이나 식각액의 종류와 같은 공정변수를 간단히 바꾸어 대처할 수 있다.
- 최종 제품을 모형과 같은 방식으로 생산할 수 있다.
- 버가 발생되지 않는다.
- 전단(shearing)을 하면 부품에 응력을 부여하고, 레이저를 이용하면 열영향부가 생성되지만, 이 방법은 가공물의 경도, 결정립 구조 그리고 연성 등에 어떠한 영향도 주지 않는다.
- 툴링은 사진기술로 이루어지므로 패턴은 쉽게 재생될 수 있다.

3.3 전해연마 _Electropolishing

3.3.1 서론 _Introduction

기계적 연마는 평활면을 얻기 위해 나무, 펠트, 가죽, 캔버스 그리고 직물과 같은 탄성 휠(wheels)에 부착된 연마입자를 이용하여 이루어진다. 이 공정은 양호한 외관을 얻기 위해 고도의 마무리작업으로 사용된다. 그러나 표면은 벌크 소재와 같은 특성을 갖지 않으므로, 기계적 연마는 헝클어진 구조층을 남긴다. 즉 기계적으로 연마된 표면에는 기계적 강도를 저하시키는 스크래치, 변형 및 찌꺼기가 많이 존재하고 연마입자도 박혀 있을 수 있다.

래핑이나 버핑을 더 하면 표면거칠기는 향상되지만 기계적 연마에 의해 야기된 결함층이나 찌꺼기를 완전히 제거할 수 없다. 이러한 전통적인 연마가 갖는 단점은 전해연마(electropolishing, EP)에 의해 해결될 수 있다. 이 공정은 기본적으로 전기도금(electroplating)의 반대 즉, 가공품이 음극이 아니라 양극이 되며, 1935 년 독일에서 구리나 아연을 전해연마한 것이 그 시초이다.

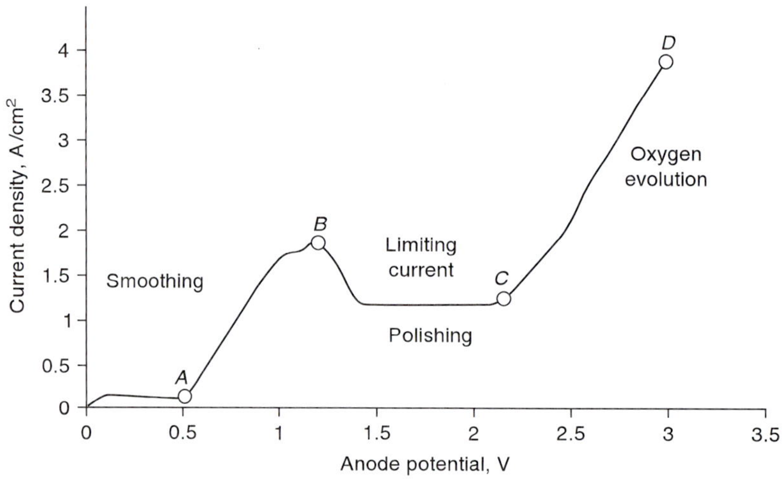

그림 3.14 전해연마 중 전류밀도와 양극전위

전해연마는 금속의 양극용해(anodic dissolution)의 한계전류(limiting current)에서 일어나는 확산제어(diffusion-controlled) 공정이다. 그림 3.14는 전류밀도와 양극전위 간의 관계를 나타낸다. *A*점과 *B*점 사이에서 거친 무광택 제거가 일어나며, *B*점과 *C*점 사이에서 광택 연마가 일어난다. 연마작용은 *CD*를 따라 가면서 가스 방출에 의한 양극층의 파괴로 표면에 점식(pitting)이 일어난다(McGeough, 1974).

그림 3.15는 전형적인 전해연마조의 주요 구성요소를 나타낸다. 직류(+)가 중심 전극으로부터 걸려있는 부품에 연결되고 음극(-)가 주위에 놓여져 있다. 전해연마 매개체는 여러 산과 비용해 염의 액상 혼합물이다.

전해연마 중 양극표면에서는 금속의 전해 제거 시 산소 방출과 용해된 금속의 포화가 동시에 일어난다. 미소 오목부(valleys) 위에 양극 산화막이 형성되므로, 미소 돌출부(peaks)에서 전기저항이 최소로 되므로 양극 용해가 활발히 일어나게 된다(그림 3.16). 따라서 전해연마는 미소 오목부보다 미소 돌출부를 선택적으로 빨리 제거한다. 결과적으로 전해연마면은 광택이 나고 깨끗하며 미시적으로 평활하다. 이는 전해연마면이 금속 내부에 간직하고 있는 고유의 특성을 나타내고,

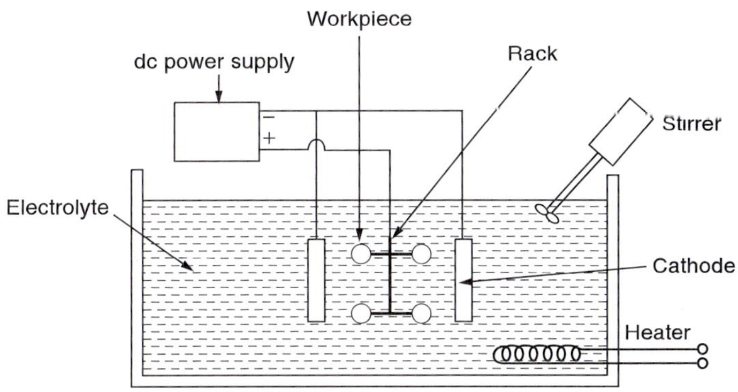

그림 3.15 전해연마의 구성도

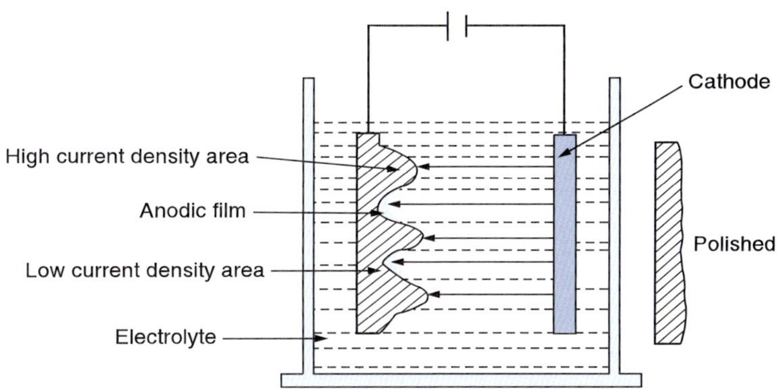

그림 3.16 전해연마 메커니즘

냉간가공 등에 의한 변형이 없는 금속의 결정 구조를 보유함을 의미한다. 또한 전해연마면은 연마입자에 의한 방향성 궤적이 남지 않는다는 것이 특징이다.

3.3.2 공정변수 _Process parameters

전해연마는 표면품위와 생산성에 영향을 주는 다음과 같은 많은 변수에 의해 영향을 받는다.

1. 가공물 재질과 상태
2. 초기 표면조도
3. 전류밀도
4. 공급전압
5. 산의 종류와 온도 그리고 요동(agitation)

전해연마 중에는 적합한 전해액(electrolyte)을 선정하고, 온도와 화학 조성을 일정하게 유지하며, 리플(ripple)이 없는 직류 전압을 정확히 공급해 주어야 한다. 표 3.2는 여러 금속과 합금의 전해연마를 위한 전해액 조건과 전류밀도를 나타낸다.

3.3.3 적용사례 _Applications

경제적이면서 고품위의 전해연마를 위해서는 냉간 압연 금속이 가장 적합한 재료이다. 주조물은 일반적으로 모래주형(sand mold)의 표면이 그대로 전사되어 거칠다. 그리고 금속 유동성을 향상시키기 위해 결정립이 굵으며 인, 납 그리고 실리콘과 같은 합금성분을 가진다. 이러한 거친 표면은 전해연마에 의해 제거되지 않

표 3.2 여러 금속의 전해연마를 위한 전해액 조건과 전류밀도

Metal	Electrolyte	Current density, A/cm^2
Carbon steel	182 mL $HClO_4$, 765 mL acetic anhydride, 50 mL H_2O	0.04 – 0.06
Stainless steel	60 % H_3PO_4, 20% H_2SO_4, 20 % H_2O	1.8 at 80 °C
	37 % H_3PO_4, 56 % glycerine, 7 % H_2O	1.0 at 120 °C
Copper	H_3PO_4	0.04
Alpha brass	$H_3PO_4Cr_{11}$, $NaCr_2O_2$, H_2SO_4, HF, Cr_2H_2, COOH	0.14 – 0.35 at 50 °C
Phosphor bronze	33 % HNO_3	0.75 – 1.5
Cupronickel	67 % CH_2OH	
Nickel	75 % H_2SO_4	0.25
Aluminum	$NCIO_3$	0.04 – 0.08
Magnesium	37 % H_2PO_4, 63 % C_2H_3OH	0.005

지만 광택은 날 수 있다. 일반적으로 굵은 결정립 구조나 인, 납 그리고 실리콘이 많이 내포된 상은 그 표면이 거칠다. 전해연마는 *www.globalstainlesstech.com*의 Brown(1998)으로부터 많은 응용사례를 찾을 수 있다.

1. 전기도금 시 부착이 잘 되는 표면의 생성
2. 클린룸용 테이블, 의자 및 폐기물 처리함의 청정 표면 생성
3. 전선관의 가벼운 고정구, 아울렛 박스, 의료용, 수술용 및 음식 처리장치의 표면 생성
4. 절삭공구의 줄질, 호닝 및 연삭 후의 날카로운 절삭날의 버 제거나 다듬질
5. 금속학적 검사
6. 풀림, 질화처리, 탄화처리, 용접 및 솔더링에 의한 변형이나 비늘(scale)을 제거
7. 주조나 단조 후 표면에 남은 변질층을 제거하여, 잇따른 기계가공에서 요구되는 시간, 노력과 공구마모를 줄인다.
8. 제품의 표면 수명을 향상하기 위해 경화 및 응력을 받은 표면층을 제거
9. 페인트나 플라즈마 용사와 같은 코팅 시 부착이 잘 되는 표면 생성
10. 반사율을 향상시키거나 광택면을 얻기 위해 표면을 평활화
11. 표면을 세정하기 쉽고 오염이 안되게 하기 위해 버, 흡장(occlusions) 그리고 성형 자국을 제거
12. 금속이나 합금의 마이크로 가공
13. 다수의 부품을 동시에 연마

3.3.4 공정한계 _Process limitations

- 금속 내부의 갈라진 틈이나 비금속 내재물과 같은 결함을 덮기나 없앨 수 없다.
- 다상(multiphase) 합금은 전해연마에 적합하지 않다.
- 상당한 양의 전해연마를 하더라도 거친 스크래치는 없어지지 않는다.

- 실리콘, 납 및 황을 높은 비율로 포함하는 금속은 문제를 야기시킨다.
- 굴곡면을 평활화시키는 것보다는 작은 스크래치나 결함을 없애는 데 더 적합하다.
- 가단 금속에 비해 코팅 제품은 빛나거나 평활하게 연마되지 않는다.
- 기본 금속 조건이 전해연마에 영향을 준다.
- 비금속 내재물, 부적당한 어닐링, 지나친 산 세정, 열 주름, 큰 결정립, 방향성 압연마크 및 지나친 냉간 감소 등은 전해연마에 의해 좋은 표면을 얻기 어렵다.

Chapter

4

전기화학적 공정

_Electrochemical Processes

4.1 전해가공 _Electrochemical Machining

4.1.1 서론 _Introduction

전기화학적 가공 또는 전해가공(electrochemical machining, ECM)은 1833 년 패러데이의 원리에 따라 전해 용해에 의해 가공물의 원자를 제거하는 가공법의 하나이다. Gusseff는 1929 년에 처음으로 특허출원을 하였으며, 1950 년대에 고강도 및 내열 합금을 가공하기 위해 비약적인 발전을 하게 되었다.

4.1.2 전기분해 원리 _Principles of electrolysis

전기분해는 전해액 속에 담궈진 두 개의 전극 사이에서 전류가 흐를 때 발생한다. 전극 시스템과 전해액을 전해 셀(electrolytic cell)이라 한다. 전극에서 일어나는 화학 반응은 양극 및 음극 반응으로 나누어진다. 양극 가공물의 전기적 용해는 금속의 전해가공의 기본이라 할 수 있다. 용해되는 금속의 양은 전기분해의 패러데이 법칙으로 산출할 수 있다. 즉,

1. 전해가공에 의해 용해되는 질량, m은 전기량과 직접적으로 비례한다.

$$m \propto It$$

2. 같은 전기량 It에 의해 제거되는 물질량은 그 물질의 화학당량 ε에 비례한다.

$$m \propto \varepsilon$$

그리고

$$\varepsilon = \frac{A}{Z}$$

여기서, I = 전해전류(A)
t = 가공시간(분)
ε = 화학당량(g)
A = 원자량
Z = 전하수

4.1.3 전해가공 이론 _Theory of ECM

전해가공은 0.5 ~ 5 A/mm^2 의 높은 직류 전류밀도와 10 ~ 30 V 의 낮은 전압을 사용한다. 가공 전류는 양극(+) 가공물과 미리 성형된 음극(−) 공구 사이의 간극을 채우는 전해액을 통하여 흐른다. 전해액은 양극 가까이 저층(sublayer)을 통해 질량과 전하 전달을 강화시키기 위해 5 m/s 이상의 고속으로 전극 간극을 통해 강제적으로 흐르게 된다. 그리고 전해액은 전극 간극에서 발생되는 금속 수화물, 열 그리고 가스 기포 등도 제거한다. McGeough(1988)는 전극 사이에 전위차가 있으면 양극과 음극에서 가능한 몇 가지 반응이 일어난다. 그림 4.1은 전해액으로서 염화나트륨(NaCl) 용액에서 철의 용해 반응을 나타내었다. 전해액의 해리와 염화나트륨의 용해는

$$H_2O \rightarrow H^+ + OH^-$$
$$NaCl \rightarrow Na^+ + Cl^-$$

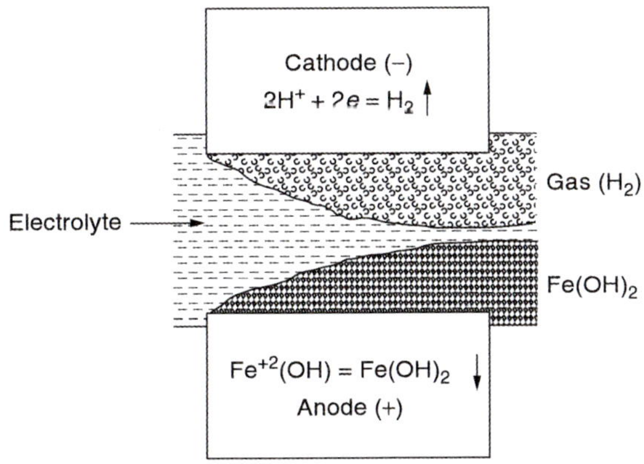

그림 4.1 철의 전해가공에서 전해 반응

음이온 OH^-와 Cl^-는 양극으로 움직이고, 양이온 H^+와 Na^+는 음극으로 움직인다. 양극에서 Fe는 두 개의 전자를 잃으면서 Fe^{++}로 바뀐다.

$$Fe \rightarrow Fe^{++} + 2e$$

음극에서는 수소 가스와 수산화 이온이 생성되는 반응이 일어난다.

$$2H_2O + 2e \rightarrow H_2 + 2(OH)^-$$

이러한 전해 반응의 성과는 철 이온 Fe^{++}이 수산화 이온과 결합하여 수산화 철 $Fe(OH)_2$로 용액 내에 침전되는 것이다.

$$Fe + 2H_2O \rightarrow Fe(OH)_2 + H_2$$

수산화 철은 물이나 산소와 더 반응하여 수산화 제이철, $Fe(OH)_3$을 형성한다.

$$4Fe(OH)_2 + 2H_2O + O_2 \rightarrow 4Fe(OH)_3$$

이러한 금속 - 전해액의 조합으로 전기분해는 양극에서는 철의 용해 그리고 음극에서는 수소 생성이라는 반응으로 단순화된다(McGeough, 1974).

4.1.4 전해가공기 _ECM equipment

그림 4.2는 전해가공기의 주요 요소로서 이송 제어시스템, 전해액 공급시스템, 전원 공급장치 그리고 가공물 고정구를 나타낸다. 그림 4.3에서 나타낸 것처럼 이송 제어시스템은 평형(equilibrium) 가공 중에 일정한 속도로 공구를 이송시켜 주는 역할을 한다. 전원 공급장치는 일정한 직류(연속 혹은 펄스) 전압하에서 가공 전류를 공급해야 한다. 전해액 공급시스템은 전해액을 주어진 속도, 압력 및 온도로 공급한다. 전해액 필터링, 온도 관리 및 슬러지 제거를 위한 설비 역시 필요하다. 전해가공기는 복제, 오목한 형상 및 깊은 홈 등과 같이 폭넓은 범위의 가공에 적용될 수 있으며, 반자동 혹은 완자동 설비의 도움에 의해 자동차 몸체의 디버링과 같은 대형물 가공에도 응용된다. 특히, 전해가공기는 종래의 공작기계와 달리 비금속 재료를 이용하여 부식방지를 고려하여 설계되어야 한다. 고강도 혹은 강성을 위해 금속 구조물에 비금속 코팅을 하는 것이 바람직하다(*www.unl.edu/*).

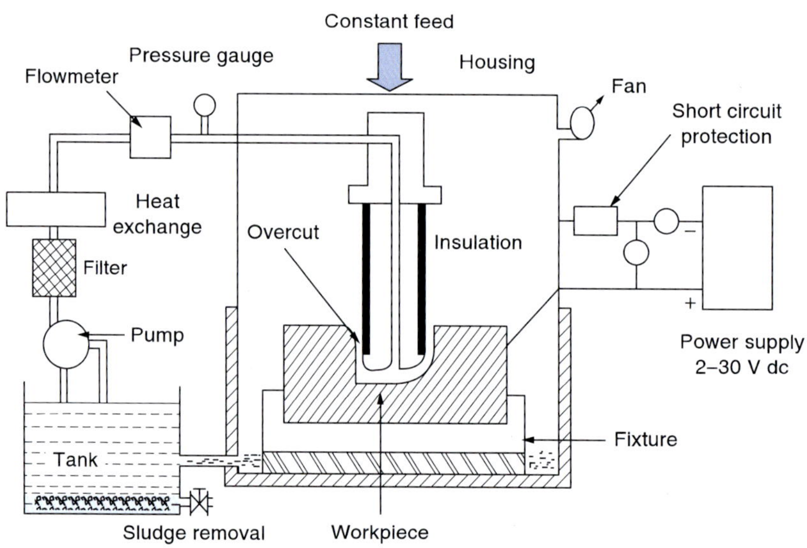

그림 4.2 전해가공의 구성도

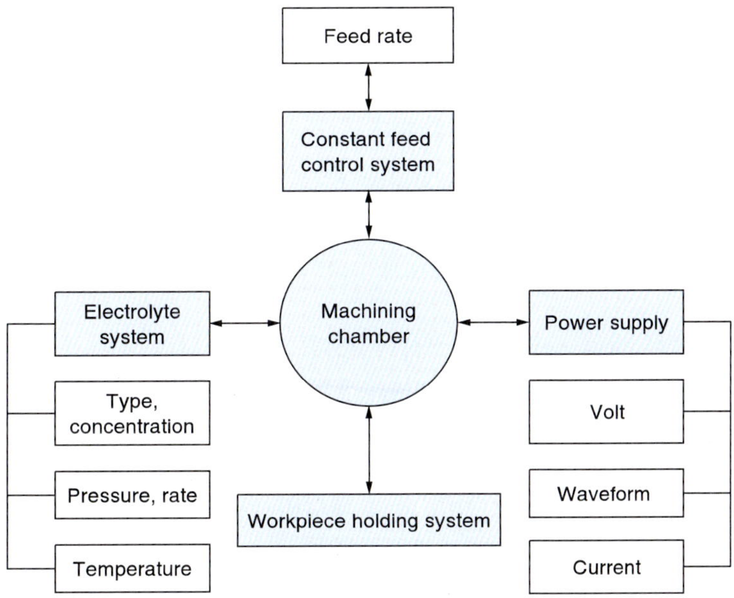

그림 4.3 ▌ 전해가공시스템의 구성요소

4.1.4.1 전원 공급장치 _Power supply. 전해가공기의 직류 전원 공급장치는 다음과 같은 사양을 가진다.

1. 2 ~ 30 V 의 전압(연속 혹은 펄스)
2. 50 ~ 10,000 A 의 전류(5 ~ 500 A/cm^2 의 전류밀도를 허용)
3. 간극 전압을 연속적으로 조정
4. 비상시 가공 전류의 제어
5. 0.001 초 정도의 짧은 전류 보호
6. 높은 전력계수, 높은 효율, 무게와 중량의 소형화 및 낮은 가격

4.1.4.2 전해액 _Electrolytes. 전해가공에서 전해액의 주요 기능은 다음과 같다.

1. 가공물 재료의 양극 용해를 위한 분위기를 형성한다.

2. 가공 전류가 흐르게 한다.
3. 간극으로부터 전해 반응 찌꺼기를 제거한다.
4. 가공에 의해 발생되는 열을 방출한다.
5. 가공영역에서 일정한 온도를 유지하게 한다.

따라서 전해액은 다음의 사항이 가능해야 한다(*www.unl.edu/*).

1. 균일하고 빠른 양극 용해를 확보해야 하다.
2. 양극 표면상에 보호막이 형성되지 않도록 해야 한다. 전해액에 Cl, SO_4, NO_3, ClO_3, 그리고 OH의 음이온을 보유하도록 권장한다.
3. 음극 표면에 부착되지 않게 하여 음극 형상이 변하지 않도록 한다. 이를 위해 칼륨(K)이나 나트륨(Na)계 전해액이 사용된다.
4. 전해 저항과 열 생성에 의한 전력 손실을 저감시키고, 매우 좁은 간극에서 유동성을 확보하기 위해 높은 전기전도도와 낮은 점도를 갖도록 한다.
5. 안전하고, 비독성이며 가공기를 덜 부식시키도록 한다.
6. 가공 중에 안정적인 성분과 pH값을 유지해야 한다.
7. 온도가 상승하더라도 전도도와 점도의 변화가 작아야 한다.
8. 싸고 쉽게 구할 수 있어야 한다.

가장 널리 사용되는 전해액으로 염화나트륨(NaCl), 질화나트륨($NaNo_3$) 그리고 수산화나트륨(NaOH)이 있다. 산업용 전해가공에서는 표 4.1에서 나타낸 것처럼 여러 요구사항을 만족시키기 위해서는 혼합형 전해액을 사용해야 한다. 전해액의 선정은 가공물 재료, 원하는 치수공차, 표면조도 및 가공 생산성에 따라 결정된다. 특히, 전해액은 치수 제어를 위해 매우 중요하다. 그림 4.4에서는 질화나트륨 용액이 바람직하다. 그 이유는 높은 전류밀도와 효율을 갖는 간극이 좁은 곳에 국부 제거율이 높기 때문이다. 반대로 낮은 전류밀도와 효율은 갖는 간극이 넓은 곳에서는 국부 제거율이 낮다. 결국 간극 분포는 점차 균일해진다.

표 4.1 여러 재료의 전해가공을 위한 전해액과 가공속도

Work material	Electrolyte: Constituent	Electrolyte: Concentration g/L H_2O	Removal rate, $mm^3/(min \cdot A)$
Grey iron	NaCl	300	2.0
	$NaNO_3$	600	2.0
White cast iron	$NaNO_3$	600	1.6
Steel; hardened tool steel	$NaClO_3$	780	2.0
Steel; iron-, and nickel-,	$NaNO_3$	600	2.1
and cobalt-base alloys	NaCl or KCl	300	2.1
Copper & copper alloys	NaCl or KCl	300	4.4
	$NaNO_3$	600	3.3
Tungsten	NaOH	180	1.0
Titanium alloys	NaCl or KCl	120	1.6
Molybdenum	NaOH	180	1.0
	NaCl or KCl	300	1.0
Zirconium	NaCl or KCl	300	2.1

SOURCE: Data from *Metals Handbook* (1989).

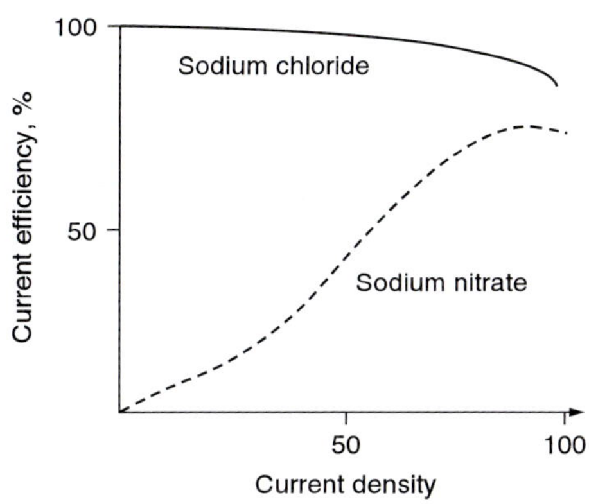

그림 4.4 여러 전해액에서 전류밀도가 전류효율에 미치는 영향

전해가공에서 전류효율은 양극 재료와 전해액에 의존한다. 일반적으로 사용되는 연속전압 대신에 펄스전압이 적용되면 펄스 파라미터(예를 들면, 펄스 온 타임)를 적절히 사용하면 전류효율과 표면품위를 비약적으로 향상시킬 수 있다.

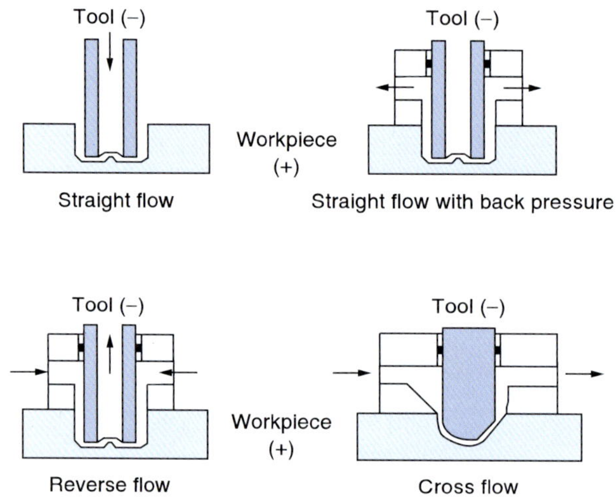

그림 4.5 전해가공에서 전해액 공급 모드

공구 형상과 작업의 형태에 따라 전해액을 가공 간극(틈새)에 공급하는 방법을 그림 4.5에 나타낸다. 전해액 공급방식의 선택은 부품의 형상, 가공방법, 원하는 정확도 및 표면조도에 따라 결정된다. 전형적인 전해액 조건은 22 ~ 45 °C 의 온도, 100 ~ 200 kPa 의 압력 그리고 25 ~ 50 m/s 의 속도이다.

4.1.4.3 공구_Tools. 원하는 가공물의 형상 및 치수를 얻기 위해서는 적합한 공구의 설계가 무엇보다 중요하다. 일반적으로 가공물의 형상은 공구의 크기보다 더 커지게 된다. 정상상태에서 사용될 공구의 외형을 결정하기 위해서는 요구하는 표면형상, 공구이송속도, 간극 전압, 가공물 재질의 전해가공성, 전해액의 전도도, 양극 및 음극의 분극(polarization) 전압 등의 많은 변수를 사전에 결정하여야 한다. 컴퓨터통합생산(computer integrated manufacturing, CIM)으로 음극 공구는 저가이지만 향상된 정확도를 확보할 수 있게 되었다. 컴퓨터 지원설계(CAD) 시스템은 음극 공구를 설계하기 위해 많이 사용된다. 이 CAD 데이터는 밀링이나 선삭의 CNC 가공을 위해 컴퓨터 지원가공(computer aided manufacturing, CAM) 데이터로 변환된다. 전해가공 후, 3 차원 측정기를 이용하여 이 공구에 의해 얻어

진 가공물을 측정하고, 이 데이터를 보내어 다시 CAD 데이터와 분석하고 CAM 데이터를 다시 생성한다.

이와 같이, 최적의 공구 설계를 얻기 위해서는 일련의 작업이 반복적으로 이루어져야 한다. 전해가공용 공구는 전기가 통하며, 원하는 형상으로 쉽게 가공되는 재료를 선택해야 한다. 이러한 목적을 위해 구리, 황동, 스테인리스 강, 티타늄 및 구리 텅스텐과 같은 다양한 재료가 사용된다. 공구의 절연(insulation)은 전해 소모전류와 오버사이즈의 양을 제어한다. 절연시키는 가장 간단한 방법은 절연액을 스프레이로 뿌리거나 절연액에 담그는 것이다. 내구성이 있는 절연은 전해액에 전기적 민감도, 균일성, 내열성 및 내화학성을 보장하고 가공기의 운동부나 고정부에 대해 소수성과 내마모성을 부여한다. 테프론, 우레탄, 페놀, 에폭시 및 분말 코팅 등이 공구 절연을 위해 사용된다(*Metals Handbook*, 1989).

4.1.5 기본적인 작동 원리 _Basic working principles

그림 4.6은 1971 년 Tipton이 제시한 이송 방향에 수직하며 평행하게 마주 보는 두 평판 전극 모델이다. 통로를 따라 x방향으로 평균속도 u를 갖는 전해액은 전도도(conductivity) κ, 밀도 ρ_e를 가진다. 통로는 공구와 가공물이 시작하는 $x = 0$ 의 왼쪽으로도 연장되어 있다고 가정하면, 원점에서는 정상상태의 흐름을 나타내며 입

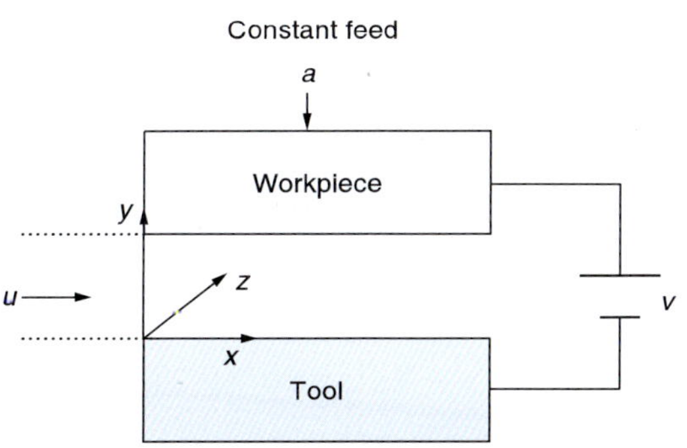

그림 4.6 ▮ 일정한 간극 전압에서 마주보는 두 평판 전극의 작용 간극

구 조건은 무시할 수 있다. 시스템의 모든 특성은 z방향과는 무관하다. 공구에 대한 가공물 표면의 위치, 즉 간극은 y좌표로 나타낸다. 전류밀도 J에 비례하여 y를 증가시켜 가공물 표면이 공구로부터 멀어지면,

$$\frac{\gamma\varepsilon J}{F\rho} = \frac{\gamma\varepsilon(\upsilon - \Delta\upsilon)\kappa}{F\rho y}$$

y가 감소하는 방향으로 이송속도가 주어지면, 가공물의 위치 변화율 dy/dt는 다음과 같이 된다.

$$\frac{dy}{dt} = \frac{\gamma\varepsilon(\upsilon - \Delta\upsilon)\kappa}{F\rho y} - a$$

여기서, γ = 용해 가공의 전류효율(%)

F = 패러데이 상수, 이온당 96,500 C/g

κ = 전해액 전도도, $\Omega^{-1}\text{mm}^{-1}$

ρ = 양극 재료의 밀도, g/mm^3

ε = 화학당량(g)

v = 인가 전압(V)

Δv = 초과전압(V)

전류효율 γ는 패러데이 법칙에 따른 이론적 금속 용해량에 대해 실제 측정된 값의 비율로 정의된다. 전류효율은 다음과 같은 이유로 낮아진다.

1. 전하수를 잘못 선정
2. 양극 표면의 보호막
3. 전해력에 의해 금속 결정립의 제거를 유발시키는 입계 침투
4. 양극 표면에서 가스 방출

임의의 가공물 – 전해액 조합에 대해서는 다음과 같은 가공 상수 $C(\text{m}^2 \cdot \text{min}^{-1})$를 사용하는 것이 편리하다.

$$C = \frac{\gamma\varepsilon(v - \Delta v)\kappa}{F\rho}$$

그리고,

$$\frac{dy}{dt} = \frac{C}{y} - a$$

적분하면

$$\int_0^t dt = \int_{y_0}^{y} \frac{y}{C - ay} dy$$

$$t = \int_{y_0}^{y} \frac{C}{y} \frac{1}{C - ay} dy$$

$$= \frac{1}{a}(y - y_0) + \frac{C}{a^2} \ln\left(\frac{C - ay_0}{C - ay}\right)$$

그림 4.7은 y값이 시간이 지남에 따라 평형값 y_e에 점근적(asymptotically)으로 접근하는 것을 보여준다. 이송속도가 0 인 경우($a = 0$),

$$\frac{dy}{dt} = \frac{C}{y}$$

만약 $t = 0$ 에서 가공물 표면의 초기 위치를 y_0라고 하면,

$$y = \sqrt{y_0^2 + 2Ct}$$

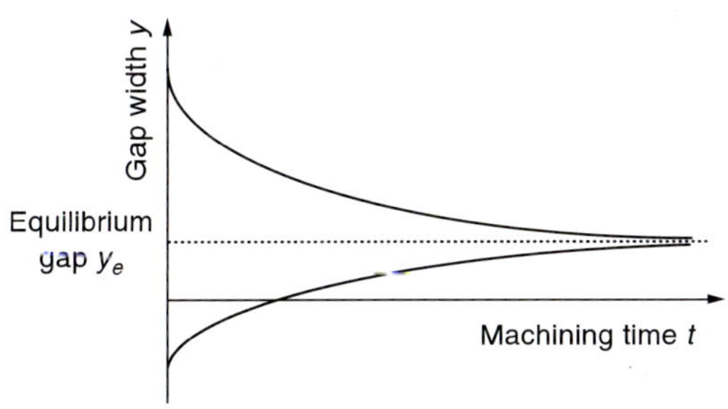

그림 4.7 ▌ 일정한 이송속도와 여러 초기 간극에서 평형 간극의 도달

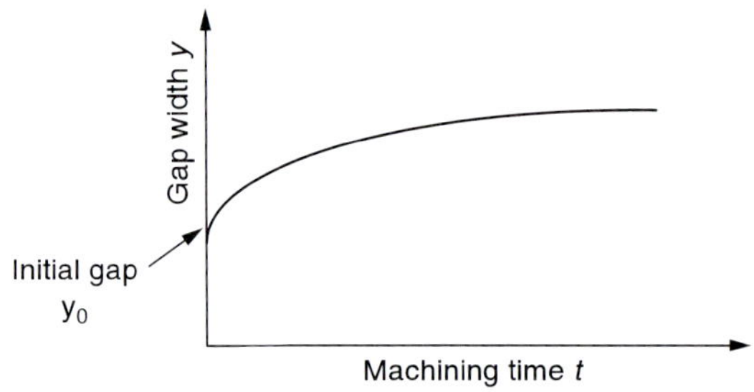

그림 4.8 이송이 정지한 상태에서 가공시간에 따른 초기 간극의 변화

따라서 그림 4.8에 나타내듯이 간극은 시간의 제곱근에 비례하여 증가한다. 일정한 이송속도 α에서 가공물 표면은 정지해 있는 것처럼 될 것이며, 간극도 일정할 것이다.

$$\frac{dy}{dt} = 0$$

혹은

$$y_e = \frac{C}{a}$$

이러한 조건에서 단위 면적당 금속 제거율(C/y_e)은 이송속도 a와 같으며, 상응하는 간극을 평형 간극 y_e라 한다. 그림 4.7에 나타내듯이 만약 간극이 y_e보다 커지면, 금속 제거율은 이송속도보다 적어지고, 간극은 y_e로 작아진다. 반대로 만약 간극이 y_e보다 작아지면, 금속 제거율은 이송속도보다 커지고, 가공이 진행되면서 간극은 평형값 y_e로 접근한다. 전해드릴링을 하는 동안 이송속도를 낮추면 간극을 넓히게 되고 치수정확도가 떨어진다. 반대로 너무 좁은 간극은 가공물이나 공구에 손상을 주는 스파크나 단락을 일으킨다.

4.1.6 공정특성 _Process characteristics

그림 4.9는 전해가공이 음극 공구와 양극 가공물 사이에 존재하는 이온의 움직임에 의해 전기화학적 용해가 일어남을 나타내고 있다.

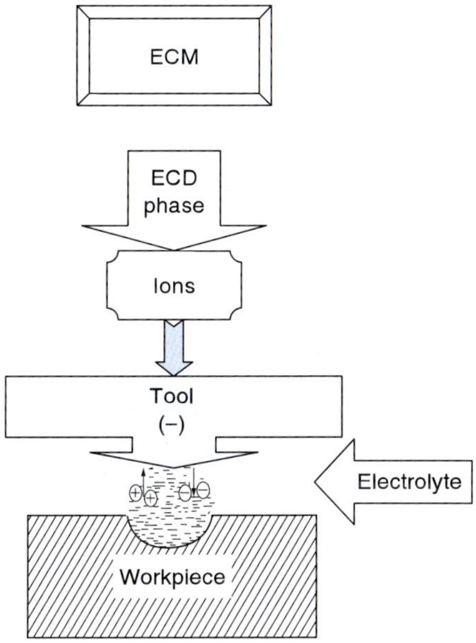

그림 4.9 전해가공의 공정 요소

4.1.6.1 재료제거율 _Material removal rate. 패러데이 법칙은 재료제거율을 기술한다. 순수한 금속에 대해 비제거율 q_c [mm^3/(min · A)]는 Kaczmarek(1976)에 의해 주어진다.

$$q_c = \frac{60\varepsilon}{96{,}500\rho}$$

가공 전류 I, 체적제거율 Q_v(mm^3/min)은 다음과 같다.

$$Q_v = q_c I$$

선형제거율 Q_l(mm^3/min)는 전류밀도 J의 함수이다.

$$Q_l = q_c J$$

여기서,

$$J = \frac{(v - \Delta v)\kappa}{y}$$

비제거율 q_c는 가공 전류가 얼마나 효율적으로 가공물의 재료제거에 이용되는가를 나타낸다. 이 값이 높을수록 단위 암페어당 제거율이 높아진다. 대부분의 금속들이 다른 전하수로 용해되므로, 간극에서 일어나는 불규칙적인 현상에 의해 이론적인 제거율을 정확하게 결정한다는 것은 어렵다. 이처럼 부정확한 전하수가 추정되면 용해 공정은 불확실해진다. 낮은 전위차에서 니켈은 질화 및 염화 용액에서 2 가로 용해된다. 이런 용해 모드는 높은 전위차에서는 3 가로 용해된다. 유사하게 구리는 염화 용액에서 1 가로, 질화 용액에서는 2 가로 용해되는 것을 관측하였다. 구리 용해의 겉보기 전하수는 용해 모드와 함께 변한다. 질화 및 황화 용액에서, 구리는 2 가로 용해된다. 과부동태(transpassive) 용해 조건에서는 전하수가 1 과 2 사이(60 A/cm^2 에서 1.6)로 관측된다. 전해가공은 주로 단단한 금속이나 합금에 적용된다. n개의 원소가 여러 비율로 구성된 합금에 대해서 제거율을 예측하기는 더욱 어렵다. Kaczmarek(1976)에 의해 제시된 특정 합금에 대한 체적제거율 Q_v는

$$Q_v = I\sum_{i=1}^{i=n} q_c i$$

선형 제거율 Q_1은 다음과 같다.

$$Q_1 = J\sum_{i=1}^{i=n} q_c i$$

더 좋은 전해가공 지수, 높은 정확도 및 향상된 표면품위를 얻기 위해서는 적절한 전해액의 화학 조성과 전류밀도를 선정하는 것이 핵심이다. 합금의 경우, 각 원소에 대응하는 전해액 성분이 있으므로 복합성분 전해액이 필요할 것이다. 실제 전해가공에서 전해액은 합금에 존재하는 제일 많은 성분을 기준으로 선정한다(Kaczmarek, 1976). 전류효율이 낮다는 것은 높은 제거율과 정확한 치수를 얻는 최적의 가공 조건을 찾지 못했다는 것을 의미한다. 전류 손실은 전해액 특성이 변화한 결과로 발생할 수 있다. 잘못 선정된 전해액은 양극 표면에서 산화막이나 얇은 가스층을 형성한다. 산화막은 제거되기 어렵고 결과적으로 분극 저항을 증가

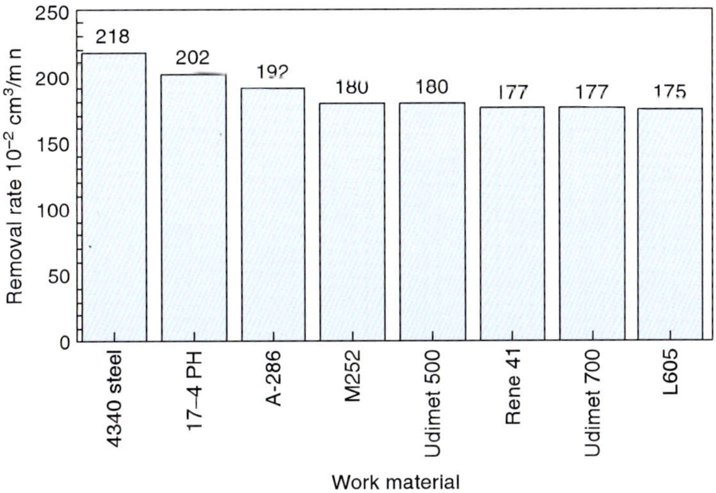

그림 4.10 전류효율을 100 %, 전류밀도 1.53 A/mm^2 에서 합금의 이론적인 제거율 (El-Hofy, 1995)

시키게 한다. 그림 4.10은 전류효율을 100 % 라고 가정할 때 몇 가지 합금에 대한 이론적인 제거율을 나타낸다. 4340 강이 가장 높은 제거율을, 반면에 리튬 합금이 가장 낮은 값을 가진다.

Khayry(1989)는 25 A/cm^2 의 낮은 전류밀도에서 100 % 의 전류효율을 나타내는 즉, 전해 쾌삭 재료로서 니켈을 제안하였다. 만약 전류밀도가 증가(250 A/cm^2) 하면, 가스 발생으로 전류효율은 85 ~ 90 % 로 감소한다. 염화나트륨 전해액에서 티타늄을 가공할 때, 전류효율은 고작 10 ~ 20 % 밖에 얻을 수 없다. 이 용액이 불소계가 포함된 전해액으로 교체되면, 60 V 에서 가공면에 완강하게 형성된 산화막을 깨고 높은 효율을 얻게 된다. 그러나 McGeough(1988)는 이처럼 질기고 가벼우며 내부식성을 갖는 층은 티타늄을 항공기 엔진산업에서 아주 유용하게 만들어 준다고 기술하고 있다. 낮은 전해액 유동은 간극 사이에 가공 부산물이 쌓이게 하므로 전류효율이 감소한다. 또한, 음극에서 생성되는 가스가 쌓이면 공구와 가공물 사이의 회로를 단락시켜 가공을 종료시키거나 공구와 가공물에 모두에게 손상을 준다.

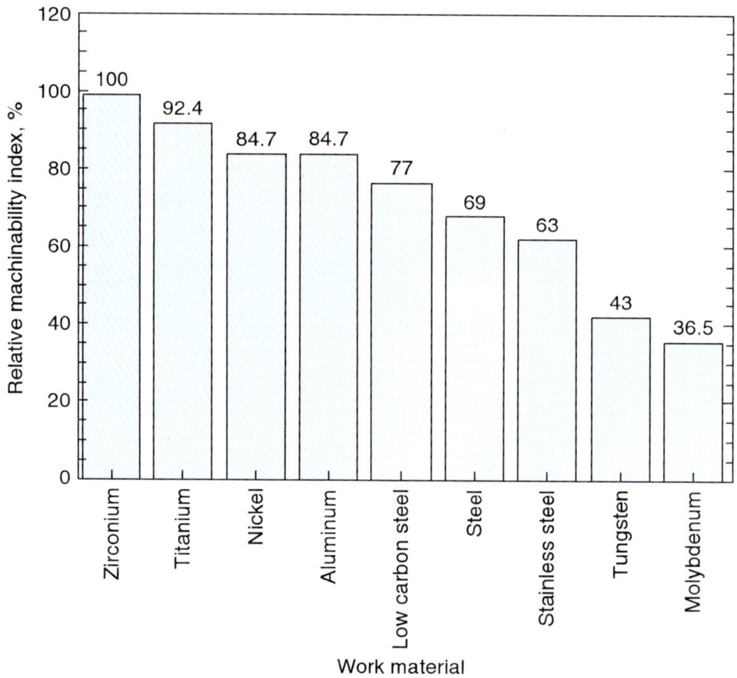

그림 4.11 일정한 전류밀도에서 여러 재료에 대한 상대 가공성(El-Hofy, 1995)

전해액 농도 역시 간극 저항을 결정하고 가공 전류를 제어하는 중요한 인자이다. 어떤 경우에는 전해액을 가열하여 전해액의 비 전도도를 증가시켜 제거율 즉, 가공성을 향상시킬 수 있다. 실제 전해액 온도는 온도 조절기를 이용하여 60 ~ 70 °C 를 넘지 않아야 한다.

전해액 순환과 보충은 전해액 방전전압을 올리고, 4 ~ 10 정도의 적당한 pH값을 유지하기 위해 필요하다. 실제 사용되는 전해액은 20 V 이상 작용 전압을 이용할 수 있게 한다(*Metals Handbook*, 1989). 그림 4.11은 일정한 전류밀도에서 얻을 수 있는 절삭속도에 기반을 둔 합금들의 상대적 가공성 지수를 나타낸다.

4.1.6.2 전해가공의 정확도 _Accuracy of ECM. 좁은 간극 폭은 높은 가공 정확

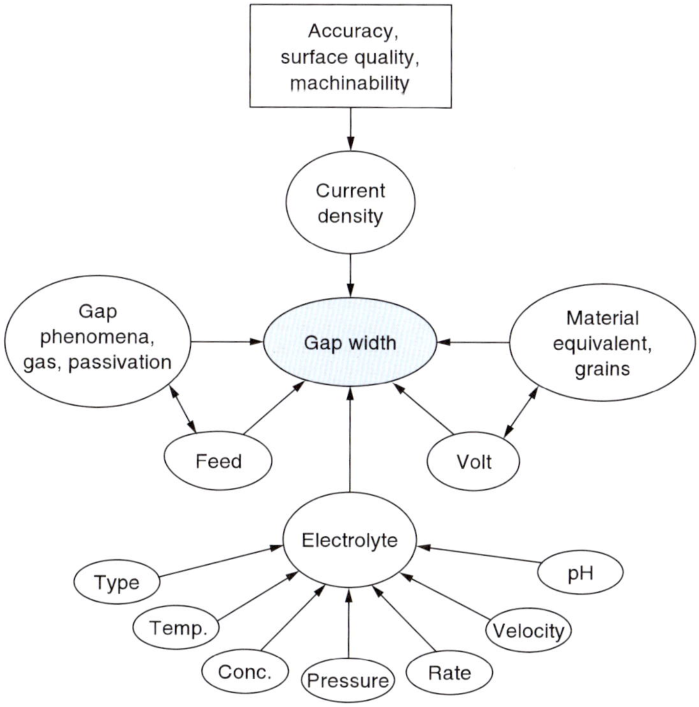

그림 4.12 전해가공의 정확도, 표면품위 및 생산성에 영향을 미치는 변수

도를 의미한다. 그림 4.12에서 볼 수 있는 것처럼 가공품의 정확도는 다음의 인자에 의해 영향을 받는 전류밀도에 의존한다.

1. 재료의 종류와 간극 전압
2. 이송속도와 보호막을 포함하는 간극 현상
3. pH, 온도, 농도, 압력, 종류 및 속도와 같은 전해액의 특성

높은 가공정확도를 얻기 위해 좁은 간극을 얻을 수 있는 다음과 같은 가공조건이 필요하다.

1. 높은 이송속도

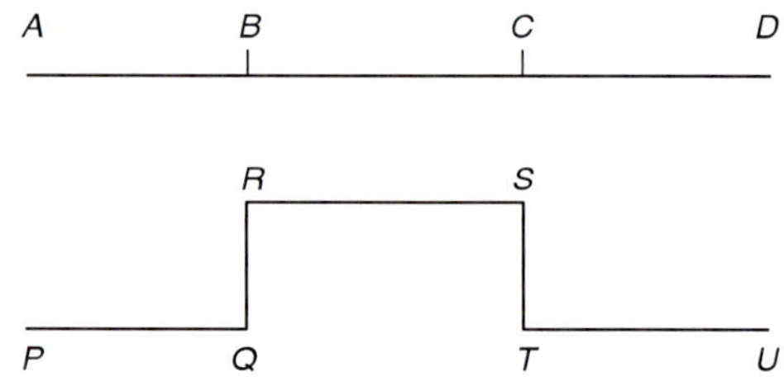

그림 4.13 전해가공에서 치수 제어

2. 높은 전도도를 갖는 전해액
3. 낮은 발사 전압을 갖는 $NaNO_3$와 같은 보호 전해액
4. 가공 부작용을 제한하는 공구 절연

전해가공에서 치수 제어는 그림 4.13으로 설명할 수 있다. 만약 전류의 흐름이 *RS*와 *BC* 사이에서만 요구된다면, 표류(stray) 전류는 *RS*로부터 *BA*와 *CD*로 흘러갈 것이다. *BA*와 *CD*를 따라서 흐르는 낮은 전류밀도는 식각과 점식(点飾, pitting)을 일으키지만, *BC*를 따라서는 표면 연마가 일어난다. 이러한 조건에서 가공은 원하지 않는 영역에서도 일어나 치수 관리가 제대로 안 된다. 이러한 현상은 전해드릴링이나 금형가공(die sinking)에서 측면 간극에서도 일어난다.

이와 같이 전류가 표류하는 범위는 전해액의 발산 전압과 관계가 있다. 미세한 치수 관리는 매우 낮은 발산 전압에서 염소산나트륨(sodium chlorate, $NaClO_3$) 전해액을 사용할 때 얻어진다. 이것은 국부 전류밀도 영역에서 양극의 보호막과 관계가 있다. 벤조트리아졸(azimidobenzene, $C_6H_5N_3$)과 이크롬산칼륨(potassium dichromate, $K_2Cr_2O_7$) 같은 보호막 첨가제를 염화나트륨(NaCl) 용액에 첨가하면 염화나트륨의 큰 발산 전압을 감소시킬 수 있다. 이러한 조건 하에서 보호막이 가공표면에서 발견되고 이는 가공품의 치수 관리를 크게 개선하였다.

El-Mehdawy(1977)는 염화나트륨 용액을 이용하여 강을 가공하는 동안 보호막 형성속도가 전류밀도와 전해액의 유동속도(flow rate)에 의해 좌우된다고 소개하였다. 높은 전류밀도에서 가공면 표면에 양극 부산물이 빠르게 석출되어 보호막이 빨리 형성된다는 것이다. 전해액 유동 속도를 빨리하면 이러한 부산물의 농도를 감소시키므로 보호막이 형성되는 속도를 낮출 수 있다.

전해가공에서 전형적인 치수 공차는 각각 전면간극에서 ± 0.13 mm 및 측면간극에서 ± 0.25 mm 이다. 가공 변수의 적절한 관리를 통해 ± 0.025 mm 까지 향상시킬 수 있다. 그러나 0.8 mm 보다 작은 내부 반경이나 0.5 mm 보다 작은 외부 반경을 가공하기는 어렵다. 0.5 mm 의 오버컷, 0.001 mm/mm 의 테이퍼, 2.5 mm 의 모서리 반경은 모두 가능하고, 사용되는 음극 공구의 윤곽에 지배를 받는다(*Metals Handbook*, 1989).

4.1.6.3 표면마무리_Surface finish. Konig와 Lindelauf(1973)는 가공물의 특성과 가공 조건에 따라 표면상태가 크게 달라진다고 하였다. 점결함(voids), 전위 및 입계와 같은 결정학적 불규칙성이나 결정 구조와 방향의 차이 그리고 국부적으로 다른 합금 조성은 전류밀도를 불규칙하게 분포시키고, 이는 표면에 미세한 산과 골(peaks and valleys)을 남기게 된다. 표면을 만드는 메커니즘에 대하여 그림 4.14에서는 X와 Y의 두 원소를 갖는 합금에 대하여 가공 이송속도가 국부 간

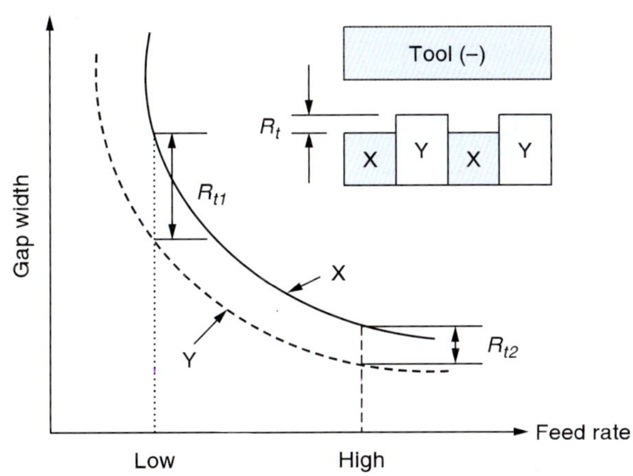

그림 4.14 전해가공에 의해 생성된 표면조도

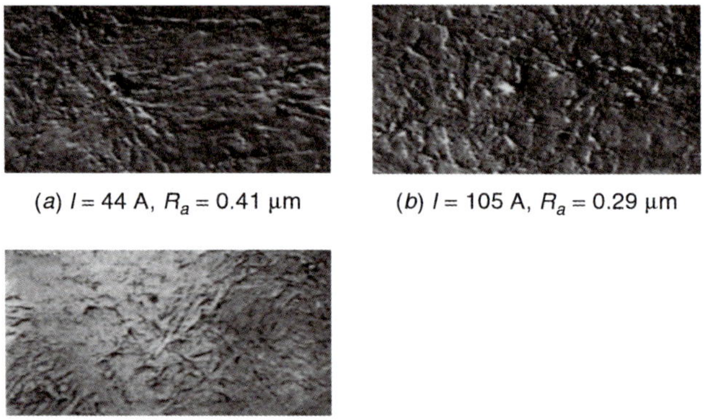

(*a*) $I = 44$ A, $R_a = 0.41$ μm (*b*) $I = 105$ A, $R_a = 0.29$ μm

(*c*) $I = 130$ A, $R_a = 0.175$ μm

그림 4.15 NC6 열처리 된 공구강의 전류 변화에 따른 전해가공 표면의 외관(Kaczmarek, 1976)

극 폭에 미치는 영향을 나타낸다. 따라서 원소들의 가공속도와 이에 상응하는 간극 폭, 그리고 생성된 표면조도(maximum peak-to-valley surface roughness) R_t는 이송속도가 높아질수록 감소하여 더 좋은 표면상태를 얻을 수 있다.

높은 가공전류에서 표면품위의 개선은 그림 4.15에서 보듯이 소금 층(salt layer)이 느슨하게(loose) 형성될수록, 전류밀도는 균일하게 되어 표면조도는 향상된다. 그리고 결정립이 미세하고 균일한 구조를 가질수록 표면품위도 개선된다. 그림 4.16과 같이 탄소강을 풀림처리하여 결정립이 커지고, 이를 전해가공하여 얻은 표면조도는 표면에 존재하는 입계 수의 감소에 의한다.

가공품의 표면조도는 전면간극 영역에서 0.3 ~ 1.9 μm 이지만 측면간극 영역에서는 5 μm 혹은 그 이상으로 크다. 전류밀도가 높다면 단순한 소금물에서도 웬만한 금속은 연마될 수 있다. 결정립 간 침해와 같은 마이크로 표면결함은 어떤 합금 성분의 선택적 용해에 의해 일어날 수도 있다. 이러한 결함들은 낮은 전류밀도와 입계의 금속간 석출(intermetallic precipitates)에 의해 발생한다. 결정립 간 침해는 전해액과 가공변수의 올바른 선정에 의해 방지할 수 있다. 일반적으로 전해가공 영향은 *Metals Handbook*(1989)에 잘 요약되어 있다.

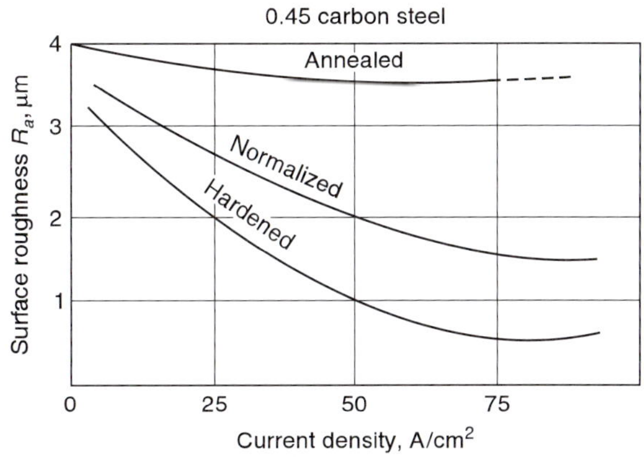

그림 4.16 강에서 열처리가 표면조도에 미치는 영향 (Kaczmarek, 1976)

- 거대 입자는 미세 입자보다 거친 표면을 만든다.
- 주철의 흑연과 같은 불용성 내재물은 표면을 거칠게 만들고 가공 문제를 일으킨다.
- 강의 경화와 같은 가공물 조직의 변화는 국부적으로 가공속도에 차이를 일으킨다.
- 입계에서 금속 간 화합물의 석출은 심각한 결정립 간 침해로 이어진다.

Masuzawa(1991)는 비보호막(nonpassivating) 전극 시스템 상에서 전해액 농도를 낮추고 온도를 올려 표면품위를 개선하였다. 보호막 시스템에서는 낮은 전해액 농도와 높은 온도가 보호막 형성을 촉진시켜 표면품위를 악화시킨다. 전류밀도를 더 증가시키면 이 보호막을 깨버리고 점차 새로운 가공면이 나타나면서 표면이 매끄러워진다. NaCl을 이용한 Ninomic 80 전해액을 28 m/s 의 유속 하에서 전류밀도 15.5 A/cm^2 를 주었을 때 0.9 ~ 1.4 μm 의 무광택 식각표면이 얻어진다. 담금 및 불림한 0.78 % 탄소강을 16.5 m/s 의 유속을 주었을 때 부분적으로 보호막의 흔적이 관찰되었다고 한다(McGeough, 1974). 이러한 흔적은 유속을 29 ~ 45 m/s 로 증가시키면 깨지면서 연마무늬가 나타난다.

4.1.7 공정제어 _Process control

전해가공이 일어나는 동안 선정된 많은 가공 조건은 변함이 없어야 한다. 이는 가공정확도와 표면품위에 직접적인 영향을 주기 때문이다. 간극 전압은 가공 후의 부품의 치수에 영향을 준다. 표면조도는 공구의 이송속도, 간극 전압, 가공물 재질, 간극 현상 그리고 전해액 조건에 따라 좌우되는 전류밀도의 지배를 받는다. 여기서 전해액 조건은 종류, 농도, 온도, 압력, pH 및 전도도 등이다.

전해가공에 의해 양호한 표면조도와 같은 높은 가공정확도와 향상된 생산성을 얻고자 가공조건은 개선되어야 한다. 따라서 전류밀도를 높이는 것은 바람직하다. 그러나 전해액의 온도를 필요 이상 올리게 되면 스파크가 일어날 수 있다. 적절한 제어는 다음과 같은 이유로 제품의 품질과 생산성을 향상시킨다.

1. 가스 발생, 가열, 보호막 및 기타 전극반응과 같은 간극 조건에서의 변화는 전해가공이 비정적(nonstationary) 거동 특성을 갖게 한다.
2. 대형 부품의 경우, 실제 가공시간은 총 생산 시간에서 큰 비중을 차지한다. 가공 효율의 향상을 통해 제품의 사이클 시간을 대폭 감소시킬 수 있다.
3. 전원, 전해액 공급 그리고 여과기와 같은 추가적인 제어기기는 전체 기계 원가의 일부에 지나지 않는다.
4. 무인자동화 시간의 증가는 전해가공기의 효율을 높이고, CAD/CAM 시스템으로 통합 관리할 수 있게 한다.
5. 스파크에 의한 전해가공의 열화는 복잡하고 비싼 가공물과 공구에 고칠 수 없는 손상을 주어서 가공기를 완전히 못쓰게 만든다. 이러한 위험은 좁은 간극을 갖는 고속 가공에서 발생한다. 첨단 제어시스템을 적용하여 이러한 손실 위험을 줄일 수 있다.

1960 년대 초부터 복잡한 전해가공의 특성을 파악하기 위한 많은 노력이 크게 두 방향으로 이루어져 왔다. 먼저 공구의 이송속도, 간극 전압 그리고 전해액 조건이 가공정확도에 미치는 영향이 조사되었고, 공정 모델링과 적절한 공구 설계도 추

가적으로 연구되어 왔다. Datta(1996)와 Reddy(1988) 등은 간극에서 전해액 온도, 압력 변화를 조사하고, 스파크로 인한 공구와 가공물의 연속적 손실을 방지하기 위한 최적의 간극 전압을 확인하였다.

Begnon과 Bedrin (1982)은 가공 변수를 조절하기 위한 전극 간극의 인프로세스 측정에 와전류(eddy current)를 사용하였다. 이를 통해 가공 후의 형상 정확도가 향상되었다. 그리고 일정한 전해액 전도도를 얻기 위해 이송/전압 비율을 이용한 간극제어 시스템이 영국특허 1037 662 에서 제안되었다. 일정한 이송이나 입구 간극 압력을 제어하는 간극 제어에 관한 많은 아이디어도 도출되었는데, 간극 압력의 제어는 일정한 이송이 주어졌을 때 발생하기 쉬운 스파크나 보호막 발생을 방지한다. 일정한 전류흐름을 확보할 수 있는 개선된 제어기구가 영국특허 937 681 에 기술되어 있다.

Elsayed(1989)는 가공간극을 제어하기 위하여 전류흐름을 일정하게 할 것을 권장하였다. 펄스형 전해가공(PECM)에서 간극을 작게 설정하고 안정적으로 유지하는 것이 치수 관리를 위해 매우 중요하다. 간극의 크기에 따라 변화하는 신호를 실시간으로 모니터링하는 기법을 개발하기 위해 펄스전류신호를 고속으로 데이터 획득하는 시스템이 Rajurkar와 Schnaker(1988)에 의해 소개되었다.

Sorkhel과 Bhattacharyya(1994)는 가공 중 간극 상태를 자동검출하고, 이송속도와 변수를 자동으로 제공하기 위해 컴퓨터 제어 스테핑모터 구동 제어장치를 개발하였다. 가공간극으로부터 얻어진 전기반응으로부터 공구의 이송속도와 전해액 흐름을 제어한다.

Kozak(1995)는 공구전극을 수치제어(NC)하는 전해가공기술을 소개하였다. 이는 값비싼 공구의 형상에 관계없이 가공정확도를 향상시킬 수 있다. Amalnik, McGeough와 Khayry(1996)는 최적의 전해가공 조건을 선정하기 위해 지능형 지식기반 시스템을 기술하였다.

4.1.8 적용사례 _Applications

전해가공은 오목형상가공(cavity sinking)으로부터 디버링에 이르기까지 산업적으

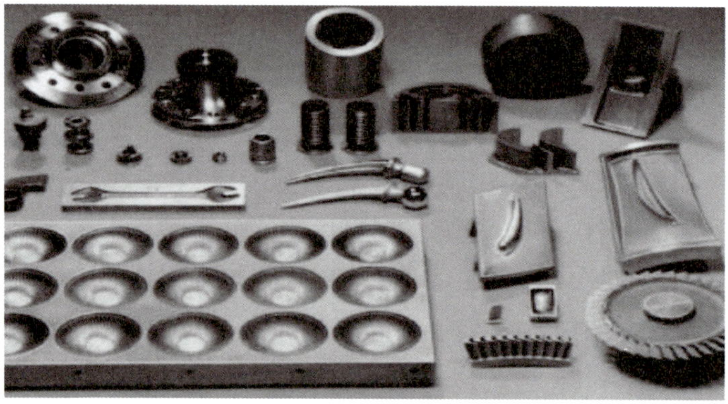

그림 4.17 ▮ 전해가공의 적용사례 (www.unl.edu/)

로 폭넓게 활용되어 왔다. 고강도 합금과 경화강의 가공성은 비현실적 다른 가공법에 비해 원가 절감측면에서 그 능력을 인정받아 왔다. 그림 4.17은 전해가공의 전형적인 적용사례를 나타낸다.

4.1.9 마이크로 전해가공 _Micro-ECM

전해가공은 가공간극이 넓다는 이유로 정확도가 낮은 가공기술로 알려져 왔다. 그림 4.18의 마이크로 전해가공에서는 전해액 제트(electrolyte jet)가 마이크로 툴로서 사용된다. 그림 4.19와 같이 이미 설계된 대로 가공물을 움직이면서 펄스전류를 제어, 스위칭하면서 작은 홈을 생성한다. 더 자세한 내용은 McGeough(2002)의 마이크로 전해가공을 참고하도록 한다.

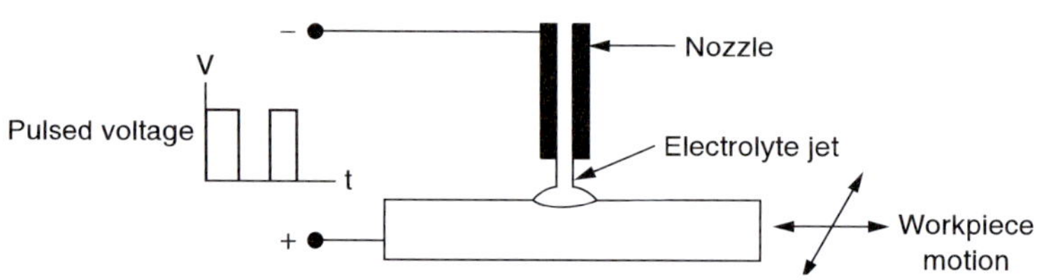

그림 4.18 ▮ 전해액 제트전해가공

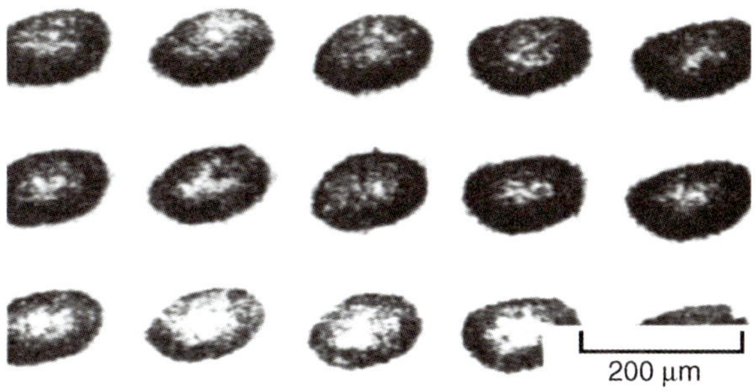

그림 4.19 전해액 제트전해가공에 의해 마이크로 가공된 홈
(Masuzawa and Tonshof, 1997)

4.1.10 전해가공 이점과 단점_Advantages and Disadvantages of ECM

이점

- 공구와 가공물 사이의 접촉이 없으므로 공구마멸은 없다.
- 가공은 높은 제거율을 갖는 다른 가공법과 비교하여 낮은 전압에서 이루어진다.
- 0.05 mm 의 매우 작은 치수까지 제어될 수 있다.
- 복잡한 윤곽도 한 번에 쉽게 가공될 수 있다.
- 낮은 온도로 인해 가공물 조직에서 열 손상이 일어나지 않는다.
- 고경도 도전성 재료도 가공된다.
- 표면조도 R_a는 0.1 ~ 1.25 μm 로 유지될 수 있다.
- 높은 투자비 때문에 전해가공은 주로 대량생산에 적합하다.
- 숙련도에 대한 요구는 낮다.

단점

- 엄청난 양의 에너지가 소비된다(선삭이나 드릴링가공에 비해 약 100 배).
- 재료제거율은 전통적 방법에 비해 낮다.

- 전해가공은 전기가 통하는 재료에 한정되어 적용 가능하다.
- 가공 중에 발생되는 폭발성 수소 가스를 안전하게 제거하거나 처리하기가 어렵다.
- 가공물은 가공 후에 즉시 세정하고 방청유를 발라야 한다.
- 장치를 부식시키기 쉬운 전해액을 담거나 취급하기가 어렵다.
- 측면가공 효과 때문에 높은 정확도로 가공물에 공구의 형상을 복제하기가 쉽지 않다.
- 날카로운 내 외부 선단(edges)을 생성할 수 없다.
- 전해액을 고압으로 좁은 가공 간극에 공급할 경우 공구와 가공물에 큰 힘을 가하게 된다.

4.1.11 환경영향 _Environmental impacts

전해가공이 적절한 조건 하에서 사용된다면 직업상의 건강 위험은 매우 한정된다. 그림 4.20과 같이 전해액을 뿌린다든가, 눈이나 피부가 오염된다든가 유해한 독성 가스의 확산으로부터 보호되어야 한다. 환경에 대한 결정적인 영향은 전해액과 전해가공용 슬러리로부터 발생한다. 전해디버링이나 금형가공 중에 질산

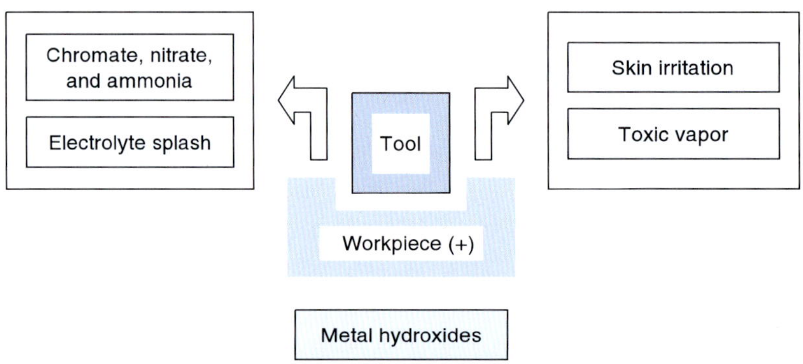

그림 4.20 전해가공에서 발생할 수 있는 환경영향

나트륨($NaNO_3$)은 제거율과 표면품위를 향상시키는 역할을 다 하지만, 크롬 등을 포함하는 금속의 용해와 음극 공구에서 질산염 감소로 인해 전해액은 독한 크롬산염과 암모니아가 누적된다. 이러한 화학 복합물은 전해가공 슬러리의 금속 수산화물에 흡수된다. 전해액을 관리하면서 생기는 슬러리는 고체를 침전시키고 용액은 버려진다(Tonshoff 등 1996).

4.2 전해드릴링 _Electrochemical Drilling

전해드릴링(electrochemical drilling, ECDR)은 1 ~ 20 mm 의 직경을 1 ~ 5 mm/min 의 이송속도로 가공한다. 그림 4.21과 같이 음극 공구로 튜브형의 전극이 사용된다. 전해액은 공구 중심으로부터 공급되어 공구 벽과 가공된 구멍 사이에 형성된 측면 간극을 통해 배출된다. 가공은 공구 전면과 가공물 사이의 전면 간극에서 높은 전류밀도 하에서 일어난다. 측면의 전기화학적 용해는 공구의 측면과 가공물 사이에서 옆으로 일어난다. 따라서 생성된 구멍의 직경은 그림 4.22에서 나타낸 것처럼 공구보다 오버컷(overcut) C_d만큼 크다.

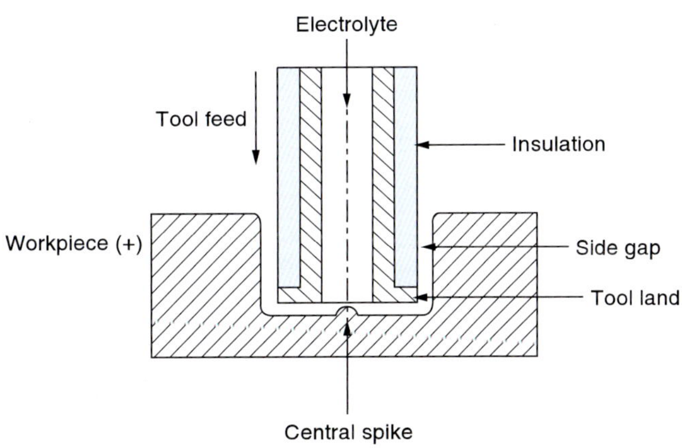

그림 4.21 ▌전해드릴링 구성

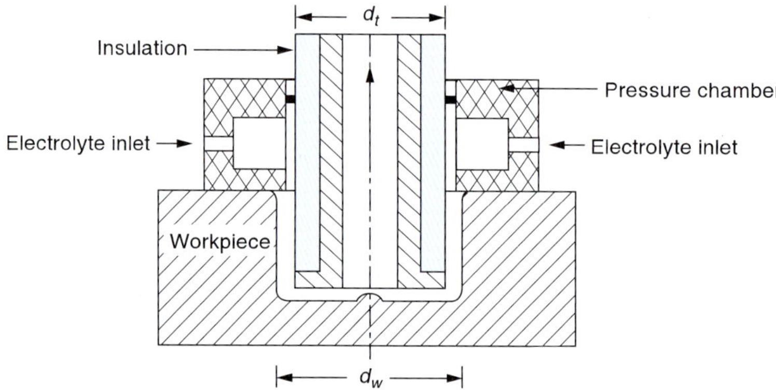

그림 4.22 후방 압력을 이용한 드릴링

$$C_d = d_w - d_t$$

여기서, d_w는 가공물 직경, d_t는 공구직경이다.

오버컷을 작게 하여 가공정확도를 높이기 위해서는 이송속도를 높여야 한다. 이런 조건에서 제거율과 표면품위 역시 향상된다. 전해액 공급방법은 오버컷에 영향을 주는데, 그림 4.22와 같이 0.6 ~ 2 MPa 의 후방 압력(back pressure)을 주면서 전해액을 역유동(reverse flow)시키는 방법은 오버컷을 감소시킨다. 이는 전해액 가스 부산물을 가공 간극으로부터 측면에 도달하지 않고 제거하기 때문이다.

간극 압력의 증가는 용해 작용을 향상시키는 전도도를 높여 가공 전류가 증가한다. Rumyantsev와 Davydov(1984)도 높은 압력은 전해액의 전도도를 높여 수소 가스의 기포 크기를 줄여준다고 하였다. 후방 압력은 가공면에 생기기 쉬운 전해액의 유선(flow line)도 방지할 수 있다. 그러나 이 시스템의 큰 단점은 공구비용과 유압력이 증가한다는 것이다.

Soliman과 Rashed 등(1986)은 적절한 공구 절연을 통해 측면 간극을 넓히는 측면가공 효과를 감소시켰다. 질산나트륨과 같은 보호막을 입히는 전해액도 오버컷을 줄여서 가공정확도를 향상시킨다. 전해액 유속은 역시 오버컷에 현저한 영향을 준다. 전해드릴링에 회전 공구를 사용하면 측면 간극에 전해액을 균일하게 흐르게 하여 진원도를 향상시킨다.

즉, 전해드릴링 역시 간극을 통한 전류의 흐름에 의해 패러데이 법칙에 따라 양극 용해가 일어난다. Youssef 등(1989)은 가공전류가 공구이송속도에 비례하여 증가한다고 하였다. 공구가 가공물로 진행하는 속도가 양극 용해율보다 큰 임계 이송속도에서 스파크가 일어난다. 즉, 전면 간극이 임계값 이하로 떨어지면 스파크가 일어나며, 이는 공구와 가공물 모두에게 손상을 준다. Rashed 등(1976)의 실험에 의하면 에너지를 절약하고 생산 비용을 저감시키기 위해 간극 전압을 20 ~ 25 V 로 유지하는 것이 바람직하다. 가공 후 직경의 초과크기 C_d는 다음의 실험식으로부터 구할 수 있다.

$$C_d = 0.225V^{0.74-0.056a}$$

여기서, V는 간극 전압(V), a는 공구의 이송속도(mm/min)이다.

전해드릴링이 일어나는 동안 가공전류의 대부분이 측면 간극에서 손실된다. 이론적인 값에 비해 실험적인 제거율을 전류효율이라고 하는데, 전류효율이 100 % 이하가 되는 것은 용해 작용을 방해하는 보호 산화막의 형성과 가스 발생 때문이다. 반면에 전해액이 양극 가공물의 입계에 침투하여 결정립이 탈락되면, 전류효율이 100 % 이상이 된다. 전해드릴링은 원형 구멍에만 국한되는 것이 아니므로, 가공 형상에 상응하는 단면을 가지는 공구를 사용한다면 어떤 형상도 가능하다.

4.3 다형상튜브 전해가공 _Shaped Tube Electrolytic Machining

다형상튜브 전해가공(shaped tube electrolytic machining, STEM)은 양극 가공물과 음극 공구 간의 전위차가 주어질 때 용해에 의해 일어난다. 이러한 전계의 존재로 황산과 같은 전해액이 양극 표면을 제거하게 되는 것이다. 금속 이온이 용액에 용해된 후에 전해액의 유동에 의해 제거된다. 가공 간극에 전압이 인가된 상태에서 외벽이 절연 코팅된 전도성 실린더 형태의 공구가 가공물 쪽으로 일정

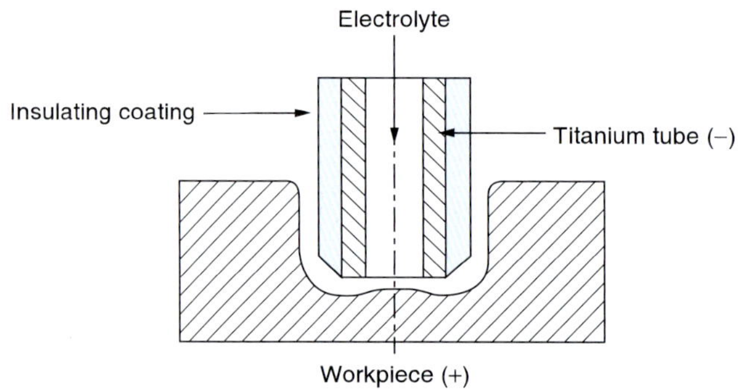

그림 4.23 다형상튜브 전해가공의 개념도

한 이송속도를 가지고 움직이고 있음을 McGeough(1988)는 그림 4.23에 개념도로 나타내었다. 이렇게 하여 실린더 형태의 구멍이 얻어지게 된다.

다형상튜브 전해가공은 산성 전해액을 사용하는 전해가공의 변형된 형태이다. Rumyantsev와 Davydov(1984)는 실제 0.76 ~ 1.62 mm 의 직경과 180:1 의 종횡비를 갖는 작고 긴 구멍을 가공할 수 있었다. 일반 전해가공으로는 불용성 석출물이 전해액의 유동 경로를 방해하여 이러한 작은 구멍가공은 어렵다.

다형상튜브 전해가공기의 외관은 전해가공에서 사용되는 것과 유사하다. 그러나 전해가공기보다는 산에 견딜 수 있어야 하고 강성은 조금 낮아도 되며 역극성 전원을 가져야 한다. 음극 공구는 티타늄으로 만들어지며 외벽은 절연 코팅되어 양극 가공물의 전면 가공만 허용한다. 일반적으로 인가 전압은 8 ~ 14 V dc 이며, 가공전류는 600 A 에 이른다. *Metals Handbook*(1989)에서는 질산 용액(15 % v/v, 20 °C)을 유속 1 L/min, 간극전압 10 V, 공구이송속도 2.2 mm/min 로 공급하여 0.58 mm 의 직경을 133 mm 깊이로 구멍가공을 할 수 있었다. 이때 가공된 구멍의 오버컷은 0.265 mm 이며, 원추도(conicity)는 0.01/133 이었다.

이 공정은 튜브를 통하여 전해액 유동을 균일하게 하고 작은 음극이 슬러지에 의해 막히는 것을 방지하기 위해 10 % 농도의 황산 용액을 사용한다. 일반적으로 3 ~ 9 초 정도의 주기적인 역극성은 음극 드릴 표면에 미용해 가공부산물이 적체되는 것을 방지한다. 역전압은 정전압의 0.1 ~ 1 배 정도이다. 방전가공(EDM), 전자빔가공(EBM) 및 레이저빔가공(LBM)과 비교하여 다형상튜브 전해가공은 마이크로 크랙으로 성장하는 열영향층(heat-affected layer)을 남기지 않는다(*www.win.win.tue.nl/*).

공정변수

전해액	
종류	황산, 질산 및 염산
농도	10 ~ 25 wt%
온도	38 °C(황산), 21 °C(기타)
압력	275 ~ 500 kPa

전압(시간)

정전압	8 ~ 14 V(5 ~ 7 초)
역전압	정전압의 0.1 ~ 1 배(25 ~ 77 ms)
시간	
전진	5 ~ 7 s
후진	25 ~ 77 ms
이송속도	0.75 ~ 3 mm/min

공정 능력

구멍의 크기 직경	0.5 ~ 6 mm, 종횡비 150
구멍의 공차	0.5 mm 직경에서 ± 0.050 mm
	1.5 mm 직경에서 ± 0.075 mm
	60 mm 직경에서 ± 0.100 mm
	구멍 깊이 ± 0.050 mm

이 공정은 산성 전해액을 사용하므로 다음과 같은 제트 엔진이나 가스터빈 부품에서 스테인리스 강이나 내부식성 재료의 드릴링으로 제한된다.

- 터빈 블레이드 냉각 구멍
- 연료 노즐
- 방전가공 변질층이 바람직하지 않는 구멍
- 와이어 방전의 시작 구멍
- 전통적 가공성이 낮은 내부식성 금속의 구멍
- 방전가공이 크랙을 일으키는 베어링에서 오일 통로

그림 4.24는 다형상튜브 전해가공에서 점진적으로 드릴이 진행되면서 가공되는 와류발생기(turbulator)의 형상을 나타낸다. 와류발생기는 터빈 엔진 냉각구멍에서 열전달을 행상시키기 위해 주로 사용된다(*www.win.tue.nl/*).

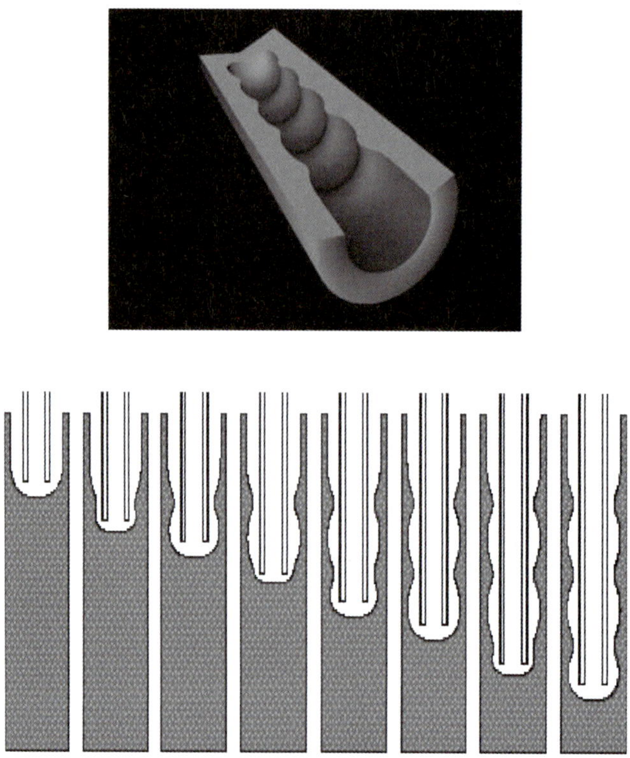

그림 4.24 다형상튜브 전해가공에 의한 와류발생기의 냉각 구멍(www.win.tue.nl/)

이점

- 종횡비 300 까지 가능하다.
- 동시에 최대 200 개의 구멍을 드릴링할 수 있다.
- 평행하지 않는 구멍도 가공할 수 있다.
- 막힌 구멍도 드릴링할 수 있다.
- 변질층이나 금속학적 결함이 생기지 않는다.
- 복잡하거나 구부러진 구멍 또는 슬롯(slots)도 가공할 수 있다.

한계점

- 내부식성 금속에 한해 사용된다.
- 단일 구멍가공이라면 가공속도가 낮다.
- 산을 취급할 때 특수한 작업장이나 환경이 요구된다.
- 위험한 폐기물이 생성된다.
- 복잡한 가공 및 툴링 시스템이 요구된다.

4.4 전해류모세관 드릴링 _Electrostream(Capillary) Drilling

전해류(Electrostream, ES) 모세관 드릴링은 방전가공을 하기에는 너무 깊고 다형상튜브 전해가공을 하기에는 너무 작은 구멍가공에 적용되는 특수 전해가공이다. 음극 공구는 직경 0.025 ~ 0.5 mm 의 유리 노즐로 만들어져서 티타늄 튜브를 음극 공구로 사용하는 다형상튜브 전해가공과는 다르다.

그림 4.25와 같이 가공 간극을 채우는 산성 전해액에 가공 전류를 흐르게 하기 위해 유리 노즐 내에 플라티늄(Pt) 와이어 전극이 설치된다. 전해액으로 12 ~ 20 wt%의 황산, 질산 및 염산 용액이 주로 사용된다. 사용되는 전해액의 종류는 가

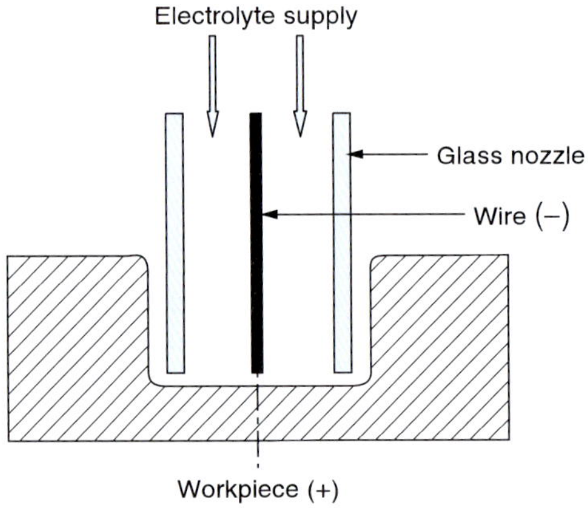

그림 4.25 ▌ 전해류 드릴링의 개념도

공물의 종류와 관계가 있다. 염산 용액은 알루미늄과 그 합금, 황산 용액은 하스텔로이(Hastelloy), 인코넬(inconnel), 르네(Rene) 합금, 탄소강 및 스테인리스 강의 가공에 바람직하다.

전해액 온도는 일반적으로 황산 용액에서는 40 °C, 질산 및 염산 용액에서는 20 °C 가 적당하다. 전해액 압력은 275 ~ 400 kPa 이 바람직하다. 가공 중 전해류는 음의 전하를 띄고 양극 가공물을 향해 뿜어져 나온다. 만족스러운 가공을 위해 산의 온도, 압력, 농도 및 유동속도는 엄격하게 감시되어야 한다. 일반 전해가공보다 10 배나 높은 70 ~ 150 V 의 간극 전압이 적용된다.

Banard(1978)는 터빈 블레이드의 0.127 ~ 1.27 mm 의 냉각 구멍 열(rows)을 종래의 기계적 드릴링보다 큰 50:1 의 종횡비로 드릴링하였다. 또한 이 공정을 통해 그림 4.26과 4.27에서 나타낸 것처럼 0.8 mm 이하의 구멍을 표면에서 45 ° 의 각도의 냉각 덕트를 얻을 수 있었다. 그리고 0.5 mm 이하의 구멍을 이 방법으로 뚫고 와이어 방전가공을 시작할 수 있었다.

공정 능력 0.75 ~ 2.5 mm/min 의 이송속도로 가공할 수 있다. 이송속도는 동시에 가공되는 구멍의 수와는 관계없이 가공물의 재질에 종속된다. 전해가공과 같이, 높은 제거율을 얻기 위해서는 이송속도와 공구직경을 증가시켜야 한다. 그리

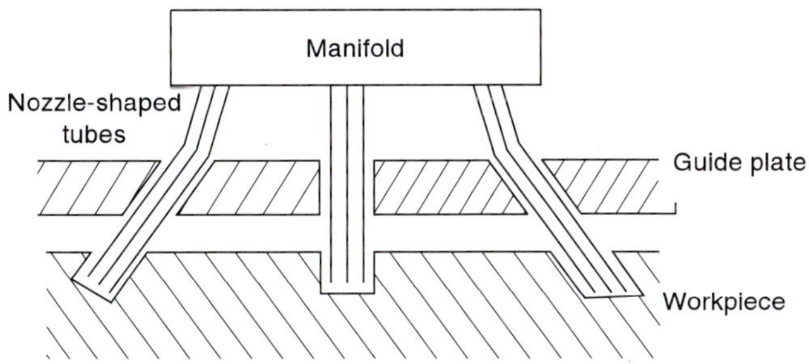

그림 4.26 경사진 구멍의 드릴링

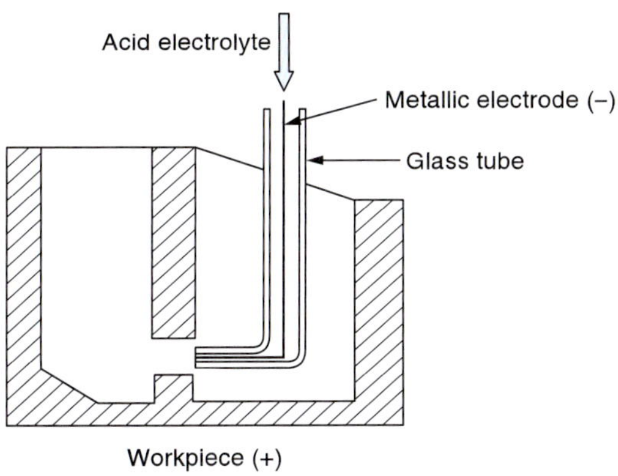

그림 4.27 접근하기 어려운 위치의 전해류 드릴링

고 강보다도 티타늄 합금이 높은 제거율로 가공된다고 알려져 있다. 일반적인 공차는 가공된 구멍직경의 ± 10 % 이며, 깊이 공차는 ± 0.05 mm 이다. 물론 이러한 공차는 순금속에서 특수한 관리를 통해 더욱 감소될 수 있다.

이점

- 높은 종횡비가 가능하다.

- 동시에 많은 구멍을 가공할 수 있다.
- 막힌 구멍이나 교차 구멍도 가공할 수 있다.
- 변질층이나 금속학적 결함이 없다.
- 분말야금 경화재료도 가공 가능하다.
- 버가 없는 구멍을 얻을 수 있다.

한계점

- 오직 내부식성 금속에만 적용될 수 있다.
- 위험한 폐기물이 생성된다.
- 단일 구멍가공이라면 가공속도가 낮다.
- 산을 취급할 때 특수한 작업장이나 환경이 요구된다.
- 비스듬한 입구는 어렵다.

4.5 전해제트드릴링 _Electrochemical Jet Drilling

전해제트드릴링(electrochemical jet drilling, ECJD)은 주로 전해류 모세관 드릴링(1:100) 보다는 낮은 1:12 이하의 종횡비를 갖는 미세 구멍을 가공할 때 적용된다. 그림 4.28에서 나타내듯이 이 공정은 전해류 모세관 드릴링과 같은 작고 부러지기 쉬운 공구를 밀어 넣지 않아도 된다. 희석 산 전해액을 제트로 공급하여 용해를 일으키며 반사되어 나오는 스프레이 형태의 전해액을 위한 충분한 공간이 필요하다. 전압은 400 ~ 800 V 가 최적이다.

Benard(1978)에 따르면 구멍 크기의 하한은 음극 노즐에 의해 드릴링되는 최소 구멍, 제트의 형태로 전해액을 공급하기 위한 압력 그리고 오버컷의 정도에 따라 결정된다. 가공된 구멍직경은 전해액 방출 전압의 영향도 받는다. 참고로 전해류

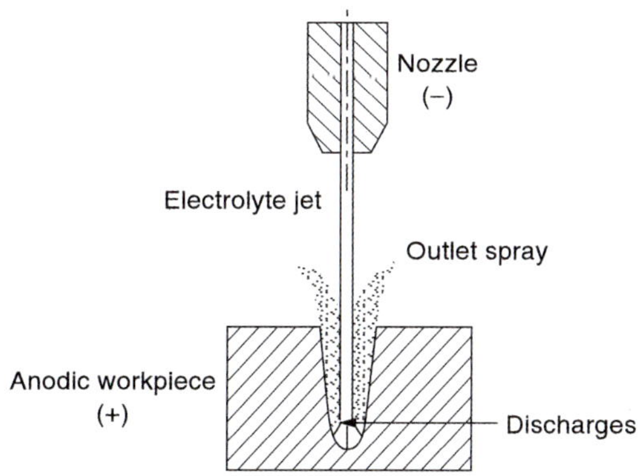

그림 4.28 전해제트드릴링

모세관 드릴링에서 구멍직경/모세관 직경의 비는 일반적으로 2 이하이지만 전해제트드릴링으로 얻어진 구멍의 직경은 전해액 제트직경의 4 배이다. Benard는 0.1 *M* 의 염산 전해액을 압력 7×10^5 N/m^2 을 가하여 0.5 mm 의 제트직경과 5 mm 의 노즐 - 가공물 간의 거리에서 3 ~ 4 의 비율을 얻을 수 있었다. 전해류 모세관 드릴링에서는 테이퍼가 발생하지 않으나 전해제트드릴링을 한 경우에는 5 ~ 10 도의 테이퍼를 가진다.

4.6 전해디버링 _Electrochemical Deburring

금속 부품을 기계가공할 때, 내부가 교차하는 구멍이 필요한 경우가 있다. 유압밸브 몸체는 많은 드릴 통로가 유체의 흐름을 인도하기 위해 사용되는 전형적인 경우이다. 이런 구멍의 교차부에서는 그림 4.29와 같이 막힘이나 손상을 방지하기 위해 반드시 제거되어야 할 버(burr)가 존재한다. 그림 4.30은 디버링을 요구하는 전통 절삭가공품을 나타낸다. 버를 수동으로 제거하는 것은 지루하고 많은 시간이 소요된다. 1970 년대 열에너지법(thermal energy method, TEM)이 접근성이

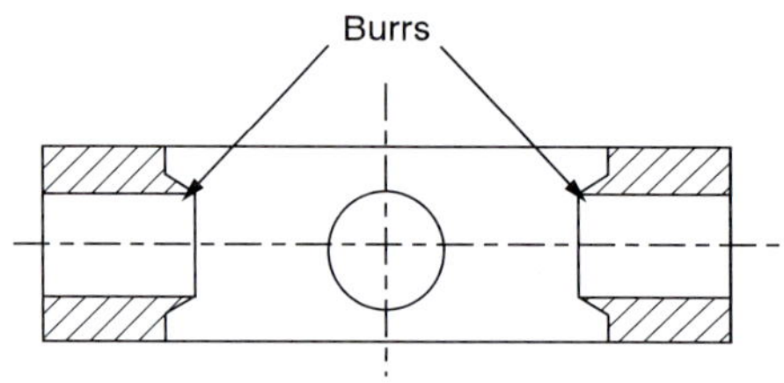

그림 4.29 구멍의 교차부에 형성된 버

그림 4.30 디버링을 필요로 하는 부품들(www.vectron.cc/)

나쁜 위치의 버를 제거하기 위해 도입되었다. 이 방법에 의해 버는 수백분의 일초(milliseconds) 동안에 2,760 °C 의 열로 가열되어 태워 없애버리고 요철, 치수, 표면조도 및 물리적 특성 등 기타 다른 모든 특성은 그대로 남긴다. 열에너지법 처리가 된 부품은 탄소 검정이나 칩의 증기 형성을 방지하기 위해 금속 칩이나 기름을 씻어내야 한다.

버는 진동, 바렐 연마, 텀블링, 워터 블라스팅, 초음파 및 연마 슬러리의 적용 등 다양한 방법으로 제거될 수 있다. 연마유동가공(abrasive flow machining, AFM)은 항공이나 의료 산업을 위한 정확하고 신뢰할 만한 디버링 방법이다. 연마유동가공은 접근할 수 없는 영역에 도달할 수 있고 한 번에 여러 구멍, 슬롯 및

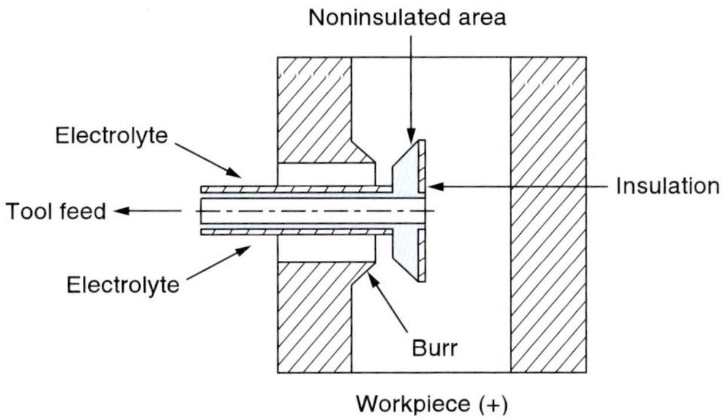

그림 4.31 구멍 디버링

선단(edges)을 가공할 수 있다. 유압밸브 스풀(spools)이나 몸체의 디버링이나 압출 금형의 연마를 위해 1950 년대에 이 방법이 고안되었다. 이 방법의 단점은 신뢰성이 떨어지고, 제거율이 낮으며, 입자에 의한 오염 등을 들 수 있다.

전해디버링(electrochemical deburring, ECDB)에서 버가 제거될 양극 부품을 고정하고 음극 전극을 버에 가장 가까운 위치에 가져간다. 전해액은 공급되고 음극 공구와 버 사이의 간극에 일정한 압력을 가한다. 이어서 가공 전류가 인가되면 버는 용해된다. 버와 전극 사이의 간극이 최소화되면 버는 높은 전류밀도로 제거된다. 따라서 전해디버링은 버를 제거하고 반경을 제어하여 치수를 변화시킨다. 그림 4.31은 전형적인 전해 구멍 드버링의 배치도이다. 전해디버링은 기어, 스플라인 축, 밀링 가공된 부품, 드릴링된 구멍 펀칭된 블랭크(blanks)에 적용할 수 있다. 특히, 유체를 분배하는 스풀이나 슬리브와 같은 유압부품의 디버링에 효과적이다.

디버링의 메커니즘 전기분해의 패러데이 법칙은 ECDB에 의해 금속이 어떻게 제거되는지를 잘 설명한다. 디버링 속도는 400 ~ 500 mm/min 로 높은 편이다. 그림 4.32는 회전하면서 이송하는 전극 공구를 사용하여 간극에서 난류를 발생시켜 제거 효율을 향상시킨다. 스핀들 회전이 빨라지면 전해액 난류는 감소한다. Brown

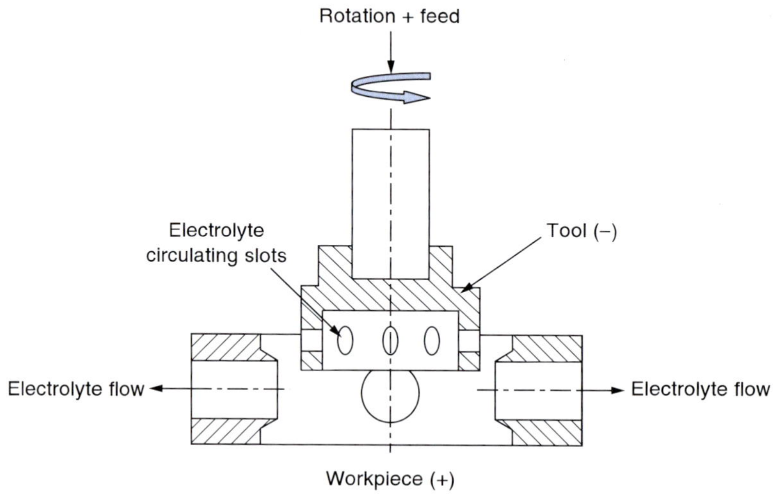

그림 4.32 회전 공구를 이용한 전해디버링

(1998)에 의해 보고된 디버링의 일반적인 사이클 시간은 스핀들을 밀어 넣고 부품이 빠져 나오는 30 ~ 45 초 사이이다. 공구가 가공물 위에 놓이는 단순한 디버링에서는, 높이 0.5 mm 의 버가 2 ~ 4 μm 의 최대 표면조도를 나타내며 0.05 ~ 2 mm 의 반경으로 제거된다.

버가 하우징의 교차 통로로부터 제거될 때는 특수한 공구를 사용하여 전해액을 가하면서 0.3 ~ 0.5 MPa 의 압력을 유지한다. 이 특수한 공구는 한 번에 여러 교차부에서 버가 제거되도록 가능한 많은 작용영역을 가진다. 적절한 공구 절연은 버 인근에만 전류가 흐르도록 한다. 디버링 공구는 0.1 ~ 0.3 mm 의 간극을 가지며 가공물과 유사한 윤곽 형상을 가져야 한다. 또한 공구 끝단은 적당한 반경을 생성하기 위해 1.5 ~ 2 mm 정도 가공영역을 겹치게 해야 한다. 전해액의 선정은 디버링에서 매우 중요하다. 표 4.2는 몇 가지 재료의 전해디버링에 적용되는 전해액과 가공 조건을 나타낸다. 전해디버링의 전원은 최대 50 A 의 전류를 공급한다. 그러나 500 A 정도의 전류를 공급하는 전원은 대형 단조품의 절삭 후에 생기는 버를 제거하기 위해 사용되기도 한다. 그림 4.33은 전해디버링의 응용사례를 나타낸다.

표 4.2 여러 가공재료에 대한 디버링 조건

Material	Electrolyte	Applied voltage, V	Current density, A/cm^2	Time, s
Carbon steel and low-carbon steel	5 – 15 % $NaNO_3$ 2 – 2.5 $NaNO_2$			
Copper alloys	5 – 15 % $NaNO_3$	12 – 24	5 – 10	5 – 100
Aluminum alloys	5 – 20 % $NaNO_3$			
Stainless steels	5 % $NaNO_3$ +0.5 % NaCl			

SOURCE: Rumyantsev and Davydov (1984).

그림 4.33 전해디버링의 응용사례 (www.extrudehone.com/cation)

이점

- 값비싼 수작업 디버링을 하지 않아도 된다.
- 제품의 품질과 신뢰도를 향상시킨다.
- 원하는 정확도, 균일성, 반경 그리고 깨끗한 선단으로 버를 제거할 수 있다.
- 노동 비용의 감소할 수 있다.
- 높은 생산성을 위해 자동화될 수 있다.

Chapter

5

열적 공정

_Thermal Processes

5.1 방전가공 _ElectroDischarge Machining

5.1.1 서론 _Introduction

방전가공(electrical discharge machining, EDM)의 역사는 B. R.과 N. I. Lazarenko 부부가 제 2 차 세계대전 때 RC 회로를 발명하는 것으로부터 시작되었다. Lazarenko 부부는 전극과 소재 사이의 간격유지 및 아크 발생을 감소시키는 간단한 서보 제어기(servo controller)를 방전가공에 적용하여 아주 효율적으로 만들었다. 1940 년 이후로 형조방전가공은 펄스발생기, 유성 및 궤도 운동기술(planetary 그리고 orbital motion techniques), 컴퓨터 수치제어 그리고 적응제어시스템을 사용하는 것으로 발전하였다.

1960 년대에는 수학적 모델링에 관계된 수많은 문제들이 제기됨으로써 방전가공공정에 대한 광범위한 연구가 진행되었다. 1970 년대는 강력한 펄스 발생기, 새로운 와이어전극, 개선된 기계성능 및 좋은 플러싱으로 인한 와이어방전가공의 발전이 이루어졌다. 최근에는 가공비용이 적어도 30 % 감소하고, 표면정도는 15

배 개선된 상태에서 가공속도가 20 배까지 상승하였다.

방전가공은 다음과 같은 장점을 가진다.

1. 얇은 벽면과 미세한 형상을 가진 구멍을 만들 수 있다.
2. 복잡한 기하학적인 형상도 가능하다.
3. 가공물의 경도에 상관없이 가능하다.
4. 버(burr)가 발생하지 않는다.

5.1.2 재료제거 메커니즘 _Mechanism of material removal

방전가공에서 재료의 제거는 그림 5.1과 같이 절연액 속에서 두 전극 사이에 발생하는 전기적 스파크의 방전부식(electrodischarge erosion, EDE) 효과를 기초로 하며, 두 전극 사이의 고밀도 방전으로 발생된 극도로 높은 온도로 인해 공작물

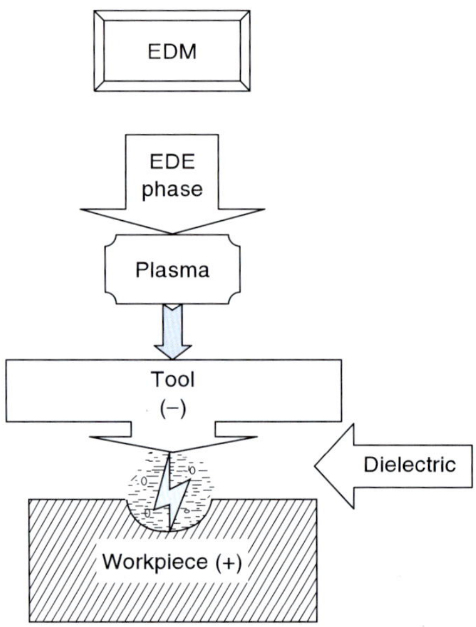

그림 5.1 방전가공 구성요소

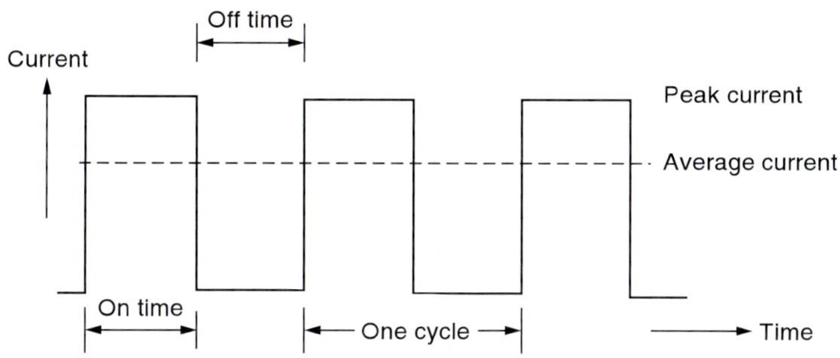

그림 5.2 ▮ 제어된 펄스 발생기를 위한 전형적인 방전가공 펄스전류 형태

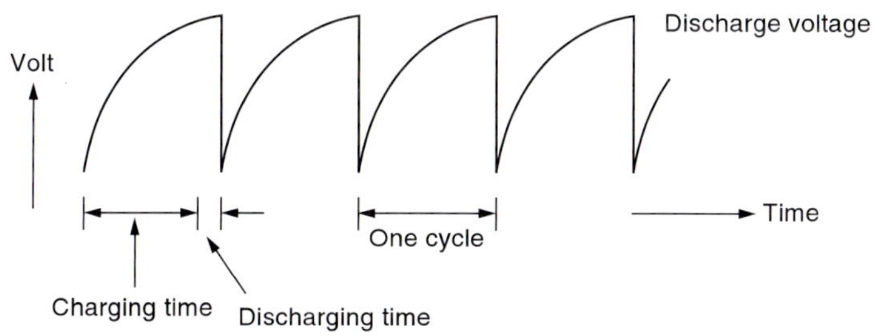

그림 5.3 ▮ RC 발생기를 사용한 시간에 따른 전압의 변화

이 용융 및 기화됨으로써 재료가 제거된다. 약 20 ~ 120 V 규모의 연속적인 전압 펄스(그림 5.2) 및 5 kHz 정도의 주파수는 보통 0.01 ~ 0.5 mm 의 아주 작은 간극을 두고 떨어져 있는 두 전극 사이에 발생된다. RC 발생기를 사용할 때 전압 펄스는 그림 5.3에서 나타난 바와 같이 재료제거에 영향을 미친다.

McGeough(1988)에 따르면 그림 5.4에서와 같이 전압 펄스의 작용은 절연액 속에서 10 μm 반경의 채널에 전기적인 절연파괴(breakdown)를 일으킨다. 절연파괴는 전압 펄스가 적용된 영역에서 음극으로부터 방출된 전자가 양극으로 가속되면서 발생하며 이 전자들은 절연체의 중성원자들과 충돌을 일으키고 양이온과 그 이상의 전자들이 각각 음극과 양극 쪽으로 가속된다.

전자들과 양이온들은 양극과 음극에 도달할 때 열 형태의 동적인 에너지가 전

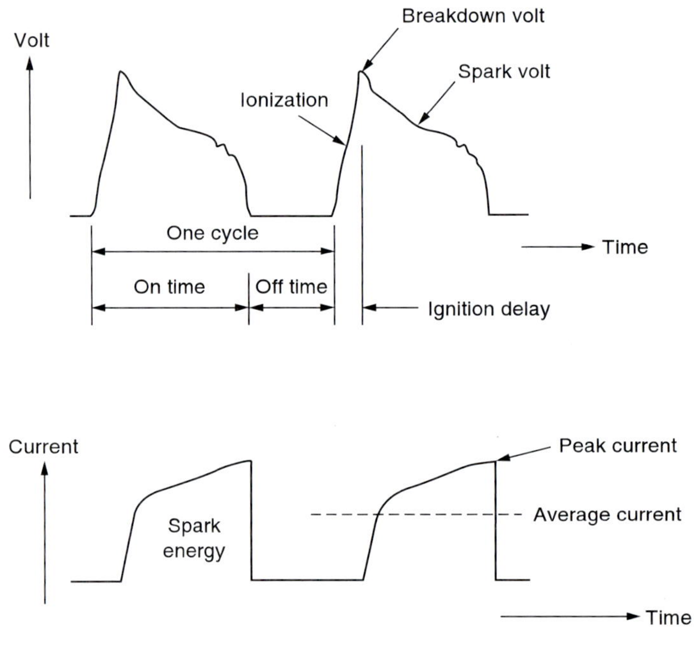

그림 5.4 방전가공 중 전압과 전류의 파형

달되고, 8,000 ~ 12,000 °C 의 온도와 10^{17} W/m^2 의 열 유동에 이른다. 보통 0.1 ~ 2,000 μs 사이의 매우 짧은 스파크가 지속되고, 전극의 온도는 전극재료의 녹는점 이상으로 국부적으로 상승된다. 절연액의 증발로 인해 플라즈마 영역에서의 압력은 200 기압만큼 급격히 상승되며 그러한 높은 압력은 과열된 금속이 기화되는 것을 막는다.

펄스 마지막에서, 압력은 갑자기 떨어지고 과열된 금속은 폭발적으로 기화된다. 그러므로 금속은 그림 5.5와 같이 전극으로부터 제거된다.

새로운 절연액이 밀려오면 가공된 칩은 플러싱되어 배출되며 공작물 표면을 냉각시킨다. 배출되지 않은 용융된 칩은 부적절한 재응고층(recast layer)으로 형성되어 고체화되고, 배출된 칩은 전극을 따라 절연액 속에 흩어져 얇은 구형태로 고체화된다. 이때 남아있는 증기는 소재의 표면으로 몰려온다. 충분한 휴지시간이

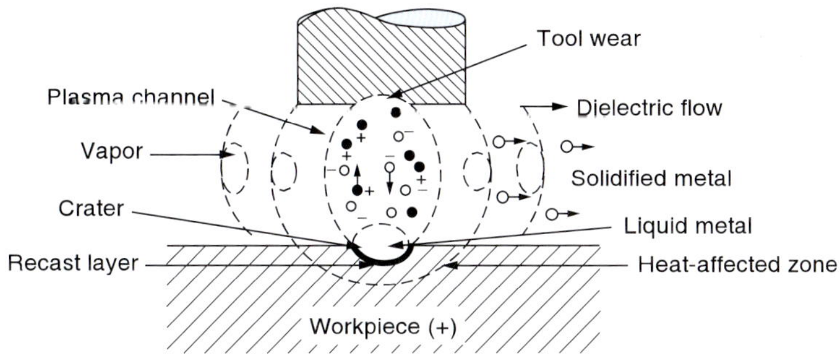

그림 5.5 방전가공에서의 스파크 발생

없으면, 가공 칩은 불안정한 방전을 일으킬 수 있으며 이로 인해 아크방전이 발생되어 전극과 소재에 악영향을 준다. 음극과 양극 사이에서 제거된 재료양의 관계는 전체 전류 흐름에서 전자와 양이온 각각의 영향에 달려있다. 전자 전류는 방전 초기단계에서 지배적인 영향을 끼치며 양이온은 전자보다 대략 10^4 배 크기 때문에 전자보다 쉽게 모이게 되고 결과적으로 가공물의 침식은 음극보다 양극에서 더 커지게 된다. 방전가공공정의 마지막 단계에서 플라즈마 영역은 더욱 넓어지고, 전극간극 사이의 전류밀도는 감소된다. 따라서 전자는 줄어들어 전류의 일부분과 양이온의 영향이 지배적으로 발생하고 균형적으로 더 많은 가공물이 음극으로부터 침식된다. 전압 펄스의 높은 주파수가 공급되면서 동시에 서보로 제어되는 공구는 공작물을 향해 이동되고 전극 전체의 길이에 따라 전달되어 불꽃방전이 일어난다. 그림 5.4는 방전가공이 일어나는 동안의 전압과 전류파형을 보여준다. 그림 5.6은 방전가공 시 RC 형태의 전원을 사용할 때 발생하는 주기적인 방전파형을 보여준다.

방전 주파수는 보통 1 초에 500 ~ 500,000 번의 스파크로 다양하게 변한다. 이러한 높은 빈도의 방전과 함께 개별적으로 일어나는 방전 주파수의 결합된 효과는 재료제거율에 상당히 큰 영향을 미친다. 또한 공구전극의 위치는 서보 메커니즘에 의해 제어되고, 유효방전을 통하여 가공효율을 증가시키기 위해 전극 사이를 일정한 간격(200 ~ 500 μm)으로 유지시킨다.

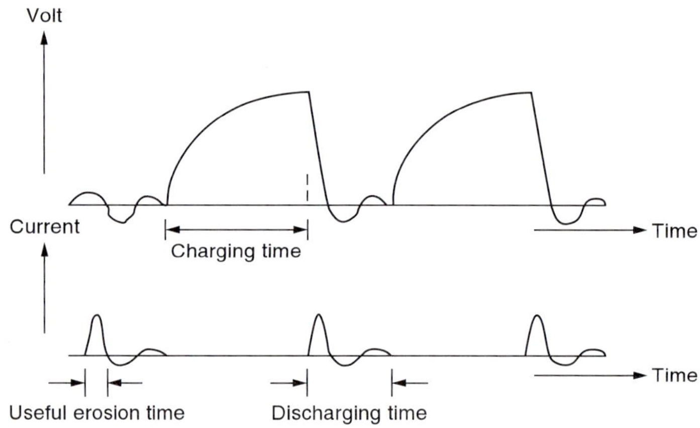

그림 5.6 RC형 전원에서의 주기적인 방전파형

방전가공의 성능은 동일한 에너지에서 전류 펄스의 형태에 따라 재료제거율, 공구전극마모 및 표면 정도 등을 측정하게 된다. 전극간극에서 입각한 4 가지의 다른 전기적 펄스들은 개방회로펄스, 스파크방전, 아크방전 그리고 단락으로 구분되며 보통 방전전압 또는 방전전류의 시간변화에 근거하여 정의된다. 재료제거율과 전극마모에 따른 효과는 완전히 다르며, 두 전극의 간극이 너무 클 때 발생하는 개방간극전압은 어떠한 전극마모나 재료제거에 영향을 미치지 않는다. 또한 전극과 소재 사이에서 갑자기 접촉이 일어날 때 미세한 단락이 일어나게 되는데, 이 역시 재료제거 공정에는 영향을 미치지 않는다. 개방전압과 단락의 극한범위(개방전압 < 방전가공 < 단락)에서 전극간극의 범위는 스파크방전과 아크방전과 같은 유효방전을 위한 실질적인 가공간극을 형성한다. 이런 점에서 아크방전은 전극표면의 동일한 점에서 발생할 것으로 생각되며, 전극과 소재에 심각한 손상을 줄 수 있다. 아크방전은 앞선 펄스에서의 플라즈마 영역이 충분히 탈이온화되지 않았을 때 아크방전이 발생한다고 생각된다. 다음 펄스 동안의 전류는 동일한 전류를 따라 흐르게 되며 이러한 경우, 스파크방전을 일으키는 새로운 전류를 형성할 시간이 필요 없게 된다. 즉, 스파크방전만이 실제로 재료를 제거하는 데 있어 도움이 된다.

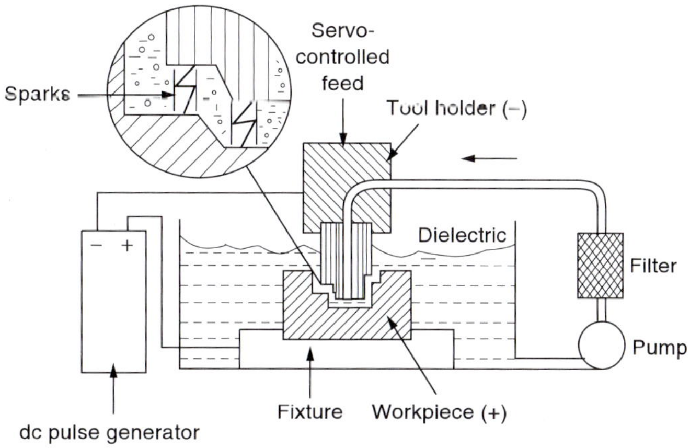

그림 5.7 방전가공시스템의 개념도

5.1.3 가공시스템 _The machining system

그림 5.7과 그림 5.8은 방전가공시스템의 주요 구성요소들을 보여준다. 구성요소들 중에는 두 전극 간에 실질적인 방전이 일어날 수 있는 일정한 가공간극을 유지하도록 서보로 제어되는 공구이송이 포함된다. 전원장치는 특정한 전압, 전류, 지속시간 그리고 휴지시간을 펄스파형으로 나타낸다. 절연액의 순환장치는 방전가공 후 발생되는 가공 칩들을 여과시킨 후 전극 간 사이로 흘려보낸다.

5.1.3.1 방전가공 전극 _EDM electrodes

재료 _material. 고융점과 뛰어난 전기전도성을 가지는 금속은 방전가공에서 전극재료로 널리 사용된다. 일반적으로 흑연은 마모 특성 및 가공성이 좋기 때문에 전극재료로서 많이 사용되고, 미세한 구멍도 흑연전극으로 가공될 수 있다. 구리는 마모 및 월등한 전기전도성을 가지고 있어 일반적으로 0.5 μm 범위의 표면조도 R_a를 가공하는 데 사용된다. 구리텅스텐과 은텅스텐은 텅스텐탄화물, 특히 좋지 않은 플러싱 조건에서 깊은 슬롯가공을 하는 데 사용되고, 높은 가공률 및 낮은 전극마모를 가진다. 그리고 구리흑연은 횡단면을 가지는 전극으로 사용되고,

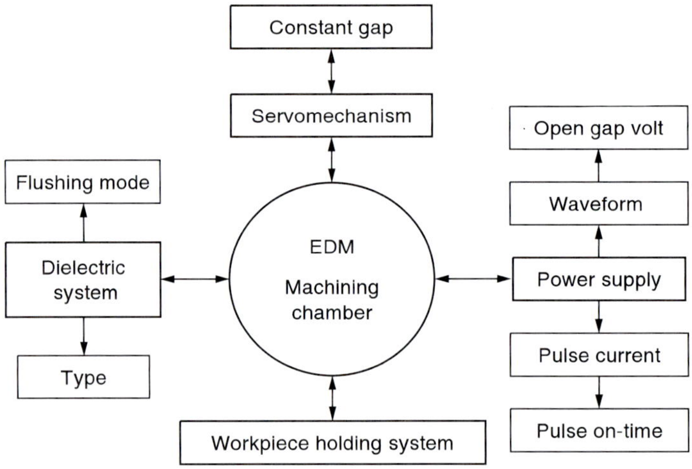

그림 5.8 방전가공시스템의 구성요소

흑연보다 전기전도성이 좋은 반면 코너 부 마모가 심하다. 황동은 안정적인 스파크 발생과 높은 전극마모를 수반하는 미세구멍을 가공하는 데 사용된다(*Metals Handbook*, 1989).

이송 movement. 서보로 제어되는 공구이송은 연속적인 회전 운동 뿐만 아니라 궤도운동도 가능하다. 전극의 회전으로 인해 미세 구멍 방전가공 시 발생하는 플러싱의 어려움을 해결하는 데 도움이 된다. 절삭속도가 증가할 때 가공되는 구멍은 전극을 회전시켰을 때가 회전시키지 않았을 때보다 더 뛰어나다. 회전하는 전극은 전극의 형상을 가지는 구멍을 가공할 수 있으며 전극의 크기와 회전반경(최대 2.54 mm)은 구멍의 크기를 결정한다. 또한 회전하는 전극은 간극에서 발생되는 가공칩을 절연액 속에서 펌핑하는 역할을 함으로써 플러싱을 개선할 수 있다.

극성 polarity. 전극극성은 소재와 전극재료에 따라 달라지며 표 5.1은 각각 다른 소재와 전극에서 사용가능한 전극극성을 보여준다.

표 5.1 ▮ 가공물 재료에 따른 전극극성

Electrode material	Work material				
	Steel	Tungsten carbide	Copper	Aluminum	Ni-base alloys
Graphite	+, −	−	−	+	+, −
Copper	+	+, −	−	+	+
Cu-W	+	+, −	−	+	+
Steel	+, −	+	−	−	−
Brass	−	−		+	−

SOURCE: *Metals Handbook* (1989).

전극마모 electrode wear. 용융점은 전극마모를 결정하는 데 가장 중요한 요소이다. 전극마모율은 끝단마모, 옆면마모 및 코너마모로 표현되며, 마모체적은 그림 5.9에서 알 수 있다. 무 마모 방전가공(No wear EDM)이라는 용어는 전극 마모/

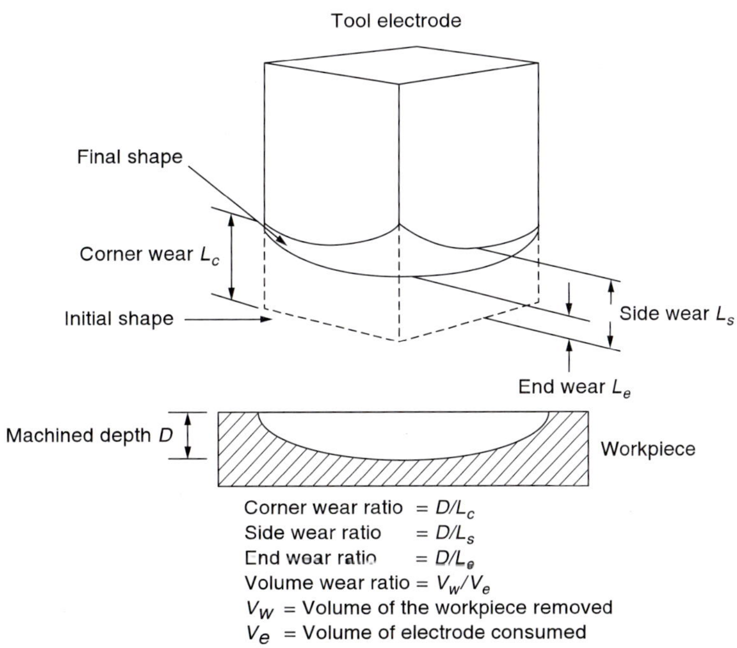

그림 5.9 ▮ 방전가공에서 전극마모의 형태 (Metals Handbook, 1989)

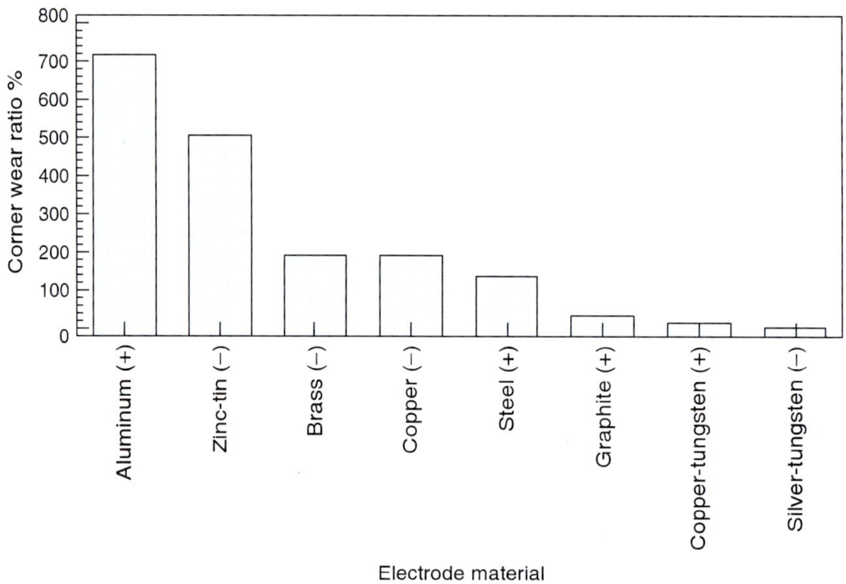

그림 5.10 각기 다른 전극 소재에서의 코너마모 비율

가공물 마모가 1 % 또는 그 이하일 때를 일컫는다. 전극마모는 전압과 전류, 전극재료 및 극성과 같은 방전가공에 관련된 인자들에 영향을 받는다. 전극마모로 인해 전극을 교체하여 가공하면 가공물의 형상결함을 야기시킨다. 전극마모는 미세가공 적용에 대해서 더욱 뚜렷한 영향을 미치며 그림 5.10에서 볼 수 있듯이 코너비율은 전극재료에 따라 달라진다. 알루미늄의 저융점은 높은 마모율과 연관되어 있고, 흑연은 마모에 영향을 덜 받는 경향이 있다. 또한 복잡한 전극형상을 가공하거나 금형소재로 사용될 수 있다. Kalpakjian(1997)이 설명한 전극소재의 마모율 W_t와 마모비율 R_w는 다음과 같은 식으로 나타낼 수 있다.

$$W_t = (11 \times 10^3) i T_t^{-2.38}$$

$$R_w = 2.25\ T_r^{-2.3}$$

여기서, W_t = 전극마모율, mm^3/min

i = 방전가공전류, A

T_t = 전극소재의 융점, °C

T_r = 전극대 소재의 융점비율

5.1.3.2 절연액 _Dielectric fluids. 절연액의 주요 기능은 다음과 같다.

1. 가공간극으로부터 침식된 부스러기들을 씻어낸다.
2. 전극과 소재 사이를 절연시킨다.
3. 방전효과에 의해 과열된 부분을 냉각시킨다.

방전가공 절연액의 주요 요구조건은 적당한 점도, 높은 인화점, 양호한 산화안정성, 최소한의 악취, 저비용, 그리고 전기적 방전효율이다(*www.unl.edu/nmrc/*). 대부분의 방전가공에서 등유는 기체기포 또는 악취를 완화시키는 첨가물을 같이 사용한다. 실리콘액체와 석유가 혼합된 액체는 뛰어난 효과를 가지며, 그밖에 다양한 등급의 절연액들은 에틸렌글리콜, 유화액 그리고 탈이온수와 같이 수용성을 가진다.

절연액의 플러싱은 안정적인 가공과 공차 그리고 높은 표면품질을 유지하는데 있어 주요한 역할을 한다. 불안정한 플러싱은 아크를 발생시킬 수 있고, 전극의 수명감소와 가공시간을 증가시킨다. 가공간극에 절연액을 사용하는 4가지 방법이 *www.unl.edu/nmrc/*에 소개되어 있다.

정상유동 _normal flow. 방전가공 대부분은 일정한 압력 하에서 전극을 통해 절연액을 주입하고 공구와 소재 사이의 간극을 통해 유동하도록 한다. 보통 플러싱 구멍은 가장 깊은 곳을 가공하는 부분에 위치하며, 그림 5.11에서 보듯이 가공물의 점점 커지는 입구부 때문에 전형적인 흐름이 때로는 바람직하지 않다.

역 유동 _reverse flow. 이 방법은 깊은 구멍을 가공하는데 특히 유용하게 사용되는데 보통의 유동으로 테이퍼 형상을 감소시킬 수 있다. 간극은 여과된 절연액으로 채워지며 이때 주입방식은 압력대신 진공을 사용할 수 있다. 전극과 소재

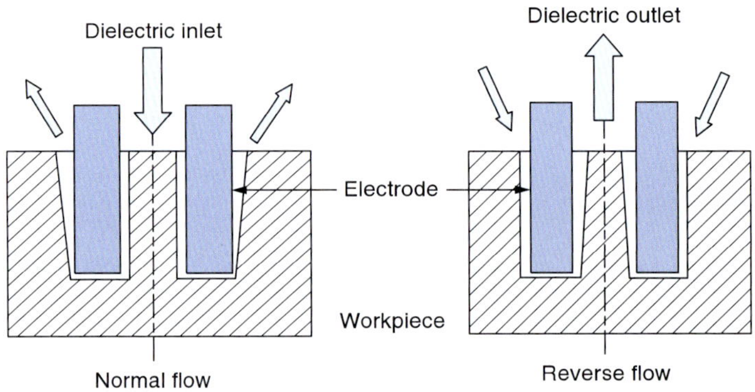

그림 5.11 보통의 절연액 플러싱 방식

사이로 깨끗한 절연액을 흘려보내면 옆면방전이 일어나지 않으므로 그림 5.11에서 보여주는 테이퍼 형상이 생기지 않는다.

제트 플러싱_jet flushing. 많은 사례를 통해 절연액을 스프레이 또는 제트방식으로 가공부위에 직접 분사함으로써 가공이 잘 되는 것을 알 수 있고 가공시간은 일반적이거나 역방향의 플러싱보다는 제트방식이 더 길다.

침수 플러싱_immersion flushing. 대부분의 얕은 가공과 얇은 두께에서의 관통된 구멍가공은 공작물과 전극을 절연액에 담궈 놓는 것만으로 충분하다. 절연액 냉각과 가공 칩 제거는 전극과 공작물 사이의 상대적인 운동을 제공함으로 증가될 수 있다(Zhixin, 1995). 전극의 주기적인 왕복 운동으로 인한 진동과 순환 방해는 상대적으로 공작물에 대하여 절연액이 펌핑되는 효과가 있다. 또한 공작물과 전극이 상호작용하여 주기적으로 발생하는 플러싱은 일부 기계에 이용될 수 있으며, 이러한 방식의 플러싱은 전극이 간극을 확장하기 위해 약간 후퇴되기 때문에 가공을 하지 않는 시간에 발생한다. 전극수명의 연장은 이 시스템을 사용한 것으로 보고되고, 기계적인 펄스방전가공과 함께 초음파진동을 주는 혁신적인 기술 및 제트플러싱, 전극펄스가 Masuzawa(1990)에 의해 보고되고 있다. 적절한 플러싱 조건은 *Metal Handbook*(1989)에 기재되어있다.

1. 공구를 통한 플러싱은 측면 플러싱보다 더 우선시된다.
2. 많은 작은 플러싱 구멍들은 소수의 큰 구멍보다 더 좋다.
3. 가공물과 전극 사이에 가공 부위에는 정상상태의 절연액 유동이 바람직하다.
4. 가공물의 반대편에 플러싱 압력에 의해 생성된 데드스폿(dead spot)은 피해야만 한다.
5. 통기구멍은 공구전극의 오목한 부분에 폭발적인 가스들의 축적을 막기 위해 필요하다.
6. 공극(Cavity)에 구멍이 존재하면 플러싱 박스는 유용하다.

5.1.4 재료제거율 _Material removal rate

방전가공에서 금속은 가공물과 공구전극으로부터 제거된다. 그림 5.12에서 보듯이 재료제거율은 가공물의 소재 뿐만 아니라 공구전극소재와 펄스조건, 전극극성 그

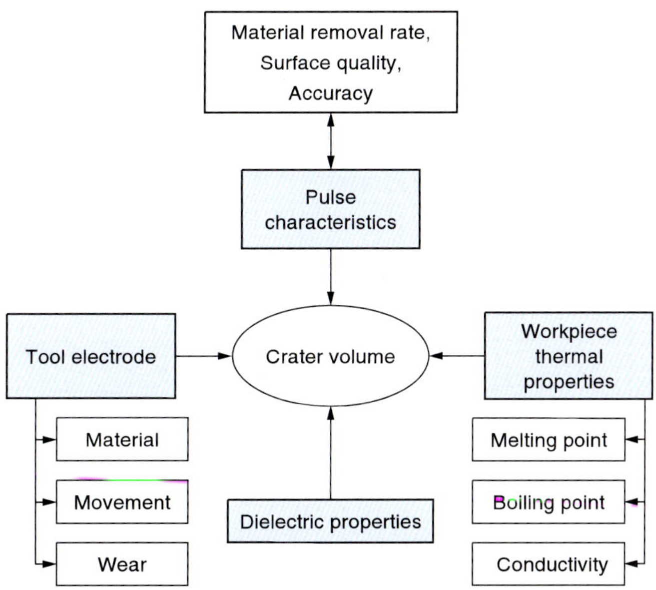

그림 5.12 방전가공에 영향을 미치는 변수

리고 가공매체에 따라 다르다. 저융점의 재료는 높은 재료제거율을 가지며 표면이 매끄럽지 못하고, 이때 일반적인 재료제거율의 범위는 0.1 ~ 400 mm^3/min 이다.

그림 5.13은 가공률과 다른 재료에서의 표면조도를 인용한 결과이다. 그림 5.14와 그림 5.15는 펄스 에너지(전류)의 효과와 방전흔적 및 제거율을 설명한다. 재료제거율 또는 체적제거율(VRR, mm^3/min)은 Kalpakjian(1997)에 의해 설명되었다.

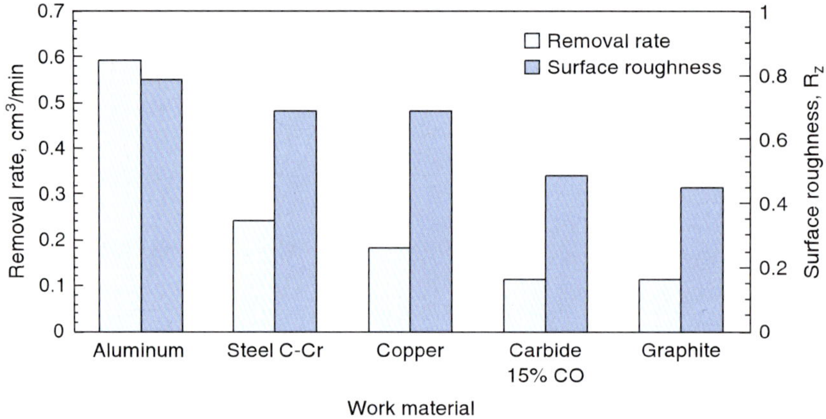

그림 5.13 ▌소재별 방전가공에서 재료제거율과 표면조도(El-Hofy, 1995)

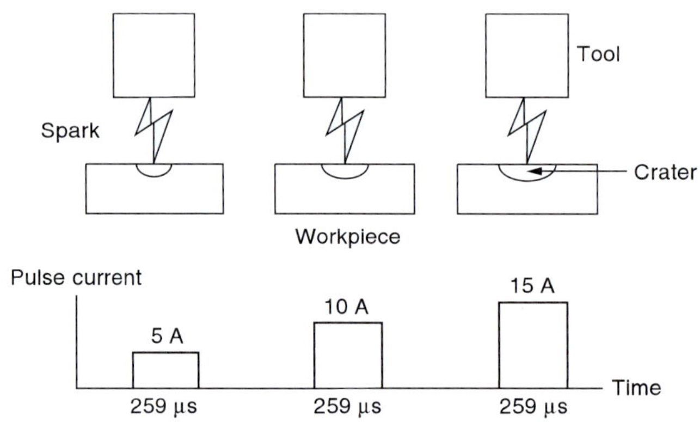

그림 5.14 ▌재료제거율과 표면조도에 따른 펄스전류(에너지)의 효과

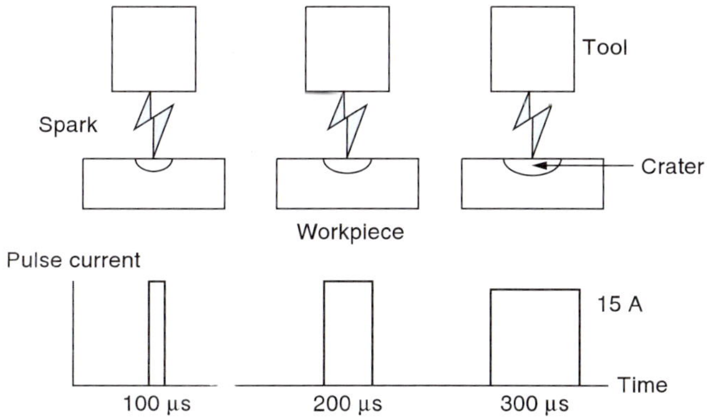

그림 5.15 재료제거율과 표면조도에 따른 펄스 온 타임(에너지)의 효과

$$\mathrm{VRR} = (4 \times 10^4) i T_w^{-1.23}$$

여기서, i는 방전전류(A), T_w는 공작물 소재의 융점(°C)이다.

5.1.5 표면 무결함 _Surface integrity

방전가공표면은 수 μs 동안 지속되는 스파크 방전에 의해 형성된 많은 크레이터들로 이루어져 있다. 이 크레이터들은 재료의 물리적·기계적 특성 및 가공매체의 조성 뿐만 아니라 그림 5.14와 5.15에서와 같이 방전 에너지와 지속시간에 따라 다르게 나타난다. 1 초당 수천 번 발생하는 방전효과는 특정한 정확도와 표면 정도를 지닌 가공물의 형상을 만들어 내는 결과를 가져온다. 크레이터 깊이는 보통 표면조도인 R_t(peak-to-valley)로 나타내며, 가공 변형층(damaged layer)의 최대 깊이는 평균 표면조도 R_a의 2.5 배 수준이 된다. Delpreti(1977), Motoki와 Lee (1968)는 보통 표면조도가 평균 표면조도의 10 배 정도로 간주했다. 평균 표면조도는 펄스전류 i_p(A)와 펄스 지속시간 t_p(μs)로 표현될 수 있다.

$$R_a = 0.0225\, i_p^{0.29}\, t_p^{0.38}$$

유사한 관찰이 Benhadad(1991), Dauw와 Brown(1990)에 의해 보고되었고, Stavitskaya와 Stravinski(1979)는 크레이터들의 상호 중첩(overlapping)에 의해 형성된 가공면 거칠기가 크레이터 깊이의 3 배라고 주장하였다. 그러므로

$$R_a = \frac{K_h^2 W^{0.33}}{12}$$

여기서, $K_h = 0.4 \sim 0.75\ \mu m/\mu J^{0.33}$ 그리고 W는 펄스 에너지(μJ)이다.

표면조도는 재료제거율의 증가와 함께 선형적으로 증가한다. Jeswani(1978)는 흑연 전극은 금속보다 더 거친 표면을 나타낸다고 보고했다. Jeswani(1978)는 펄스 주파수 f_p와 전원 P_r의 관점에서 조도를 표현한 반면 Crookall와 Khor(1974)는 방전당 크레이터 체적(crater volume)/재료제거(metal removal)와 표면조도 H_{rms}의 관계를 설명했다.

$$H_{rms} = 267\left(\frac{P_r}{f_p}\right)^{0.258}$$

또한, Jeswani는 펄스 에너지가 감소함으로써 표면정도가 향상된다는 의견을 제시했고, 결과적으로 가공된 표면(자유연마깊이)으로부터 형성된 모든 크레이터 깊이가 감소한다고 하였다. 이 깊이는 H_{rms}의 3 ~ 6 배 정도의 값을 가지며, 금형을 연마할 때 가공면에서 잔류응력을 제거할 시 중요한 요인으로 작용한다. Masuzawa와 Saki(1978)는 보조 전극을 사용하는 빠른 전해방전연삭(electrochemical discharge grinding)을 도입하였다. 열영향부의 제거와 함께 22 ~ 8 μm로의 표면조도 R_{max} 감소의 결과를 얻었다. 반대로 가공된 표면의 외형은 전기방전텍스처링(electro discharge texturing, EDG)을 사용함으로 만족스런 결과로 나타났다.

Kunieda와 Furuoya(1991)는 방전간극 사이에 산소가스를 주입하면 산소의 반응에 의해 여분의 에너지가 공급되는 것을 주장했고, 순차적으로 가공물의 용융이 증가하고 재료제거율과 표면조도를 증가시키는 보다 큰 배출력이 생성되었다. 가공면 커스프 제거를 위해 방전가공이 사용될 때, 방전가공의 마무리 공정에서는 실리콘 파우더를 절연액에 첨가한다. 결과적으로 Mohri와 Saito(1991)는 45 ~ 10 μm 표면조도 R_{max} 변화를 보고했다. 방전간극에 있어서 바람직한 절연액 유동

의 선정에 의해서 표면조도 값을 50 % 까지 감소시키는 상당한 효과를 나타내고 가공속도를 증가시키며, 가공물 표면에서 열적인 영향을 감소시킨다.

The *Machining Data Handbook*(1997)은 매끄러운 표면을 얻기 위한 방전가공에서는 낮은 점성을 가지는 절연액을 추천한다. Benhadad 등(1991)은 알루미늄-리튬 합금에 있어서 가공 부품의 인장 강도는 표면조도의 증가에 따라서 감소되었다고 보고하였고, 이러한 감소는 증가된 펄스전류에 의해서 더욱 심해졌다. 열영향층은 강재의 80 μm 에 비해서 200 μm 에 도달하였는데, 이는 재료의 열 전도도 차이 때문이다. 공정변수들의 적절한 선택에 의해 일반 공차는 대략 ± 5 μm 에서 ± 25 μm 의 값을 가진다.

5.1.6 열영향부 _Heat-affected zone

방전온도가 8,000 ~ 12,000 °C 에 이르면, 야금학적인 변화가 소재의 표면층에서 발생한다. 게다가 5 μJ 방전 에너지에서 1 μm 의 얇은 재응고층, 높은 방전 에너지에서는 25 μm 의 재응고층이 형성된다. Delpretti(1977), Levy와 Maggi (1990)는 재응고층에 근접한 열영향부가 25 μm 정도에 이른다고 주장했다. 가공물의 풀림 열처리는 가공면 바로 아래의 재응고층에서 형성된다고 예상할 수 있다. 방전으로 인해 용융된 칩이 반드시 절연액으로 배출되지는 않는다. 배출되지 않고 남아있는 용융된 재료는 가공물 전체로 열 전도가 일어나게 되어 빠르게 냉각됨으로써 단단한 표면을 형성한다. 풀림 열처리층의 깊이는 방전가공에 사용된 에너지양에 비례하며, 사상 가공에 있어서 그 깊이는 50 μm 에서 대략 200 μm 의 높은 재료제거율을 가진다. 풀림 열처리층은 보통 사상 가공에서 모재 아래에 단단한 2 지점에 보통 위치한다(그림 5.16).

황삭가공에서 풀림 열처리효과는 대략 모재 아래의 단단한 5 지점에 위치한다. 더욱 안정적인 가공을 위해서 전극을 선택하는 것은 풀림 열처리효과를 감소시킬 수 있다. 사상 가공은 이전의 고속 황삭가공 후에 남겨진 풀림 열처리된 재료를 제거한다. 방전가공 중에 형성된 표면 변질층(altered surface layer)은 합금의 피로

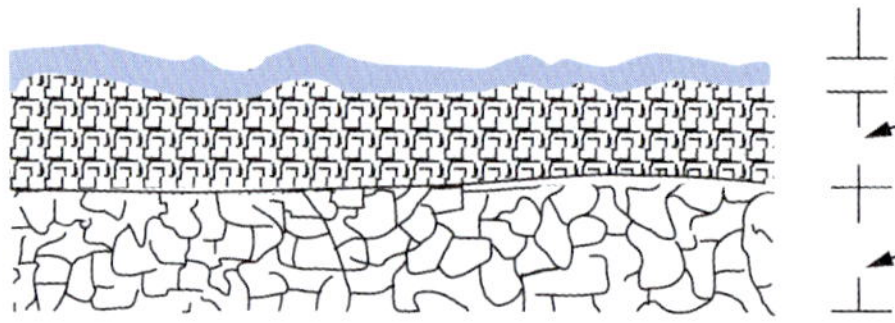

그림 5.16 EDM haet-affected zones

강도를 현저히 낮춘다. 표면 변질층은 미세크랙의 존재 유·무를 갖는 재응고층으로 구성되어 있는데, 이것은 모재로 확장될 수 있을 뿐만 아니라 재경화되고 담금질된 층 그리고 열영향부와 입계 침전물과 같은 야금학적인 변화까지도 이어질 수 있다. 일반적으로 황삭 방전가공 동안에 용융되어 재응고층을 포함하며 미세조직구조변화를 보여주는 표면 변질층은 0.127 mm 보다 작다. 방전가공 시 높은 응력을 받은 표면의 피로강도를 향상시키는 후처리 공정이 필요하며 저응력 연마, 화학적인 가공 그리고 야금학적 형태의 코팅 및 재열처리(reheat treatment)로 표면 변질층을 제거한다.

5.1.7 적용사례 _Application

방전가공은 현대 생산·제조산업에서는 필수적인 공정으로 열 저항합금, 초합금 그리고 카바이드와 같은 가공하기 힘든 재료들을 고도의 복잡한 형상으로 가공한다. 구멍과 슬롯, 금형의 미세가공에서는 작동 시간을 감소시키며 유지보수가 필요 없는 컴퓨터통합생산·제조시스템(computer-intergrated manufacturing)기반 방전가공이 요구되며 표면증착, 개질, 텍스처링(texturing), 밀링, 그리고 기계적 펄싱의 공정들이 방전가공에 응용될 수 있다.

5.1.7.1 드릴링 _Drilling. 방전가공 드릴링은 가공칩을 제거하기 위해서 전극의 내부 구멍으로 절연액을 분사하는 튜브 형상의 전극을 사용한다. 단단한 로드의 전극을 사용하여 절연액은 전극 내부 구멍을 통해 분사되거나 흡입되어 가공부로 이송된다. 불규칙적이며 테이퍼되고 커브를 가지는 구멍들은 방전가공이 가능하

다. McGeough(1988)은 가공물에서 0.1 ~ 0.5 mm 의 직경을 가공하기 위해 1 mm/min 의 이송을 주고 방전가공 드릴링하여 0.01 ~ 0.05 mm 의 오버컷을 측정하였다. 단단한 합금의 터빈 블레이드 냉각로는 방전가공을 이용해서 가공이 가능하며, 방전가공 드릴링 시 많은 수의 구멍을 정확하게 가공할 수 있도록 컴퓨터 수치제어시스템이 사용되었다.

5.1.7.2 톱가공_Sawing. 방전 톱가공(ED sawing)은 그림 5.17에서와 같이 특수한 디스크를 사용하는 디스크 톱가공(disc sawing)을 변화시킨 것이다. 가공공정은 전통적인 연마 톱가공(abrasive sawing) 절삭속도의 2 배로 전도성을 가지는 재료를 가공한다. 가공부의 Kerf는 디스크 톱가공(disc sawing)의 Kerf보다 더 작으며 버가 발생하지 않는다. 빌렛(billets)과 바(bar)의 가공에 일반적으로 사용된다. 6.3 ~ 10 μm 의 사상가공 시 0.025 ~ 0.130 mm 깊이의 재응고층 형성이 The *Machining Data Handbook*(1997)에서 보고하였다.

5.1.7.3 구 형상의 가공_Machining of spheres. Shichun과 동료들(1997)은 ± 1μm 정도의 치수정확도와 0.1 μm 보다 작은 표면조도를 가지는 오목하고 볼록

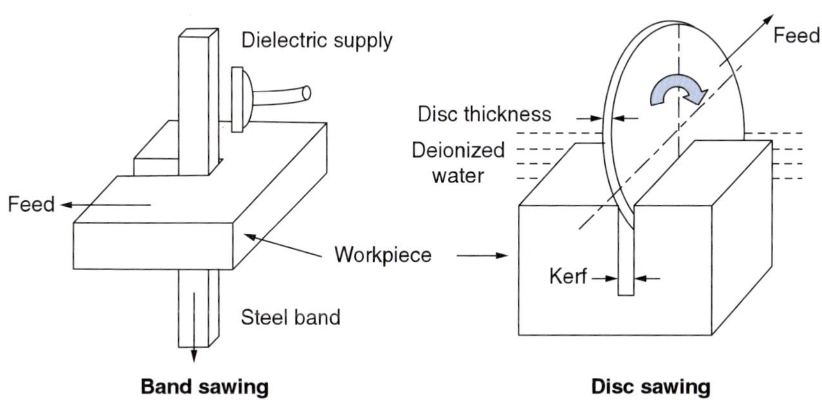

그림 5.17 방전 톱가공(ED sawing)의 개념도

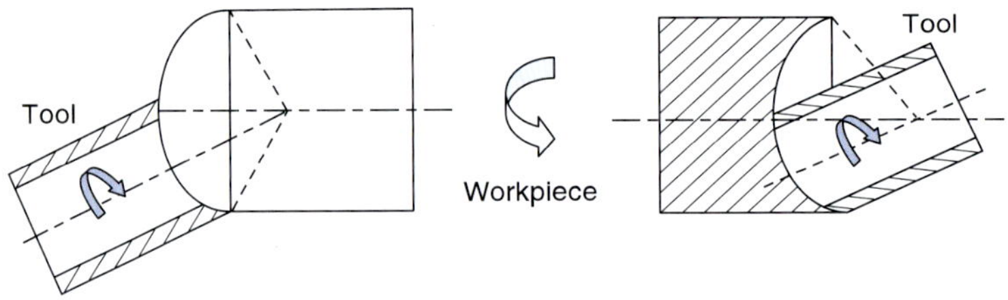

그림 5.18 회전식 방전가공

한 구들을 튜브 모양의 전극을 사용하여 방전가공 하였다. 그림 5.18에서 회전식 방전가공은 가공물과 전극을 배열하여 전도성이 있는 세라믹을 구 형상으로 가공하는 데 사용하였다.

5.1.7.4 금형 가공 _Machining of dies and molds. 방전가공 밀링은 원기둥형 전극을 사용한다. 방전가공의 수치제어는 원하는 깊이로 전극을 제어한 후 연속적으로 스윕시켜 복잡한 구멍을 가공한다. 단순한 형상을 가진 전극(그림 5.19)은 높은 회전수로 회전하고 전통적인 엔드밀 공정과 같이 특정한 공구 경로를 따라 움직인다. 이 기술은 방전가공이 기계적인 밀링 공정의 역할을 함으로써 매우 유용하게 이용될 수 있으며 그림 5.20의 그림에서는 정확하고 복잡한 형상의 전극들을 생산하여 3 차원 형상의 금형을 가공하는 것보다는 방전가공 밀링을 사용하면 쉬워진다. 또한 방전가공 밀링에서는 고속으로 회전하는 전극 주위의 절연액도

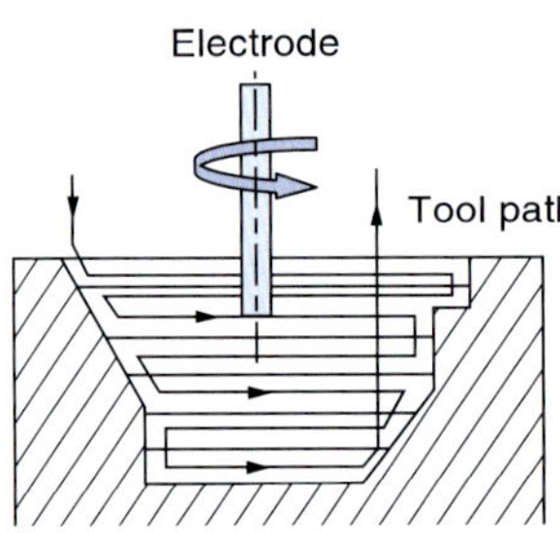

그림 5.19 형조 방전 밀링가공

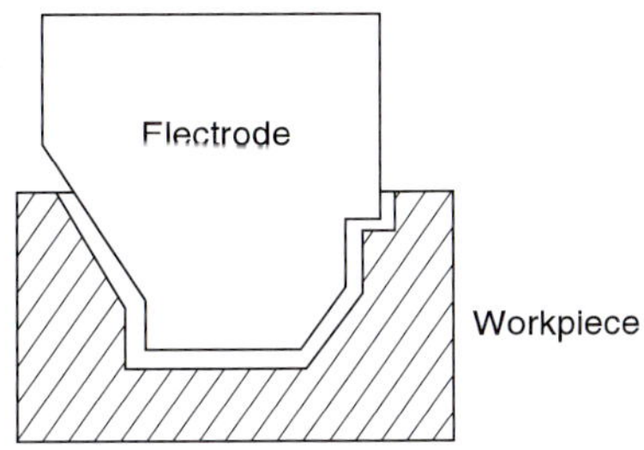

그림 5.20 ▌ 형조 방전가공

회전하여 가공칩이 원활하게 제거된다. 형상 전극의 회전으로 전극 마모가 최적화될 수 있다. 방전가공 밀링의 단점은 회전하는 공구전극 때문에 예리한 코너를 가지는 복잡한 형상을 가공할 수 없다는 것이다. 그림 5.21은 형조방전가공공정의 흐름도를 나타낸다. 이런 시간이 많이 소비되는 공정들은 그림 5.22의 방전가공 밀링을 사용함으로 간소화 될 수 있다. 또한 밀링, 와이어커팅, 그리고 형조방전

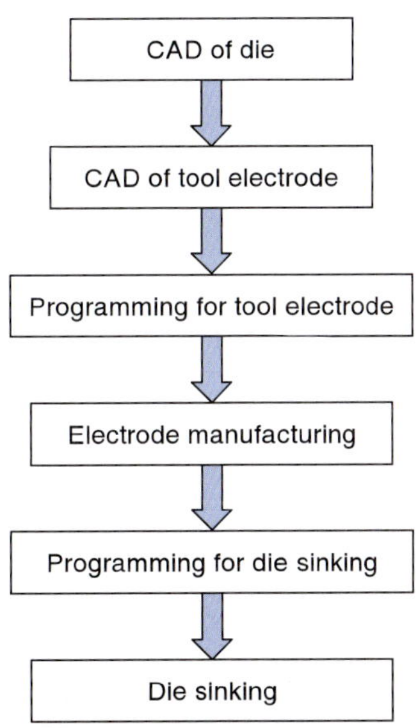

그림 5.21 ▌ 형조 방전가공의 흐름도

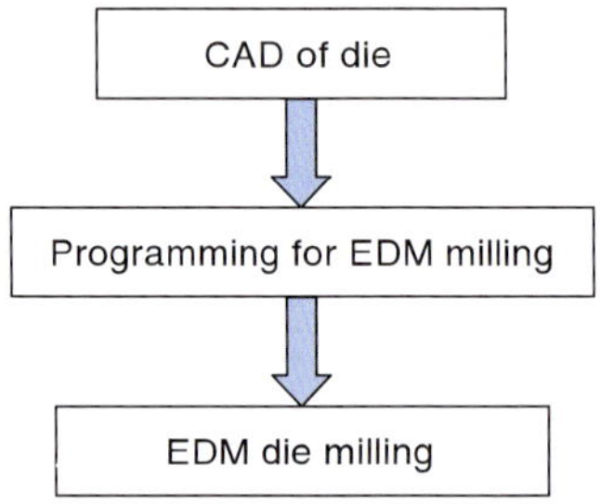

그림 5.22 형조 방전가공 밀링의 흐름도

가공기(EDM die sinking)와 같은 다양한 공작기계의 사용을 필요로 하는 전통적인 금형을 가공하는 데 방전가공 밀링이 사용될 수 있다.

5.1.7.5 와이어 방전가공 _Wire EDM. 와이어 방전가공은 전도성 와이어전극을 연속적으로 이송시켜 가공하는 방전가공의 형태로서 재료제거는 새로운 와이어전극이 가공물로 이송되어 스파크 방전을 통해 소재를 침식시켜 발생한다. 그림 5.23에서 보듯이 대부분의 경우 컴퓨터 수치제어가 테이블의 수평운동을 제어하여 가공물을 침식시키는 와이어 전극의 경로를 결정한다. 와이어 방전가공은 다결정

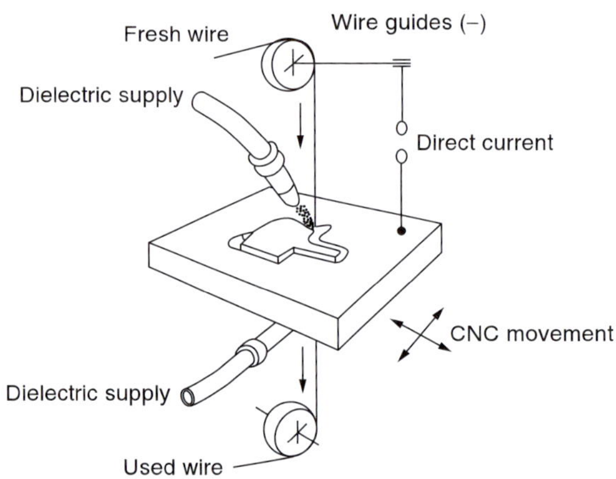

그림 5.23 와이어 방전가공의 개념도

다이아몬드(polycrystalline diamond)와 입방정 질화 붕소(cubic boron nitride) 블랭크(blanks) 및 다른 기지의 복합체와 같은 매우 단단한 재료의 가공이 가능하며, 카본 섬유 복합체는 항공우주 및 원자력, 자동차 및 화학 산업에서 많이 사용하고 있음에도 박리(delamination), 분열(splintering) 및 버형성(burr formation)과 짧은 공구수명으로 전통적인 가공법으로는 가공하기 어렵다. Kozak 등(1995)은 왜곡(distortion)과 버(burr)를 발생시키지 않고 카본 섬유 복합체를 정확한 모양으로 가공하는 데 와이어 방전가공을 사용하였고, 최근에는 Tani 등(2004)에 의해 절연 세라믹들을 가공하는 데 사용하고 있다.

5.1.7.6 절연 세라믹의 방전가공 _EDM of insulation ceramics. 절연 세라믹들은 그림 5.24의 장비에 의해 방전가공 된다. 금속박판그물을 세라믹 재료 위에 위치시키고 스파크 방전은 음극의 공구전극과 양극의 금속박판그물 사이에서 발생한다. 이러한 스파크들은 금속박판그물에서 세라믹 표면으로 전달되고 세라믹 표면은 침식된다. 그림 5.25에서는 이 방법에 의해 가공된 중국 항아리를 보여준다.

5.1.7.7 텍스처링 _Texturing. 텍스처링은 냉간 압연(cold rolling)의 마지막 단계에서 강판에 적용된다. 쇼트 블라스팅(shot blasting)은 비용이 저렴하며 전통적인 텍스처링 방법으로서 단단한 강볼(steel shot)을 빠른 속도로 롤에 발사하여 거친 표면을 만든다. 쇼트 블라스팅은 제어가 불가능하며 일관성이 없다. 그리고 롤이 고정되어 있는 부분의 다른 부품들을 보호해야 한다. 오늘날 롤은 더 단단해지고

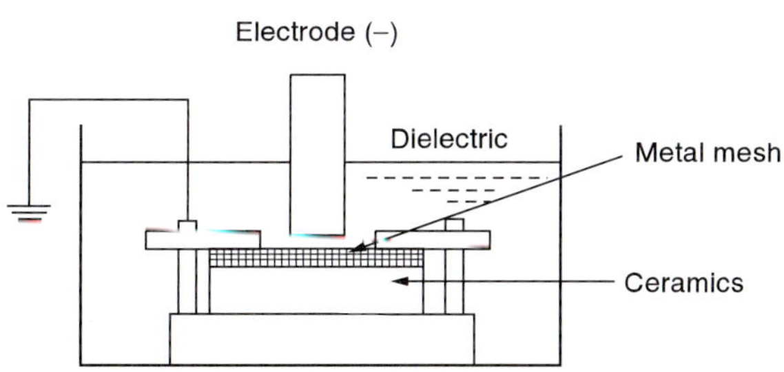

그림 5.24 절연 세라믹의 방전가공(Fukuzawa 등, 1995)

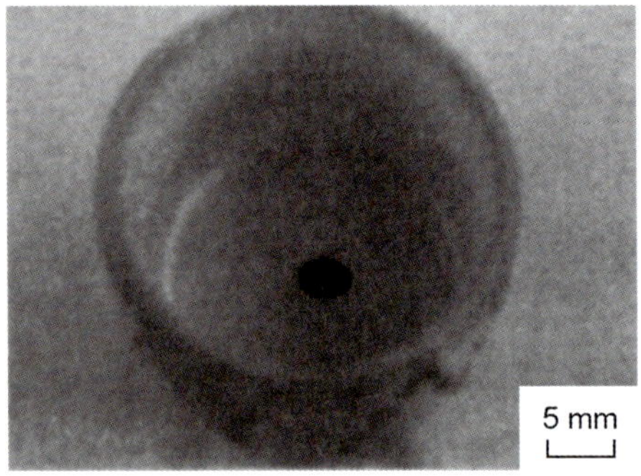

그림 5.25 방전가공으로 가공된 중국 항아리 (Fukuzawa et al., 1995)

있으며 Pawleski 등(1994), Ahmed과 Knight(1988)에 의해 쇼트 블라스팅(SB)시 시간이 지날수록 롤의 거칠기 및 방전횟수가 더 이상 향상되지 않는 단점을 언급하였다. 방전텍스처링은 방전가공의 변형으로서 재료제거 및 표면과 모재내부개질이 작으며 롤의 경도에 상관없어 가장 많이 사용되고 있다. 방전텍스처링은 짧은 방전 지속시간 동안 공구전극과 롤(가공물) 사이에 고강도의 전기적 스파크를 발생시켜 가공하며 절연액(등유 등)은 가공칩을 제거한다(Aspinwal 등, 1991). 각 스파크의 방전 에너지는 롤 재료를 부분적으로 용융 및 기화시켜 작은 크레이터들을 형성한다. 펄스전류, 지속시간, 정지시간, 전극 극성 및 재료, 절연액 종류 그리고 롤 회전속도 등을 선정하면 높은 수준의 정확도 및 일관성 있는 가공결과를 얻을 수 있다. 그림 5.26은 방전텍스처링 장비를 설명하는데, 회전하는 롤은 손가락모양의 전극들로 구성된 텍스처링 헤드에 의해 가공이 되며, 전극을 이송시킬 수 있는 서보 기구로부터 각 전극들은 전기적으로 절연되어 있다. McGeough와 Rasmussen(1992)은 2 ~ 10 A 의 전류와 10 ~ 100 μs 의 스파크 지속시간을 제어하는 전류증폭기를 다중채널전원에 사용하였다. 쇼트 블라스팅에 방전텍스처링을 적용하였을 때 Aspinwal 등(1989)은 방전횟수제어는 표면조도와는 독립적이라고 보고하였다.

가공물 롤의 굴곡에 맞춰진 구리 전극 또는 흑연 복합체를 사용하는 것을 El-

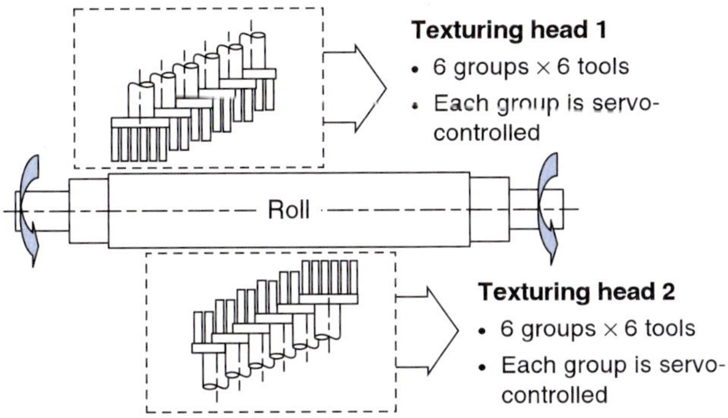

그림 5.26 방전텍스처링 가공시스템

Menshawy와 Ahmed(1985)가 적용하였다. 방전 텍스처링 동안 가공물 롤은 진동감소를 위해서 단단하게 고정되고 스핀들은 10 ~ 40 rpm 으로 회전한다. 가공물 롤회전과 방전 텍스처링 헤드 부의 축 방향 이송 운동이 동시에 움직인다. Amalnik와 동료들(1997)은 많은 수의 전극을 사용하면 기계 자본 비용은 증가하지만, 텍스처링에 필요한 시간 감소와 비용이 낮아진다고 하였다. 스파크방전에 영향을 미치는 펄스전류의 증가는 방전 에너지를 플라즈마 채널에 골고루 분산되게 하여 더 큰 크레이터가 형성되며 표면이 거칠어지고, 방전횟수 또한 감소한다.

5.1.7.8 마이크로 방전가공 _Micro-EDM. McGeough와 De Silva(1996)는 방전가공은 1.0 mm/min 의 낮은 가공속도와 10 의 종횡비(depth-to-diameter)에서 일반적으로 0.1 ~ 1.0 mm 범위의 구멍을 가공할 수 있다고 주장했다. 더 좋은 정밀도 및 더 빠른 방전가공의 수요가 증가하고 있고, 이러한 수요를 충족시키기 위해서 Chen과 McGeough(1994)는 20 mm/min 의 이송속도에서 깊이 100 mm, 직경 0.5 ~ 1.0 mm 의 정확한 구멍을 가공하는 신속한 마이크로 방전가공기술을 보고했다. Fujino 등(1995)은 텅스텐 카바이드 합금에 0.2 mm 직경의 구리텅스텐전극으로 300 μm 의 직경의 미세구멍을 가공했다. Allen과 Huang(1995)은 저점도 절연액에서 다중전극으로 5 μm 정도의 직경을 가지는 구멍을 마이크로 방전가공하는 것을 설명하였다. Masuzawa와 동료들(1994)은 마이크로노즐 제작을 위해

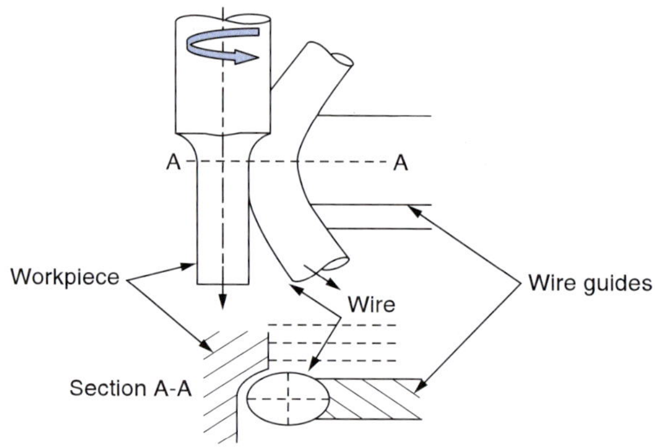

그림 5.27 와이어방전연삭의 원리

전기주조방법과 결합된 와이어 방전가공을 개발했고, 이에 더해 Allen과 Lecheheb (1996)는 얇은 스테인리스 강판에서 작은 방전 에너지를 사용하여 직경 75 μm 의 잉크 젯 구멍을 가공하였다. 와이어방전연삭의 원리는 그림 5.27에서 설명된다. 와이어방전연삭의 재료제거방법은 방전가공의 원리와 동일하다. 공구전극은 금속 와이어를 사용하며 금속 와이어는 와이어 가이드의 홈을 따라 5 ~ 10 mm/min 의 속도로 천천히 이송된다. 와이어의 이송은 방전가공 시 공구전극이

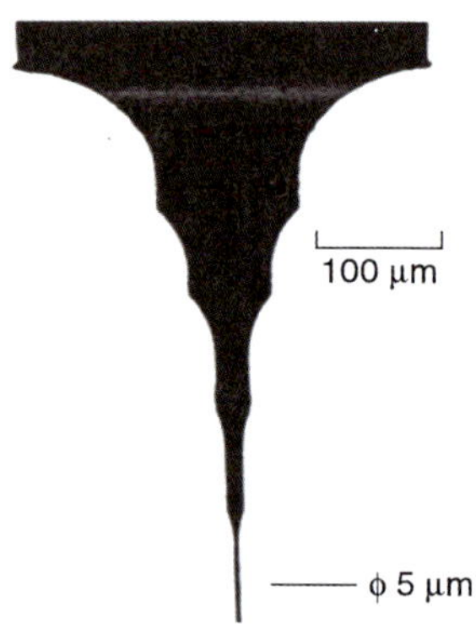

그림 5.28 와이어방전연삭에 의해 가공된 마이크로 핀
(Masuzawa와 Tonshof, 1997)

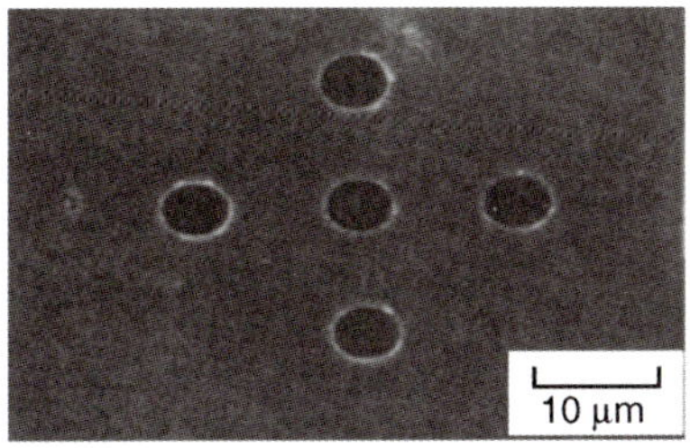

그림 5.29 ▮ 방전가공에 의해 가공된 미세구멍 (Masuzawa와 Tonshof, 1997)

그림 5.30 ▮ 마이크로 방전가공에 의해 가공된 마이크로캐비티 (Masuzawa와 Tonshof, 1997)

마모되는 문제점으로부터 자유롭다. Masuzawa와 Tonshof(1997)는 회전하는 가공물을 아래 방향으로 이송시켜 마이크로 핀(그림 5.28)을 제작했다. Yamazaki 등(2004)은 공구에 의해 가공된 구멍을 이용하여 마이크로 핀을 제작하는 새로운 방법을 개발했다. 와이어방전연삭을 활용하는 마이크로 방전가공은 이미 산업계에서 활용되고 있으며, 5 μm 직경을 가지는 구멍을 가공할 수 있다(그림 5.29). 형상화된 전극을 사용하여 다양한 모양의 구멍을 가공할 수 있고, 그림 5.30은 50 μm 정도의 십자형 전극을 사용하여 캐비티(cavity)의 가공형상을 보여주고 있다.

5.1.8 공정제어 _Process control

방전가공감시와 제어는 단발방전을 모델링하는 기본적인 연구에서 적응제어, 전문가시스템, 퍼지논리 및 인공적인 신경회로망과 같은 온라인 시스템기반의 확률적인 모델(시스템에 종속하는 역학적 데이터)로 발전 되어가고 있다. El-Menshawy와 동료들(1985)은 비정상적인 방전을 줄이기 위한 고주파방법을 고안하였음에도 방전가공에는 주요한 어려움이 남아있다. 일찍이 방전가공적응 제어시스템은 기본적으로 방전간격전압 파형으로부터 "무부하" 전압조건을 확인하는 것인데, 무부하 전압이 없는 전기적 방전이 시작되면 펄스 휴지시간은 이러한 비정상적인 전기적 방전을 없애기 위해 증가한다. 비정상적 방전으로 가공이 향상된다면 펄스 휴지시간은 다시 감소한다. Lauwers와 Kruth(1995)가 퍼지적응 제어개념을 도입하기 전에는 사전에 방전가공의 반응제어에도 불구하고, 방전가공 품질을 일관되게 하는 것은 어렵다.

근대에는 숙련된 작업자들이 수행하는 전문가 시스템이 기본적이다. 간단하게 말해서, 가공품질은 방전가공 시 불안정한 성질들을 알 수 있는 실험적인 지식들로부터 얻는 퍼지법칙에서 결정되고, 그 후에 적절한 전기적 가공 조건을 결정하기 위해 신호처리기가 제공하는 정보를 사용한다. Dauw와 Van Coppenolle(1995)는 퍼지제어기를 사용하는 현재 산업장비들을 설명하며, 특히 방전가공에서 인공적인 신경회로망들은 퍼지회로에 결합될 때 부가적인 공구로서 사용이 가능하다고 말했다. Lauwers와 Kruth(1995)가 고안한 방전가공 감시 및 오프라인 방전가공에 인공적인 신경회로망들은 이미 사용되고 있으며, 간단한 응용으로서 펄스 지속시간과 전류는 입력으로 정상적 및 비정상적인 (원하지 않는) 펄스들은 출력으로 분류된다. 신경회로망에서 가공 깊이, 조도 그리고 정확도는 출력에서 가공조건과 상호 연관되고 신경회로망의 산업적인 형태는 현재 이용이 가능하다.

5.1.9 방전가공 자동화 _EDM automation

자동화된 재료선택 및 높은 수준의 컴퓨터 생산·제조시스템을 방전가공에 적용하는 것은 밀링(milling) 및 터닝(turning)과 같은 전통적인 가공공정에 이러한 시스템을 적용한 것보다 천천히 진행되고 있다. 최근 사용되는 CAD/CAM과 통신제어의 발전은 현대 생산·제조시스템의 자동화로 이어졌으며 방전가공에 적용될 수 있다. Dauw와 Van Coppenolle(1995)이 언급한 많은 이유들로 인해 방전가공은 컴퓨터통합생산·제조(computer intergrated manufacturing)에 적합하다. 전통적인 가공공정에 비교하여 상대적으로 낮은 생산율을 가지는 방전가공에 CAD, 컴퓨터지원 공정계획(Computer-aided process planning) 그리고 가공을 기반으로 한 진보된 소프트웨어를 적용할 수 있다. 이 3 가지 기술들은 독립적으로 작용하면서 방전가공에 CIM이 완벽하게 융합되어야 한다. 방전가공의 원리에 대해 이해하고 있는 숙련된 방전가공작업자들이 부족하며, 비용을 절감하고 효율적으로 제품을 생산하는 방전가공 자동화에 CIM을 융합시킴으로 이러한 현상을 해소할 수 있다. 또한, 도면용 자와 테이프 또는 CAD 시스템을 사용한 고전적인 방법을 이용하여 공구디자인을 할 수 있다.

그 후에 공구전극은 밀링과 터닝을 포함하는 몇몇 생산공정을 사용하여 제조될 수 있다. 마지막으로 방전가공기계의 유연한 공구 및 소재 이송시스템을 사용하여 공구를 척 홀더에 위치시킨 후, 컴퓨터지원 공정계획(CAPP)으로부터 공구정보를 받을 수 있다. CIM 개념에서 방전가공 머시닝센터는 다른 머시닝센터에 통합될 수 있고, 방전가공 생산기계는 작업현장에서 현재 사용 중인 CAD/CAM 시스템에 통합된다. 방전가공, NC 밀링, 터닝 그리고 드릴링 기계들은 LAN을 통한 다중사용자인터페이스(multiuser interface)에 의해 중앙 CAD/CAM 시스템과 통신한다(Dauw와 Van Coppenolle, 1995).

5.1.10 환경영향 _Environmental impact

방전가공 가공공정의 환경적인 영향은 1990 년대에 새 법률이 제정되고 난 후에 상당히 증가하고 있다. 방전가공은 그림 5.31에서 설명한 잠재적인 위험이 있는데, 방전가공간극의 높은 온도는 위험한 연기와 증기 및 에어로졸을 발생시킨다. 그리고 가공물에서 발생한 가공 칩들은 절연액 및 침식 슬러리로 축적될 수 있다. 탄화수소 절연액은 피부에 좋지 않고, 예리한 각을 가진 금속 입자들은 피부에 상처를 입힐 수 있다. 더욱이 상당한 화재 위험성이 존재하고, 주위 환경이 좋지 않을

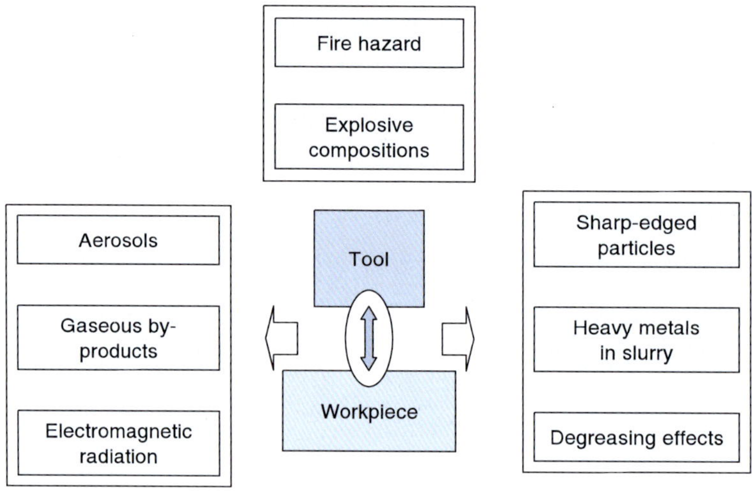

그림 5.31 방전가공의 잠재적 위험요소

경우 폭발이 발생할 수 있다. 전기적 에너지 소비의 감소는 환경친화적일 뿐만 아니라 경제적 이익에도 분명하게 영향을 준다. 그러기 위해서는 새로운 유형의 발생기 및 정밀한 제어시스템을 사용함으로써 공정효율을 지속적으로 증가시켜야 한다.

형조방전가공은 오일베이스의 절연액을 사용하여 탄화수소 가스를 발생시켜 건강에 해가 될 수 있다. 이에 대체 절연액을 사용하는 것에 의해 탄화수소 가스의 방출을 감소시키고, 탄화수소추출시설을 개선시키는 연구가 진행되어야 한다. 형조방전가공과 달리 와이어방전가공은 탈 이온수를 절연액으로 사용한다. 탈 이온수 가스는 유독성이 없을지라도 오존으로 인해 장기적으로 환경에 영향을 주며, 염소 방출을 염두에 두어야 한다. 게다가 환경적인 법률들이 더 강화되어 폐수를 처분하는 데 갈수록 어려워진다. 와이어방전가공 절연액을 환경 친화적으로 재사용하는 방법이 Levy(1993)에 의해 고안되었고, 방전가공방법에서 “청정기술”이 Tonshof 등(1996)에 의해 평가되었다.

5.2 레이저빔가공 _Laser Beam Machining

5.2.1 서론 _Introduction

현대에는 다양한 종류의 탄화물(carbides), 섬유로 강화된 복합 소재, 스텔라이트(stellites) 그리고 세라믹(ceramics) 등 고강도 열 저항 합금과 같은 난삭성 재료들을 가공하기 위한 방법들이 있는데, 이러한 재료들을 전통적 가공방법을 이용해서 가공하면 어느 특정한 부위에서 높은 절삭력이 발생하고, 이러한 절삭력을 소재가 견디지 못 할 수 있다. 레이저빔가공(laser beam machining, LBM)은 열전도성과 비열, 용융점 및 끓는점 온도와 같은 소재 특성에 좀 더 어울리는 좋은 해결책을 제시한다.

레이저(laser)는 light amplification by stimulated emission of radiation의 약자이다. 높은 진직도, 단색광, 지속적인 광선 빔이 발생되며 작은 점에 집중되어짐으로 높은 파워 밀도(10^6 W/mm^2)를 얻을 수 있다. 또한 표 5.2에서 볼 수 있듯이 연속적인 파장(CW) 또는 펄스 모드(PM)의 레이저, 또는 분자형태, 이온, 고체상태 타입 등의 크고 다양한 레이저를 레이저 시장에서 볼 수 있다. 레이저는 플레이팅과 열 처리, 외장재, 합금, 용접 그리고 가공을 포함하는 많은 산업에서 널리 사용된다. 레이저빔가공 시스템을 그림 5.32에서 나타내고 있다.

표 5.2 ▌ 다양한 형태의 레이저

Laser type		Wavelength, nm	Typical performance
Solid	Ruby	694	Pulsed, 5 W
	Nd-YAG	1064	Pulsed, CW, 1 – 800 W
	Nd-glass	1064	Pulsed, CW, 2 mW
Semiconductor	GaAs	800 – 900	Pulsed, CW, 2 – 10 mW
Molecular	CO_2	10.6 μm	Pulsed, CW, <15 kW
Ion	Ar^+	330 – 530	Pulsed, CW, 1 W – 5 kW
	Excimer	200 – 500	Pulsed
Neutral gas	He-Ne	633	CW, 20 mW

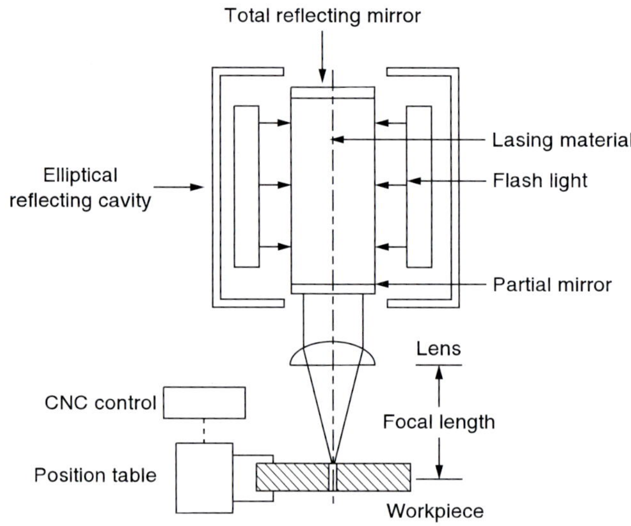

그림 5.32 ▮ 레이저빔가공 개념도

5.2.2 재료제거 메커니즘 _Material removal mechanism

그림 5.33을 보면 표면에서 반사되지 않은 빛들은 흡수되고, 시험 편 표면을 가열시킨다. 충분한 열을 받은 가공물은 용융과 기화를 시작한다. 레이저 가공의 물리적 작용은 가공되는 표면에서 반사와 산란(scattering)에 의한 손실로 인해 매우 복잡하다. 부가적으로 벌크 소재 속으로의 열 확산은 상 변화, 용융 또는 증발을 야기시킨다. 메커니즘은 파워 밀도와 빔 상호작용 시간에 따라 열의 흡수와 전도에서부터 용융과 기화까지 진행된다. 높은 강도의 레이저 빔은 흡수와 산란 손실로 인해 가공 효율이 감소하고, 또한 소재 표면에 플라즈마 연기(plasma plume)를 형성하기 때문에 추천되지 않는다.

레이저에 의한 가공은 높은 밀도의 빔이 전도, 대류 및 복사에 의해 잃은 에너지 보다 클 때 발생하고, 더욱이 복사는 소재 속으로 침투하고 흡수되어야만 한다. 레이저 빔의 파워 밀도, P_d는

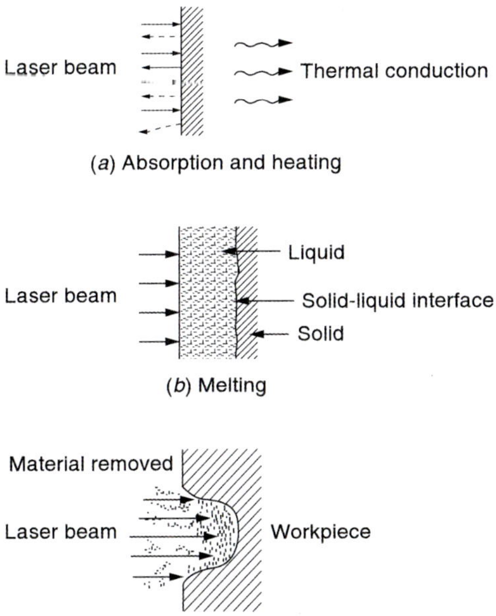

그림 5.33 레이저빔가공 동안 발생하는 물리적 작용

$$P_d = \frac{4L_p}{\pi F_l^2 \alpha^2 \Delta T}$$

스팟 사이즈의 직경(the size of the spot diameter) 크기 d_s는

$$d_s = F_l \alpha$$

가공률 ϕ(mm/min)는 아래 공식으로 설명될 수 있다.

$$\phi = \frac{C_l L_p}{E_v A_b h}$$

$$A_b = \frac{\pi}{4}(F_l \alpha)^2$$

$$\phi = \frac{4C_l L_p}{\pi E_v (F_l \alpha)^2 h}$$

체적제거율(VRR, mm^3/min)은 아래 공식에 의해 계산될 수 있다.

$$\mathrm{VRR} = \frac{C_l L_p}{E_v h}$$

여기서, P_d = 파워 밀도, W/cm^2

L_P = 레이저 파워, W

F_l = 렌즈 초점 거리, S

ΔT = 펄스 지속시간, rad

α = 재료에 대한 빔 다이버전스나 변환 효율

E_v = 재료의 증발 에너지, W/mm^3

A_b = 초점에서 레이저 빔이 조사되는 부분, mm^2

h = 소재의 두께, mm

d_s = 레이저 빔이 집중되는 부분의 직경, mm

레이저빔가공에서 가공물의 재료는 빛의 반사와 흡수 및 전도 등의 영향들을 통해 용융과 증발되어짐으로 제거된다. 이 영향들에 관한 가공재료의 행동이 재료제거율을 결정한다. 반사력은 파장과 재료의 특성, 표면 정도, 산화 수준 및 온도에 따라 다르다.

주어진 파장에서 반사력이 높은 재료는 반대로 더 낮은 제거율을 가진다. 이런 점에서 대부분의 금속은 낮은 파워 밀도에서 입사된 복사의 대략 90 % 가 반사된다. 반사력 수준은 상당히 감소될 수 있고 재료가공성은 표면상태의 변경에 따라 증가될 수 있다. 반사되지 않은 빛은 흡수되는데, 이 빛은 금속에서 전자를 더 높은 에너지 상태로 만든다. 전자에 의해 흡수된 에너지는 신속하게 격자로 전달된다. 충분한 열을 받은 가공물은 용융과 기화를 시작한다. 플라스틱을 증발시키기 위해 필요한 최소 레이저 에너지는 메탈의 증발을 위한 에너지보다 낮다. 이러한 재료의 열 특성은 낮은 열 전도성, 확산율 및 용융점을 가지는 재료에서 가공성이 증가된다는 것으로 나타난다. 대부분의 비금속은 낮은 열전도성을 가지고, 10.6 μm 파장의 CO_2 레이저를 흡수한다. 그러므로 플라스틱 소재는 낮은 파워의

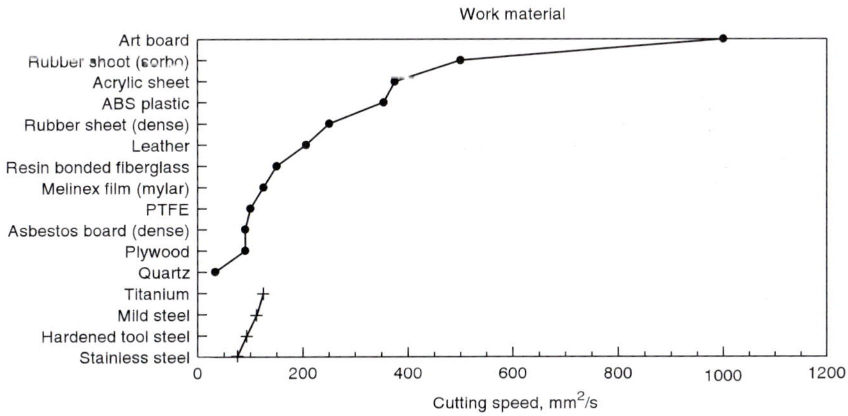

그림 5.34 CO_2 레이저빔가공에서 절삭속도(El-Hofy, 1995)

CO_2 레이저에 의해 쉽게 용융될 수 있다.

금속은 비금속에 비해 더 높은 반사력과 열 전도성을 가지기 때문에 비금속은 금속보다 높은 속도에서 가공한다(그림 5.34). 더욱이 같은 절삭속도에 도달하기 위해서 더 높은 파워 밀도를 가지는 레이저들이 금속재료에 사용되어야만 한다.

높은 가공속도에서 작은 깊이의 변질층 형성은 레이저빔가공의 장점이다. 가스의 도움을 받은 레이저에서는 토치의 열이 1 차적으로 용융과 산화를 일으킨다. 가공은 산화 공정으로부터 열의 배출에 의해서 이루어진다. 또한 가스 기류 유동은 가공 부에서 산화물을 제거하는 데 기여한다. 이러한 방법을 사용하여 티타늄 두께 0.5 m, 이송속도 15 m/min, 135 W 의 CO_2 레이저로 0.375 mm 의 열영향 층을 남기고 절삭하였다. 염소 반응가스를 사용하여 두께 0.025 mm 구리와 10 mm 의 티타늄을 2.4 m/min 의 이송속도로 절삭하였다. 가스 노즐직경이 더 작고 가공물 표면으로부터의 더 좁은 거리에서 분사하는 것이 절삭 특성이 더 좋았다는 것을 명심해야 한다. 가스 압력 또한 절삭속도와 절삭 특성을 결정하는 데 중요한 부분을 차지하였다. 그림 5.35는 넓은 재료의 범위에서 상대적인 가공성 지표를 보여주는데, 100 % 를 가지는 재료는 Ti.6Al.6V.2Sn이고 그림 5.36에서 보듯이 가장 높은 속도로 절삭된다.

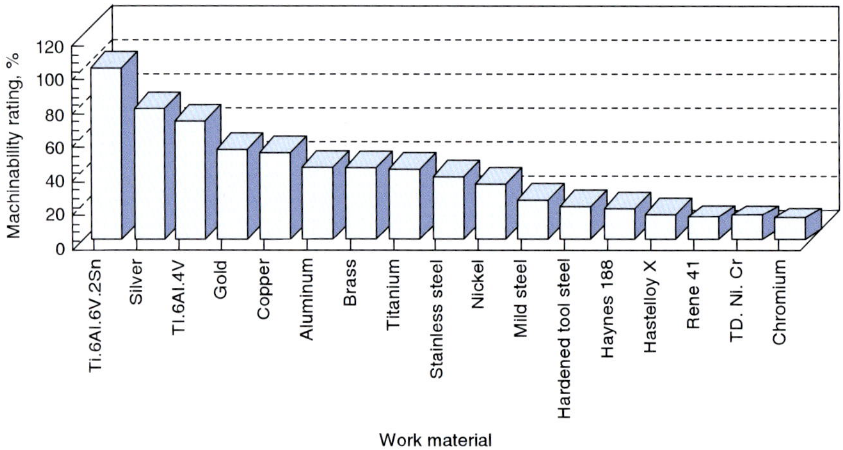

그림 5.35 레이저빔가공에서 각 재료들의 가공성(El-Hofy, 1995)

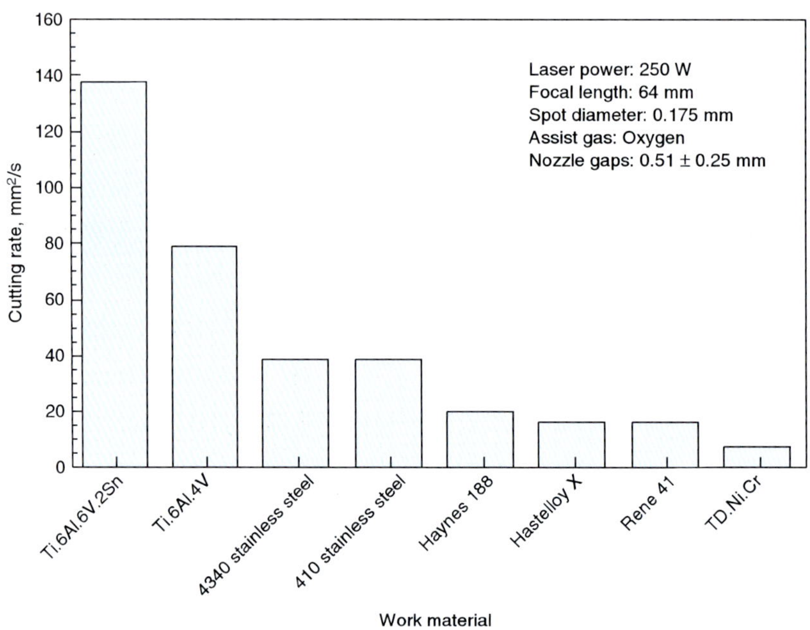

그림 5.36 가스 지원 레이저빔가공에서 항공우주용 합금소재의 절삭속도 (El-Hofy, 1995)

5.2.3 적용사례 _Application

5.2.3.1 드릴링 _Drilling. 복합재료와 몇몇 특이 합금(exotic alloy)은 항공기의 엔진과 프레임의 구조적 및 비구조적인 요소를 제작하는 데 널리 사용되고 있다. 슈퍼합금은 2,000 °C 의 온도에 도달되는 주물, 블레이드와 가이드 팬 및 애프터 버너와 같은 항공 엔진의 가스 통로 부품들을 제작하기 위해 자주 사용된다.

진보된 세라믹과 티타늄 합금이 개발되고 있으며 현재 사용 중이다. 이러한 재료들은 제작과 공정에 있어서 진보된 기술들을 필요로 한다. 전통적인 드릴링과 펀칭은 재료 인성 때문에 불충분하다는 것을 알 수 있다. 전해가공, 전해드릴링, 방전가공, 초음파가공, 워터제트가공 및 연마워터제트가공과 같은 다른 비전통적인 가공법은 높은 비용의 공구와 긴 도입 시간에 영향을 받는다. 다른 가공공정과 비교하여 높은 절삭속도에서 정밀한 구멍을 가공하는 레이저빔가공의 가능성을 Snoeys 등(1986)이 검토하였다. 1970 년대 이후로 레이저 드릴링은 큰 규모의 생산 적용에 있어 비용, 품질 및 신뢰성 측면에서 효율적인 방법으로 증명되었다. 레이저 드릴링은 아래 3 가지 방법에 의해 수행된다.

A. 직접 타발 드릴링(direct percussion drilling). 하나 또는 다수의 집중된 레이저 펄스들을 적용함으로 요구된 구멍크기를 가공한다. 구멍크기는 입력 파워와 집중된 레이저 펄스들의 조정을 통해 결정되는데, 많은 구멍들이 높은 에너지의 단 레이저 펄스로 가공되는 반면, 이것은 낮은 에너지를 이용하여 다수의 펄스로 깊은 구멍을 가공하므로 더 효율적이다. 이러한 조건에서 Yeo 등(1994)과 Tam 등(1990)은 좀 더 정교한 구멍을 가공했다.

B. 드릴링과 리머가공(drill and ream). 필요한 직경의 홀을 크게 하기 위해 스팟 사이즈(spot size)를 증가시키는 것으로, 시범 구멍을 드릴링하는 것으로 시작하고, 후에 레이저 인자들을 변화시킨다. Allen과 Huang(1997)에 의해 소개된 대안적인 방법으로는 레이저 빔을 사용하여 시범 구멍을 가공하고 나서 실제 크기의 구멍을 가공하기 위해 방전가공을 적용하는 것이다.

C. 트리패닝(trepanning). 부분을 움직이거나 레이저 빔 시스템의 이동 및 렌즈를 순환시켜 큰 구멍을 가공하기 위해 사용된다. 각 펄스들의 낮은 에너지 때문에 재응고층과 진원도의 벗어남(out-of-cylindericity)이 감소된다. 그러나 이 공정은 빔의 직경을 회전시키는 것으로 구멍직경을 쉽게 조절할 수 있다.

구멍 품질 특성_hole quality characteristics. 직경과 깊이(diameter and depth). 레이저빔가공을 사용하여 직경 1.5 mm 까지 구멍을 가공하는 것은 경제적으로 효율적이다. 큰 직경에서는 트리패닝(trepanning) 방법이 추천된다. 레이저로 가공된 구멍의 기하학적 특성들이 종횡비(depth-to-diameter at midspan of the hole) 측면에서 설명된다. 종횡비는 빔의 광학적인 특성과 재료의 열적인 특성에 따라 다르다. 직경이 0.25 ~ 1.0 mm 되는 깊은 구멍을 가공하는 데 있어 10:1 보다 높은 특유한 종횡비가 Yeo 등(1994)에 의해 보고되었다. 50:1 의 종횡비와 ± 5 ~ 20 % 직경 드릴링 공차가 *Machining Data Handbook*(1997)에서 보고되었다.

테이퍼와 베럴링(taper and barreling). 구멍직경의 5 ~ 20 % 의 범위의 테이퍼 각도는 구멍 깊이가 증가할수록 감소한다. 테이퍼는 펄스 지속시간과 에너지 및 펄스의 수에 따라 다르고 광학 시스템 디자인에 따라서도 다르다. 일반적으로 펄스 지속시간이 짧으면 테이퍼는 더 커질 수 있다. Yeo 등(1994)에 따르면 캐비티(cavity)의 일부분으로부터 재료가 탈락된 형태의 베럴링은 보조 가스 압력을 감소함으로써 줄일 수 있다.

재응고층과 미세균열(recast layer and microcracking). 가공부에서 용융되고 증발된 재료를 효율적으로 제거하는 낮은 파워 밀도를 선택하는 것은 재응고층을 감소시킬 수 있다. 주변 재료들의 가열을 감소시키기 위하여 짧은 펄스 지속시간과 낮은 반복률을 사용하는 것은 미세균열(microcraking)을 감소시킬 수 있다. 일반적으로, 높은 가공속도에서 작은 깊이의 표면 변질층 형성은 레이저빔가공에서의 장점이다.

입구부 각(entrance angle). 레이저 빔은 10 ~ 90 ° 까지 다양한 입구부 각도로 구멍을 드릴링할 수 있다. 표면의 입구부 각도가 작게 될 때 표면에 효율적인 파워 밀도가 감소된다. 이런 상황에서는 레이저의 파워를 증가시키거나 빔의 품질을 증가시키는 것이 필요하다.

드릴링 시간(drilling time). 17 mm 까지의 깊은 구멍가공은 급속 펄스모드(rapid-pulsed-mode)에서 레이저 빔을 작동시키는 것으로 실현될 수 있고 총 시간은 1 펄스당 전달되는 에너지의 양에 비례한다. Yeo 등(1994)은 비슷한 종횡비를 가지는 구멍들이 비슷한 가공 시간(20:1 의 종횡비는 7 초가 요구됨)에서 가공될 수 있다는 것을 알았다.

구멍 품질에 관련된 인자_Parameters affecting the quality of holes. 표 5.3은 레이저 빔 드릴링 능력을 나타낸 반면 그림 5.37은 드릴링 된 구멍의 품질에 영향을 미치는 다양한 인자들을 나타낸다.

펄스 에너지(pulse energy). 요청된 피크 파워는 펄스 지속시간을 일정하게 유지시키면서 펄스 에너지를 증가시켜 얻어내야 한다. 긴 펄스로 구멍을 가공하면 홀 입구부의 확장을 야기한다.

펄스 지속시간(pulse duration). 구멍가공에 적합한 펄스 지속시간의 범위는 0.1 ~ 2.5 ms 이다. 높은 펄스 에너지(20 J)와 짧은 펄스 지속시간은 항공우주 재료에서 깊은 구멍가공을 하기 위해 적합한 것으로 알려진다.

표 5.3 레이저 드릴링 성능

Hole feature	Range
Diameter	0 005 – 1.27 mm, larger in trepanning
Depth	1.7 mm
Angle	15 – 90 °
Taper	5 – 20 % hole diameter
Depth/diameter ratio	50:1
Drilling depth (trepanned)	6.4 mm
Tolerances	± 5 – 20 % diameter
Minimum corner radious	0.25 mm

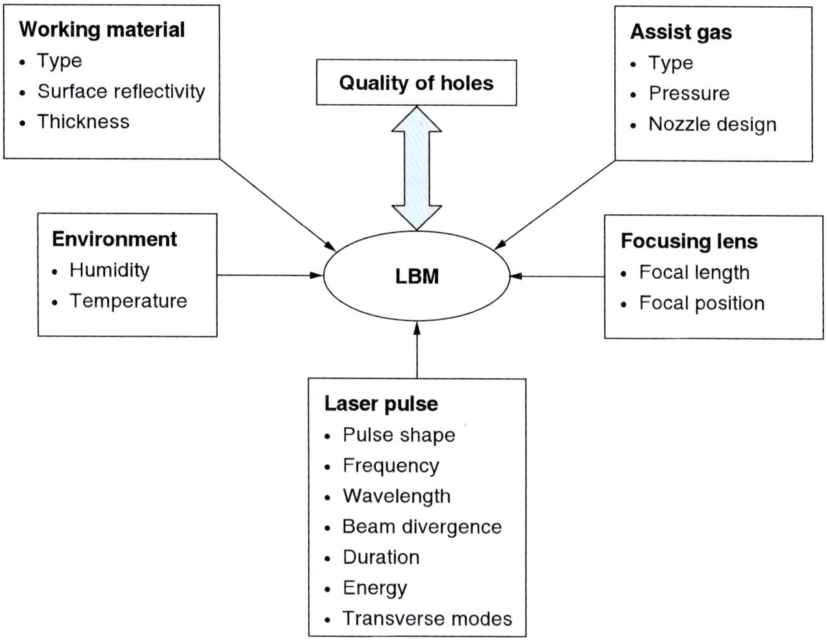

그림 5.37 레이저 드릴링 된 구멍의 품질에 영향을 주는 요인들

보조 가스(assist gases). 가스 제트는 보통 가공부로부터 용융된 재료를 제거하기 위해서 상호작용 영역으로 레이저 빔과 함께 유도되고 깨끗한 가공부를 얻는다. 보조 가스는 또한 노즐을 개방함으로 높은 압력의 방어막을 구성하여 배출되는 재료로부터 렌즈를 보호한다. 순수한 산소는 더 좋은 가공 효율을 가지는 발열 반응과 급속한 산화를 야기한다. 공기와 산소 또는 불활성 기체는 가공물의 재료와 두께에 따라 다르게 선택한다. 헬륨과 아르곤 같은 불활성 기체는 좋은 품질의 절삭 가장자리가 필요하면 사용되어야 한다. 가스 노즐직경이 더 작고 가공물 표면으로부터의 더 좁은 거리에서 분사하는 것이 절삭 특성이 더 좋았다는 것을 명심해야 한다. 가스 압력 또한 절삭속도와 절삭 특성을 결정하는 데 중요한 부분을 차지하였다.

재료 특성과 환경(material properties and environment). 이것은 벌크 재료의

반사력과 흡수 계수와 같은 표면 특성들을 포함한다. 추가적으로 열 전도성, 확산율, 밀도, 비열 그리고 잠열이 고려된다. 플라스틱을 증발시키기 위해 필요한 최소 레이저 에너지는 메탈의 증발을 위한 에너지보다 낮다. 이러한 재료의 열 특성은 낮은 열 전도성, 확산율 및 용융점을 가지는 재료에서 가공성이 증가된다는 것으로 나타난다.

Gagilano 등(1969)은 펄스 루비 레이저를 이용해 다이아몬드 와이어 인발용 다이(diamond wire drawing dies)에 1.4 mm 직경의 날카로운 구멍을 가공하였다. 펄스 지속시간 0.6 ms, 2 ~ 3 J 의 에너지를 가지는 초당 1 펄스의 펄스 반복률을 가진 레이저는 250 번의 펄스를 발생시켜 0.46 mm 깊이를 가공하는 데 사용되었다. 반복 펄스를 이용한 드릴링으로써 12.5 mm 두께의 소재에 종횡비 40:1, 0.127 mm 직경의 구멍을 가공한 경우가 Bellows와 Kohls(1983)에 의해 보고되었다. 그들은 또한 가공된 홀의 깊이가 직경이 넓어지기 때문에 초기에 증가하고 한계 이상에서 관통 깊이는 감소한다는 것을 발견했다. 그들은 연료 필터와 카뷰레이터 노즐, 그리고 제트 엔진 블레이드 냉각 구멍과 같은 작은 홀 드릴링으로 이목을 끌었다.

5 개의 독립적인 축을 가지고 최대 1 kg 무게의 구성품을 위치 제어시킬 수 있는 CNC와 결합된 Nd-YAG(a neodymium-doped yttrium-aluminum-garnet) 레이저가 Corfe(1983)에 의해 항공 엔진 산업에서 사용되어 왔다. 이를 통해 8 mm길이를 가지고 10:1 의 종횡비를 가지는 가스 터빈 부품의 구멍들과 노즐 안내깃(nozzle guide vans)이 제작되었고, 방전가공에 비해 20 ~ 30 % 비용절감될 수 있다. 그림 5.38은 터빈 날개에서 드릴링된 냉각 홀을 보여준다.

Boehme(1983)은 펄스 고체 레이저(pulsed solid-state lasers)는 1 초당 0.1 ~ 10 개 구멍가공속도로 0.1 ~ 0.5 mm 의 직경, 종횡비가 1:1 ~ 10:1 인 구멍을 가공했다고 언급하였다. 레이저 구멍 드릴링 동안에도 레이저 빛이 내부 반사에 의해 광학적인 펌핑(에너지 준위 상승)이 발생하였고 따라서 구멍의 깊이가 점점 증가하였다. 그러므로 도달 가능한 최대 구멍 깊이는 구멍벽에서 반사된 에너지의

그림 5.38 터빈 날개에서의 냉각 홀(Corfe, 1983)

손실과 구멍 틈새가 줄어듦에 의해 감소된다. 레이저 가공에서의 또 다른 악영향은 레이저 에너지를 흡수하는 공극 안에 연기증발(plume vapor)이 발생하는 것이다. 이것은 결과적으로 구멍의 깊이가 얕아지는데 이러한 레이저 가공공정에서의 제한을 극복하기 위해 반복되는 펄스가 McGeough(1988)에 의해 추천되었다.

일반적으로 전통적인 레이저에서 최대 가공 깊이의 제한, 비 원통적인 형태 및 과도한 재응고 재료의 존재와 같은 문제점들이 나타났다. Lau 등(1994)은 알루미늄 - 금속 구조 복합체에서 가공된 홀의 품질을 증가시킬 뿐만 아니라 구멍 깊이를 증가시키는 데 도움을 주는 초음파 지원 레이저 가공기술을 소개하였다. 이러한 방법을 사용하여 홀 깊이가 20 % 정도 증가하였고, 게다가 구멍 테이퍼 각도는 감소하였다.

5.2.3.2 절삭과 홈 가공_Cutting and grooving. 200 W ~ 1 kW 범위의 출력이 강재를 절삭하는 데 추천된다. 가공부에 발생하는 발열 화학 반응에 의한 가스 방출 에너지 때문에 대부분의 금속에는 산소제트지원시스템(oxygen-jet assistance)이 적합하다는 것이 발견됐다. Boehme(1983)은 최고 5 mm 두께의 강판을 절삭하기 위해 CNC 시스템과 함께 500 W CO_2 레이저를 결합해 사용한 것을 설명했다. 이에 따르면 절삭속도는 가공물 두께가 증가하면 감소한다는 것을 알아내었다.

CNC 레이저 절삭은 또한 직물 제작에 사용되고 있다. 이에 따르면 움직이는 회전 거울에 의해 유도된 400 W 레이저 빔과 결합된 시스템은 컴퓨터 기억장치에 저장된 직물 절삭 형상을 따라 80 m/min 의 속도로 2 m 넓이의 직물을 절삭하는 데 사용되었다. 5 ~ 100 mm 두께의 평평한 석영의 절삭은 재료 전체에서 25 ~ 100 μm 직경에 100 ~ 250 W 의 지속적인 출력을 가지는 CO_2N_2He 레이저를 이송시켜 수행되었다. McGeough(1988)는 같은 유형의 300 W 레이저 빔으로 0.5 mm 넓이의 열영향층을 남기고 1.02 mm/min 이송속도로 두께 3.1 mm의 강판을 절삭하는 데 사용할 수 있고, 전기 시트의 레이저 절삭은 재료의 높은 실리카 함유량(1.4 %)이 전통적인 절삭공구에 주로 야기하는 높은 마모를 피하는 대안적인 가공방법으로 제안되었다. CAD/CAM 시스템과 결합하는 CNC 레이저 워크스테이션의 높은 융통성은 로터와 스테이터 Blank와 같은 복잡한 형상의 시트 Blank의 단기적인 생산과 초기 생산에서 장점이 되었다. 전기 시트의 레이저 절삭에서 이런 방법을 사용함으로 500 W CO_2 레이저, 8 m/min 의 빠른 이송속도에서 뛰어난 절삭 품질을 가지는 0.65 mm 두께의 시트를 가공할 수 있었고, 20 μm 보다 적은 버의 높이가 Tonshof와 Dickmann(1989)에 의해 보고되었다.

섬유 복합체는 그것들의 이질적이고 이방성인 성질 때문에 전통적인 절삭과 드릴링에 대해서는 민감하다. 층간박리(delaminating), 깨짐(splintering), 버(burr)의 생성 그리고 섬유의 쓸리는 성질에 의해 야기되는 짧은 공구수명이 전형적인 문제이다. 복합체의 레이저 절삭은 섬유 배열과 같은 재료 이방성의 영향을 적게 받는다. Lau 등(1990)은 카본 섬유 복합체 재료를 방전가공보다 빠른 속도로 절삭하기 위해 Nd-YAG 레이저를 사용했고, 절삭 표면이 조금 더 균일하게 되었다. 압축공기의 도움을 받으면 아르곤을 사용할 때보다 깊은 절삭이 이루어졌지만, 아르곤을 사용할 때가 절삭면이 매끈하며, 열적인 영향을 덜 받았다. 그들은 또한 섬유의 조성방향은 절삭깊이와 열영향부의 넓이에 영향을 미친다고 했다. 스테인리스 강재의 표준 동축산소지원(standard coaxial oxygen-assisted) 레이저 절삭은 만족스런 결과를 주지 못했다. 절삭부의 아래 모서리 부에 있는 산화물 찌꺼기는 단단한 버를 형성하고 3 mm 정도까지 절삭 두께를 제한한다. 더 큰 두께의 가공은 결과적으로 절삭속도는 더 낮아지고, 마무리된 모서리 부는 산소 아세틸렌 불꽃 절삭과 비슷하다. 스테인리스 강의 레이저 가공의 주요 방해요소는 용융물의 낮은 흐름 유속과 부분적으로 높은 산화 크롬(Cr_2O_3)의 용융점이며 용융된 절삭 전방에서 산소 배출을 제한한다.

스테인리스 강의 레이저 절삭에 관련된 문제를 해결하기 위해서 Hsu와 Molian (1995)은 용융된 절삭 전방에서 점착성 층을 제거하기 위해(그림 5.39) 듀얼 가스 제트를 사용하는 레이저가공기술을 개발하였으며, 더 두껍고, 빠르고 그리고 깨끗하게 가공하였다. 공정 현상에 대해 잘 이해하며 높은 품질의 가공공정을 유지하고 달성하기 위해서 감시, 진단, 규제하는 영역의 개발 및 모형이 필수적이다. 이런 점에서 Yilbas(1996)는 광학 섬유 케이블과 고반응 포토 디텍터를 사용하여 레이저가 절삭하는 동안 가공물의 표면아래로부터 발생하는 현상을 감시하여 절삭된 홈의 형태를 연구했다.

최근 Ueda 등(1997)과 Spur 등(1997)은 깨지기 쉬운 재료의 분열 절삭에서의 적절한 조건을 결정하기 위해서 CO_2 펄스 레이저가 조사된 가공물의 표면 온도를 조사했다. 레이저 홈 절삭 동안 가공물 재료에서 열전도를 조절하기 위해 Chryssolouris 등(1993)은 워터제트의 도움을 받는 레이저 가공법을 적용했고, 70 % 까지 열영향부를 감소시켰다.

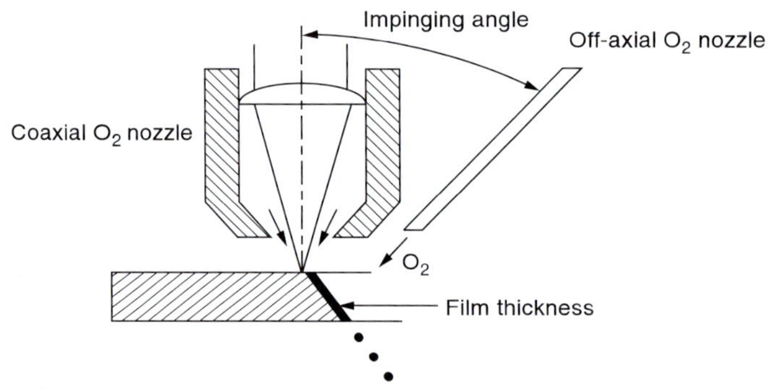

그림 5.39 Off-axial가스지원 레이저 절삭(Hsu와 Molian, 1995)

5.2.3.3 텍스처링과 구조 제작_Texturing and structuring. 텍스처된 강과 알루미늄 소삭 또는 판들은 특히 자동차 제조산업에서 많이 사용되고 있다. 텍스처링은 금속 성형 시 윤활을 가능하게 하며 풀림열처리 시 판들의 접착을 방지할 수 있다. 이러한 공정은 롤(roll)을 형성할 때 적용되는데, 강철 또는 알루미늄 시트를 냉각 압연 하는 최종 단계 동안에 그 표면에 패턴을 형성시킨다. 레이저빔가공은 기존의 쇼트 블라스팅 방법을 대체하고 있다. 이에 따르면 생산 디자이너들은 롤의 경도에 제한을 두지 않고 텍스처의 형태를 정확히 명시할 수 있다. 레이저 빔 텍스처링에서 높은 에너지의 가스 레이저 빔이 작업 롤 표면 위에 포커싱되기 전에 펄스형태로 기계적으로 절단된다. 가스 제트 지원을 받은 높은 에너지는 국부적인 융해를 일으키고 이산 크레이터의 형성을 이끌어낸다. 롤은 회전되고, 레이저 빔은 기존의 터닝과 유사한 방식으로 역할에 따라 축 방향으로 이동한다. 크레이터의 크기와 깊이는 에너지와 빔의 체류 시간을 통해 제어할 수 있다. Simao와 공동 연구원(1994)은 레이저 빔 텍스처링은 공정의 주기적인 성격 때문에 일정한 패턴을 생성할 수 있다고 결론지었다. 그림 5.40은 Tonshof과 Sturmer(1995)에 의해 설명된 몰드, 베어링 및 프린터 롤 제작에 널리 사용되는 텍스처링 된 표면들의 예를 보여준다.

5.2.3.4 연삭숫돌의 드레싱_Dressing of grinding wheels. 레이저는 복합 숫돌

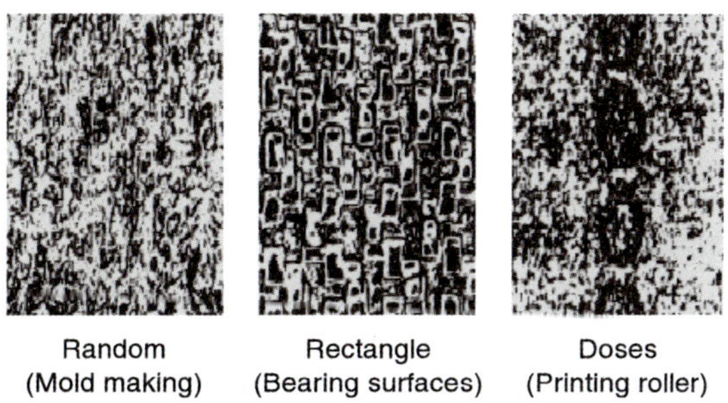

그림 5.40 PM Nd-YAG 레이저 복사로 인한 표면 구조
(Tonshof와 Sturmer, 1995)

재료의 기화 및 증발을 통해 잘 형성된 홈들을 연마 숫돌 위에 만들 수 있다. 드레싱 이송속도의 적절한 선택은 모든 숫돌 표면 드레싱에서 숫돌의 지형 변화를 초래할 것이다. 레이저 드레싱에 의해 마모되어 이탈된 입자들이 미세 크레이터를 형성하여 미세 절단 가장자리를 생성한다. 결합 안에 이러한 크레이터들이 형성될 때 격자 구조의 홈들은 느슨해지고 입자들에 둘러싸인 결합들의 불충분한 크기 때문에 나중에 제거될 것이다. 레이저 드레싱 중 열적으로 유도된 다양한 균열들이 연삭공정 시 재응고층을 제거하는 것을 돕게 되고 그후 새로운 절단 모서리가 노출된다. 또한 레이저 빔을 휠 표면에 적절히 포커싱하여서 휠의 홈을 막은 금속 칩들을 기화시킬 수 있고, 이를 통해 휠을 재생하는 것이 가능하다. 하지만 레이저 빔의 선택과 제어는 Ramesh 등(1989)이 언급했듯이 신중하게 고려되어야 한다.

5.2.3.5 밀링 _Milling. 흑연을 가공물 재료로써 펄스 CO_2 레이저를 이용한 레이저 밀링 가공 하는 연구가 Hsu와 Copley(1990)에 의해 수행되었다. 이 공정에서는 가공물의 폭을 좁게 하거나 평행하게 또는 중첩된 홈 가공 등 일련의 공정을 떠나서 기본적으로 빔의 주사를 통해 표면을 가로지르는 재료제거를 수행한다. 가장자리들을 둘러싼 평면 층에 수직인 벽들을 제거하기 위해, 레이저 빔이 평면 층에 대해서 기울어지고, 가공물에 대한 틸팅은 입사 출력, 빔 속도, 홈 방향 그리고 재료의 광흡수 계수에 따라 달라진다. Todd와 Copley(1997)는 진보된 세라믹 재료를 성형하기 위해 프로토 타입 레이저 가공시스템을 개발했다. 이 프로토 타입은 완전하게 자동화되고, 5 축이며, 폐회로 제어 레이저 형상가공시스템이다. 이 시스템은 앞서 언급한 재료들의 복잡한 형상을 정확하며 비용적으로 효율적인 생산이 가능하다.

5.2.3.6 정밀 절삭과 드릴링 _Fine cutting and dirlling. Tabata 등(1996)은 CW CO_2 레이저가 자동차, 전기·전자 산업 및 사무실 장비의 강판과 구조용 재료의 미세한 절단에 많이 사용되고 있다고 보고했다. 미세 절단에서 강판의 두께는 0.5

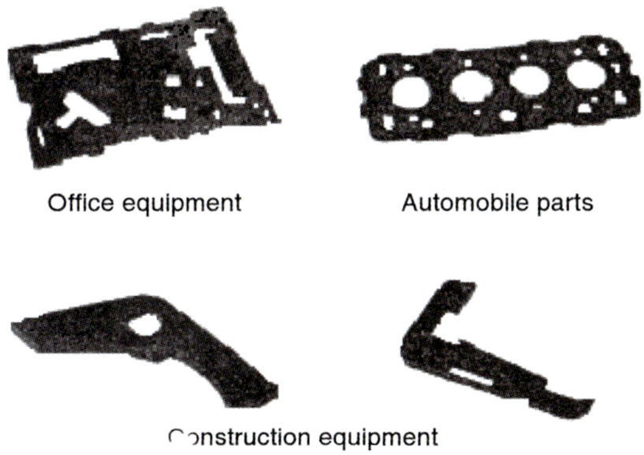

그림 5.41 ▮ CO_2 레이저의 절삭 예

~ 16 mm 로 다양하고, 절단 절삭속도는 각각 6 ~ 1.0 m/min 까지 변화시킬 수 있다. 그림 5.41과 같이 미세 절단을 통해 폭이 좁고 절단면이 깨끗하고 부드러운 가공을 달성하였다. 또한, 높은 빔 품질과 높은 출력을 가진 Nd-YAG 레이저가 CO_2 레이저를 대신하여 강판의 절단에 사용할 수 있다고 말하였다. 또한 Nd-YAG 레이저는 CO_2 레이저보다 구리나 황동 그리고 알루미늄 합금과 같은 비철 금속에 대한 반사가 적기 때문에 이러한 금속을 좀 더 효과적으로 가공할 수 있다. 0.2 ~ 2 mm 두께의 판이 200 W 의 출력에서 정밀하게 가공된다. 또한 1 mm 두께의 판에 5 m/s 의 절삭속도가 보고되고 있다. 슬릿 폭과 표면의 청정도는 CO_2 레이저 공정과 거의 동일하다.

Cao와 Huang(1995)은 CW의 Nd-YAG 레이저를 이용해 곡선 벽면의 다이아몬드 와이어 인발용 다이를 마이크로 크기(< 0.07 mm)로 가공하는 새로운 기술을 발명하였다. 반복 주파수, 레이저 파워 및 레이저 헤드의 Z축 이동은 가장 중요한 인자이다. 펄스 슬래브(slab) Nd-YAG 레이저를 이용한 단일 펄스의 마이크로 구멍 드릴링이 Rohde와 Verboven(1995)에 의해 보고되었다. 이에 따르면 1.2 mm 의 강판에 35 μm 의 직경의 구멍과, 0.03 mm 박판 강에 6 μm 직경의 구멍을 얻을 수 있다(그림 5.42).

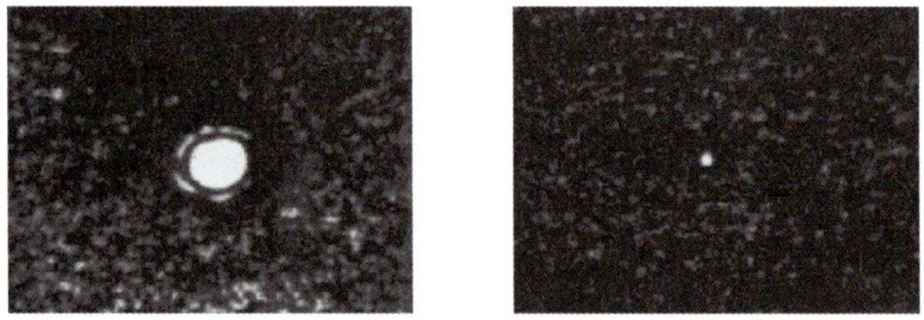

35 μm hole in 1.2 mm 6 μm in 0.03 mm

그림 5.42 강재에 정밀하게 가공된 구멍

또한 직사각형의 스팟 슬래브 레이저 빔은 단일 펄스를 이용하여 슬릿을 만들 수 있다. 식품 산업을 위한 산업용 적용의 한 예로서 0.5 mm 두께의 스테인리스 강에 초당 100 개의 속도로 제작한 0.06 mm × 2 mm 의 슬릿 채(sieve)가 있다. 일부의 펄스는 타발 드릴 모드로 구멍을 만드는 데 사용된다. 4 ~ 5 번의 펄스를 이용하여 종횡비가 65:1 인 60 μm 직경의 구멍이 두께 4 mm의 100 $MnCrV_4$ 강판에 얻어졌다. 최대 종횡비 12:1 을 가지는 직경 30 μm 의 미세 미관통 구멍에서부터 종횡비 4:1 을 가지는 직경 800 μm 의 미세 미관통 구멍이 Rohde와 Verboven에 의해 보고되었다. 이들은 레이저 빔의 길 위에 용융된 재료를 없애기 위해 펄스 지속 시간과 주파수를 조절하는 것을 추천했다.

트리팬(trepan)기술은 레이저 빔의 직경보다 더 큰 직경의 구멍을 뚫거나, 더 작은 원뿔 형태 및 동일한 직경의 구멍을 반복적으로 가공할 수 있게 한다. 이 같은 방법을 이용해, 연료 주입 노즐 안의 테이퍼 형상의 구멍을 가공하였다. 1 mm 두께의 강판을 입구부의 절단 폭이 85 μm, 출구부의 절단 폭이 60 μm 이며, 1.25 % 의 테이퍼 형상을 남기는 미세 절단가공이 보고되었다.

5.2.3.7 컴퓨터 키보드 마킹_Marking of computer keyboard. Ricciardi 등(1996)은 마킹 공정에서 유해한 용액들의 사용을 피하기 위해 고속이며 유연한 생산 라인을 가진 엑시머 레이저 기반의 컴퓨터 키보드 마킹 기술을 개발하였다. 레이저 마킹은 어떤 다른 소재가 포함되지 않으며 공작물에 어떠한 기계적 응력이 발생하지 않는다. 마킹 프로세스에서 엑시머 레이저의 실질적 장점은 짧은 레이저

파장과 펄스 지속시간이라 할 수 있다. 높은 광자에너지는 물질의 광화학 반응을 유도하며, 색의 변화를 초래하여 적용되지 않은 부분을 추려낼 수 있다. 레이저 마킹 셀은 매 15 초마다 하나의 키보드의 지시된 요구 사항을 충족시킬 수 있다.

5.2.3.8 전자 부품의 트리밍 _Trimming of electronic components. 높은 에너지 밀도, 작은 스팟 사이즈 및 짧은 펄스폭의 레이저는 전자 부품을 선택적으로 증발시켜 수정에 용이하여 종종 사용된다. 적절한 감시를 통해 장치는 다듬어지거나 또는 필요량만큼 조절된다. 레지스터들은 실리콘 칩의 표면에 증착된 크롬 실리콘 산화물로 구성되어 있는 레지스터들의 트리밍은 10 μs 이하의 펄스폭, 0.8 MW/cm^2 의 에너지 밀도를 가지는 아르곤 이온 레이저를 사용하여 구현하였으며, 레이저의 에너지는 약 1,000 °C 의 열을 레지스터 필름에 가함으로써 그것의 저항 값을 변경시켰다(McGeough, 1988).

5.2.3.9 파괴 제어 _Controlled fracturing. 레이저 에너지는 전자회로나 부품과 같은 민감한 품목에 파괴나 분해가 가능한 제어방식으로 사용될 수 있다. 작은 영역으로 초점을 맞춘 빔이 흡수되면 열적 구배를 만들고, 이는 순차적으로 파괴나 분해가 제어되지 않는 부분으로 가지 않도록 작은 영역에 대한 재료의 전단을 일으킬 수 있는 충분한 기계적 응력 발생으로 이어진다. 이러한 기술을 사용하여 0.46 mm 의 두께를 가지는 높은 알루미나 세라믹을 100 W, CW CO_2N_2He 레이저로 파괴하였다.

5.2.3.10 Gyro 부품의 동적 균형 _Dynamic balancing of gyro components. 레이저 트리밍은 펄스당 밀리그램의 속도로 물질을 제거하는 것과 얕은 구멍가공을 통해 매우 정확하게 균형을 잡을 수 있다. 동적 균형은 불균형되는 지점에서의 신호를 이용하여 레이저를 트리거하여 간단하게 조정할 수 있다.

5.2.3.11 스크라이빙 _Scribing. 실리콘, 유리, 그리고 세라믹과 같은 취성재료들은 레이저 스크라이빙(scribing)에 의해 효과적으로 분리되거나 형태를 가질 수

있다. 이 기술로 공작물의 표면에 있는 특정 경로를 따라 재료가 제거된다. 재료들이 충분히 부하를 받을 때 선이 새겨진 경로를 따라 파단이 일어난다. 실리콘 트랜지스터 웨이퍼들은 완벽히 최대 파워가 300 W 이며, 초당 400 반복펄스율과 300 ns 의 지속시간을 가진, Q-switched Nd-YAG 레이저에 의해 완벽히 선이 그어진다. McGeough에 의해 보고된 스크라이빙 속도는 1.5 m/min 이다.

5.2.3.12 미세가공 _Micromachining. Tonshof 등(1993)은 모듈식 설계를 지닌 다축 CNC 마이크로 가공기에 엑시머 레이저 방사의 적용에 대해 연구했다. 그 장치는 세라믹과 폴리머 표면에 마이크로구조를 만들어내는 데 용이하다. 이러한 방식을 통하여, 섬유강화플라스틱을 소재로 한 마이크로 기계부품을 생산하는 것이 가능하다.

5.2.3.13 레이저지원 방전가공 _Laser-assisted EDM. Allen과 Huang(1997)은 작은 홀을 제작하기 위한 가공공정들의 이상적인 조합을 개발했다. 마이크로 방전가공으로 구멍을 가공하기 전에 구리 증기 레이저 방사를 이용하여 작은 구멍들을 배열하기 위해 사용했다. 이러한 구멍들은 마이크로 방전가공에 의해 완료된다. 이들의 방법은 마이크로 방전가공의 가공속도가 증가되었고, 전극마모가 눈에 띄게 현저히 줄었다는 것을 보였다. 반면에 표면품질은 변하지 않은 채 그대로였다.

일반적으로 레이저빔가공은 폭넓은 범위의 가공 응용분야를 제공하며, 다양한 공학재료들을 다룰 수 있다. 따라서 레이저 종류의 선택은 가공재료 뿐만 아니라 응용처에 따라 달라진다. 표 5.4는 가공법에 따라 레이저 빔을 선정하는 것을 보여준다.

5.2.4 이점과 한계점 _Advantages and limitations

이점

- 공구의 마모와 파손이 없다.

표 5.4 가공법에 따른 레이저 빔의 선정

Application		Laser type
Drilling	Small holes, 0.25 mm	Ruby, Nd-Glass, Nd-YAG
	Large holes, 1.52 mm	Ruby, Nd-Glass, Nd-YAG
	Large holes, trepanned	Nd-YAG, CO_2
	Drilling, percussion	Ruby, Nd-YAG
Cutting	Thick cutting	CO_2 + gas assistance
	Thin slitting, metals	Nd-YAG
	Thin slitting, plastics	CO_2
	Plastics	CO_2
Materials	Metals	Ruby, Nd-Glass, Nd-YAG
	Organics and nonmetals	Pulsed CO_2
	Ceramics	Pulsed CO_2 , Nd-YAG

- 정렬하기 위한 용도로 광학 레이저 시스템을 사용함으로써 구멍의 위치가 정확히 제어될 수 있다.
- 고 종횡비를 가진 매우 작은 구멍이 가공될 수 있다.
- 경도가 다양하고 가공이 어려운 소재를 다룰 수 있다.
- 가공이 빨라지며 설치 시간이 경제적이다.
- 어려운 진입 각도에서도 구멍이 드릴링 될 수 있다(표면에서 10 °).
- 레이저 빔의 유연성으로 인하여 공정은 구멍을 만들어내기 위하여 한 번의 조사가 필요한 얇은 측정용 재료의 On-the-fly 작업 등에 쉽게 자동화 될 수 있다.
- 작동 비용이 적게 든다.

한계점

- 장비 비용이 높다.
- 테이퍼는 구멍의 타발 드릴링에서 일반적으로 생긴다.
- 정밀한 깊이의 미관통 구멍은 레이저로 가공하기 어렵다.

5.3 전자빔가공 _Electron Beam Machining

5.3.1 서론 _Introduction

전자빔을 활용한 재료제거의 최초 연구는 1947 년 원형 기계를 디자인한 Steigerwald이 제시하였다. 전자빔가공은 1960 년대 이후 산업에서 사용하였으며 초기에 원자력과 항공 우주 및 용접에 적용이 되었다. 미세구멍가공, 절삭, 조각, 그리고 열처리는 미세가공 분야 뿐만 아니라 오늘날의 반도체 제조 분야 등에 사용된다.

5.3.2 기본장비 및 제거 메커니즘 _Basic equipment and removal mechanism

그림 5.43에서 볼 수 있듯이 약 10^{-4} Torr 의 압력의 진공 챔버에 전자빔가공의 주요한 구성요소가 설치된다. 텅스텐 필라멘트 음극은 전자들을 방출하기 위해서 약 2,500 ~ 3,000 °C 까지 가열되고, 20 ~ 100 mA 사이의 변화하는 방출 전류 및 크기의 효과를 측정하며, 5 ~ 15 A/cm^2 정도의 전류밀도를 가진다. 방출 전류는 보통 음극재료, 온도 그리고 150 kV 정도의 고전압에 따라 달라진다. 이런 고전압

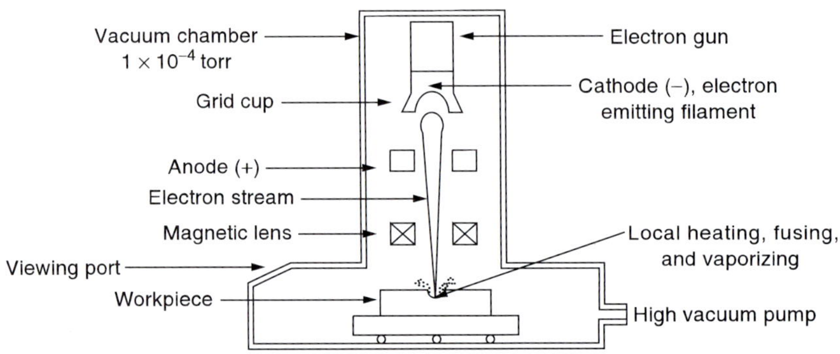

그림 5.43 전자빔가공시스템의 구성요소

은 공작물쪽으로 전자 흐름을 가속시키고, 가속된 후 공작물에 집중된 전자들은 양극의 구멍을 통해 이동한다. 그리고 나서 빔이 공작물을 향해 조사되도록 마그네틱 혹은 전자렌즈 시스템은 초점을 맞춘다. 전자들은 전형적으로 0.25 mm 직경의 잘 정의된 영역(well-defined area)에 걸쳐 공작물에 도달하기 전까지 가속 전압에 의해 전달된 속도(228×10^3 km/s)를 유지한다.

전자들의 운동에너지는 급속히 열로 전환되며, 가공물 온도가 끓는점 이상으로 빠르게 상승하여 가공물 재료가 증발된다. 1.55 MW/mm^2 의 출력 세기를 지닌 전자빔가공은 실질적으로 모든 공학용 재료를 가공할 수 있다. 빔의 정밀 제어와 공작물의 정확한 작동의 결합으로 완전히 자동화 될 수 있는 가공공정이 McGeough (1998)에 의해 보고되었다. 집중된 빔이 공작물에 침투하는 메커니즘은 메커니즘의 복합성 때문에 완전히 이해되지 않지만 전자 압력과 표면 장력의 영향으로 공작물 표면이 용융되고 용융된 액체는 약 10 mm^3/min 재료제거율로 급격히 배출되고 증발되며 10^4 Hz 의 펄스 전자빔은 공작물의 가공부 외부 온도를 낮춘다. 초창기 전자빔가공의 관심사는 고 종횡비(100:1)의 미세한 구멍을 가공하는 것이었다. 기계적인 마찰운동이 없으며 자동제어 적합성은 공정 능력을 향상시키지만, 진공에서의 공정이 필수이기 때문에 바닥주기(floor-to-floor cycle time)를 연장해야 한다.

구멍의 깊이 g를 제거하기 위해 필요한 펄스 횟수는 다음 식에 의해 설명될 수 있다.

$$n_e = \frac{g}{g_e}$$

가공시간 t_m은 다음 식에서 주어질 수 있다.

$$t_m = \frac{n_e}{f_p}$$

$$f_p = \frac{1}{t_p + t_i}$$

그러므로 드릴링 속도 Ψ(mm/min)는 다음 식에 의해 계산될 수 있다.

$$\Psi = \frac{gf_p}{n_e}$$

Kaczmarek(1976)에 따르면 펄스 횟수 n_e는 가속 전압 V_a와 방출 전류 I_e의 함수로서 다음 식에서 간단히 설명될 수 있다.

$$n_e = \frac{1}{KI_eV_a}$$

그러므로 드릴링 속도 Ψ(mm/min)와 체적제거율(VRR)은 다음 식과 같다.

$$\Psi = Kgf_bI_eV_a$$

$$\text{VRR} = \frac{\pi}{4}Kd_b^2gf_bI_eV_a$$

슬로팅의 경우, g = 깊이, L = 길이, 슬로팅 시간 t_m은

$$t_m = \frac{\eta_e \cdot L}{f_b \cdot d_b}$$

이고, 슬로팅 속도 η(mm/min)은 다음과 같다.

$$\eta = Kd_bf_pI_eV_a$$

체적제거율은 아래 식에 의해 계산될 수 있다.

$$\text{VRR} = Kd_b^2gf_pI_eV_a$$

여기서, g_e = 펄스당 가공된 홀의 깊이, mm
g = 필요한 구멍 또는 슬롯의 깊이, mm
f_p = 펄스 주파수, s^{-1}
t_p = 펄스 간격, μs
d_b = 공작물과 접촉하는 빔 직경(슬롯 넓이), mm
V_a = 빔 가속전압, kV

I_e = 빔 방출 전류, mA

K = 상수

L = 슬롯 길이, mm

침투깊이는 빔 직경, 출력 밀도 그리고 가속 전압에 따라 다르며, 더욱이 펄스 당 침식되는 재료의 깊이는 빔 직경 뿐만 아니라 공작물 재료의 밀도에 따라 다르다. 실질적으로 주어진 구멍 깊이를 가공하는 펄스 횟수가 가속 전압의 증가와 함께 감소하는 것을 알았고, 고정된 공정조건에 대해서 구멍 깊이의 증가에 따라 요구되는 펄스 수는 과대하게 증가한다. 실질적인 측면에서 이 결론은 특정한 깊이에 이르러 구멍을 더 깊게 가공하려면 전자빔가공 펄스 횟수를 그 이상으로 매우 크게 증가시켜야 할 필요가 있을 수 있다는 것을 의미하며, 전자빔가공에서 구멍을 가공하는데 필요한 가공시간은 펄스 주파수와 어떤 특정한 깊이를 침식시키는데 필요한 펄스의 수에 따라 다르다. 전자빔 슬롯가공에서 가공시간은 슬롯 길이, 빔 직경, 펄스 지속 시간 그리고 특정 깊이를 제거하는데 필요한 펄스 횟수에 영향을 받는다. 전자빔 절삭속도는 보통 특정한 양의 재료를 증발시키기 위해 필요한 펄스 횟수의 관점에서 평가된다. 펄스 횟수를 기록하는 전자계수기의 사용은 요구되는 절삭깊이를 가공하는 데 필요한 가공 시간이 제어될 수 있게 한다. 공작물의 끓는점 및 열전도성과 같은 재료특성이 어떻게 전자빔가공을 이용해서 쉽게 가공이 될 수 있는지를 결정하는 데 중요한 역할을 한다. 전기전도성과 같은 다른 열적 특성들은 부가적인 요인으로 고려된다. 그림 5.44는 전자빔가공에 영향을 주는 요인들을 요약한다.

그림 5.45는 상대적인 가공성 지수에 따른 펄스 횟수를 나타낸 것이다. 그림과 같은 경우, 카드뮴이 가장 적은 펄스 횟수가 요구되기 때문에 가장 가공성이 좋은 재료로 고려되며 알루미늄을 기준으로 같은 가공 시간에서 다양한 재료들의 똑같은 체적을 가공하는 데 필요한 상대적인 출력을 사용하는 다른 지수들도 그림 5.46에 나타나 있다. 적은 출력으로 가공하는 재료들은 같은 체적에서는 더 적은 펄스 횟수를 사용함으로 가공성이 향상된다. 가공성은 재료의 열적 특성들뿐만 아니라 밀도 및 전기전도성과 함께 영향을 받는다. 가속 전압을 120 kV 이상

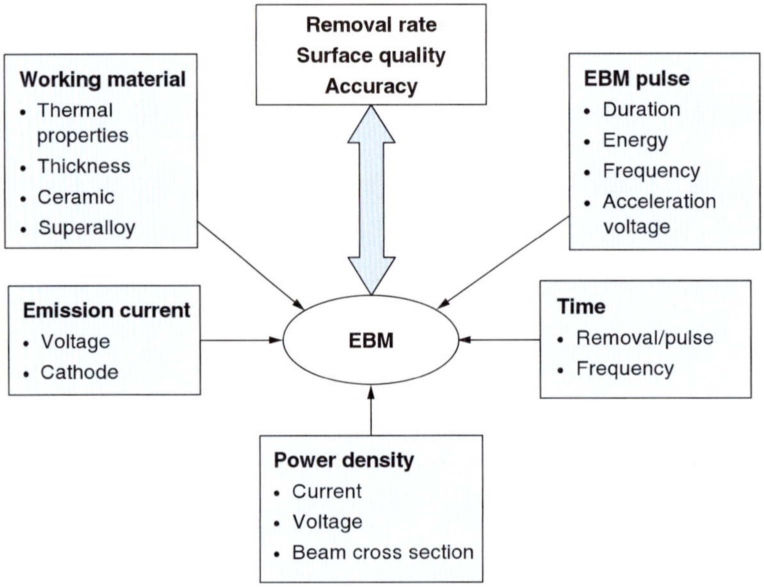

그림 5.44 전자빔가공 성능에 영향을 주는 요인들

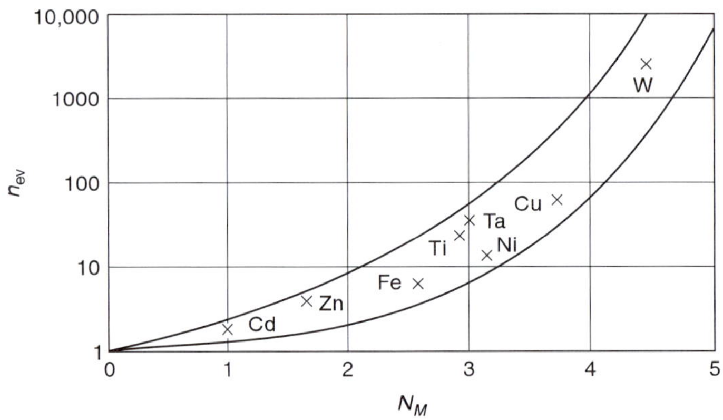

그림 5.45 상대가공성 지수 및 요구 펄스 횟수 (Kaczmarek, 1976)

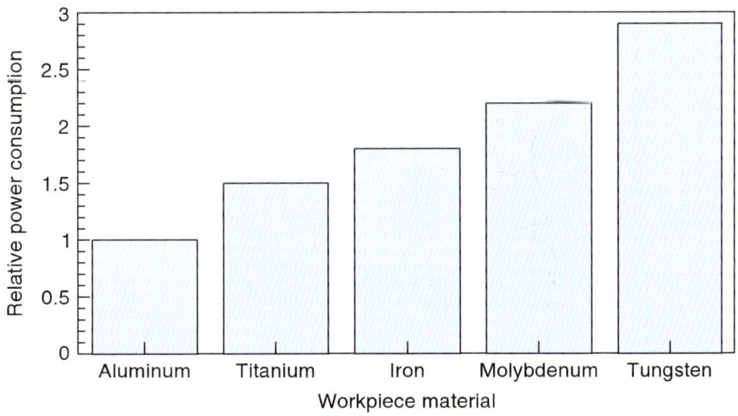

그림 5.46 각 재료별 상대적인 출력 소모량(El-Hofy, 1995)

증가시키면 상당히 비효율적이라고 연구되었고, 가공성 지수로서 펄스 횟수는 구멍 깊이에 따라 다르다. 펄스 횟수를 증가하면 더 높은 에너지를 사용할 수 있기 때문에 가공하는 데 필요한 펄스 횟수가 감소한다. 펄스로 가공된 구멍이나 캐비티(cavities)의 직경은 펄스 에너지 뿐만 아니라 가공되고 있는 재료에 따라 다르며 최대 홈 넓이는 펄스 충전과 함께 선형적으로 증가한다. 주어진 펄스 충전에 대해서, 은(Ag)은 큰 재료제거율, 즉 가장 큰 가공성을 갖는 최대의 그루브 폭을 가진다. 실질적으로 35 ~ 40 μm 범위의 캐비티 직경은 50 % 보다 더 많은 3 ~ 6 μm 부터 둥글지 않은 형상을 얻을 수 있다. 변질층(altered lyer)의 직경은 구멍직경에 비례하는데, 20 ~ 55 μm 의 구멍에서는 40 ~ 75 μm 가 되는 것으로 보고된다. 제거율과 가공성을 이끄는 조건들은 큰 변질층 두께(larger layer thickness)와 큰 표면조도가 수반될 것으로 보고된다.

주로 인접한 금속층들의 용융과 전도로부터의 열 손실이 상대적으로 커지기 때문에 구멍 깊이를 증가시키면 낮은 전압에서는 펄스 횟수가 훨씬 많이 필요하며, 가속 전압은 펄스 횟수에 영향을 미쳤다. 주어진 펄스 횟수에서 120 kV 이상으로 가속 전압을 증가시키면 재료제거율이 조금 향상된다. 펄스 지속 시간의 증가로 펄스 에너지를 이용할 수 있고, 원하는 가공 결과를 얻는 데 필요한 펄스

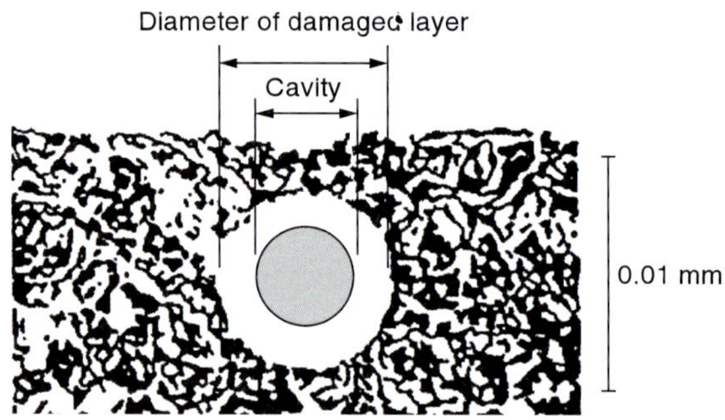

그림 5.47 크롬 - 몰리브덴 강에서 단발 전자빔가공 펄스에 의한 캐비티의 단면형상(Kaczmarek, 1976)

횟수는 감소한다. Kaczmar(1976)는 최적의 가공거리에서 최소의 펄스 횟수가 필요하다는 것을 인용하였으며 공작물의 윗 표면의 바로 아래를 초점으로 하는 것이 때때로 가장 효율적이라고 하였다. 전자빔가공의 드릴링 속도(1 초당 1 개의 구멍)는 가공될 구멍의 직경 및 공작물 두께가 두꺼워지면 감소한다.

전자빔가공에 의해 가공된 표면 특성은 재료의 유형에 따라 다른데 이런 점에서 니켈, 카본, 금 그리고 텅스텐을 위해서 펄스 충전하면 표면조도는 증가한다. 작은 구멍들이나 절삭을 위한 표면조도는 1 μm 정도에 근접할 것으로 예상되며, 전자빔 가공된 재료 표면층들은 그림 5.47에서 보듯이 구멍 주위를 둘러싼 백색층(white layer) Ring에 의해 설명되고 집중된 빔의 온도에 의해 영향을 받는다. 가공 변형층의 직경은 펄스 지속시간 및 구멍직경과 함께 증가한다. 전자빔가공에서 전형적인 열영향부는 0.25 mm 만큼 적어질 수 있고 이것은 높은 응력을 받는 구성요소들의 구조적 무결성에 해로울 수 있으며 이런 구성요소들은 제거되어야만 한다.

5.3.3 적용사례 _Application

5.3.3.1 드릴링 _Drilling. Steigerwald와 Mayer(1967)는 성공적인 응용을 위하여 향상된 재생산성, 더 뛰어난 작업속도와 정확하게 제어된 모양의 깊은 구멍이 모두 필요하다고 생각했다. Boehme(1983)은 빔 에너지, 초점 및 펄스 지속시간

그리고 기계적 동작이 수치로 제어되는 시스템을 장착한 전자빔기계를 드릴링에 적용하는 것을 논하였다. 다양한 직경의 콘 형, 원기둥 형 그리고 통 형태의 구멍은 초당 수천 개의 구멍의 비율로 일관된 정밀도로 드릴링이 가능하다. 약 15° 의 경사를 가진 각도로도 구멍이 가능하다. Boehme(1983)은 전자빔가공에 의해 정밀하게 드릴링이 가능한 구멍의 최대 직경과 깊이는 각각 1.5 mm 와 10 mm 그리고 구멍의 직경대 깊이의 비율이 1:1 ~ 1:15 의 범위를 가짐을 주장했다. Steigerwald와 Mayer(1967)는 2.5 ~ 7.5 mm 의 범위를 가지는 더 깊은 구멍은 보다 상세하게 정의한 직경의 잘 제어된 빔에 필요한 펄스범위에서 방출할 수 있는 안정된 출력 공급이 필요하다고 강력하게 주장했다. 그 구멍의 각도는 한 방향으로 길게 내뻗친 구멍 형상 위에 강력하게 영향을 미친다. 약 19 mm 의 구멍을 만들었다. Drew(1967)는 60 ~ 90° 의 각도로 초합금 터빈 블레이드에 전자빔드릴 구멍을 가공하였다.

5.3.3.2 얇은 시트의 천공 _Perforation of thin sheets. 경제적으로 허용할 수 있는 전자빔드릴에 의한 천공은 초당 $10^4 \sim 10^5$ 구멍이 가공되어야 한다. 그래서 몇 마이크로초로 지속할 수 있는 단일 펄스가 필요했다. 일부 용도에서 시트 또는 필름은 그 축 방향으로 동시에 이동된 회전 드럼으로 늘어난다. 나선형 라인에 따라 난 구멍의 행은 그것에 의해 생산되고 있다. 직선과 4 축으로 회전하는 움직임이 가능한 조작기는 제트 엔진부품의 전자빔드릴 천공에 사용된다. 합성물질로 만들어진 금속박판(foil)은 하나의 구멍마다 10 μs 의 속도로 필터 부품에 응용하기 위해 평방 밀리미터당 620 개의 구멍을 가공하였다. 전자빔드릴 구멍은 컬러 텔레비전 관 필터와 마스크 제조에 적용하였다. 그밖에 천공을 위한 응용예로서 방음과 유리섬유제조를 위한 미세한 체(sieve) 등이 있다.

5.3.3.3 슬로팅 _Slotting. 1.57 mm 두께의 스테인리스 강에 0.25 mm × 6.35 mm 의 긴 사각형의 구멍은 140 kV, 120 μA, 80 μs 의 펄스폭 그리고 주파수 50 Hz 를 이용하여 5 분 내에 제조된다. 슬로팅의 속도는 제품의 두께에 따라 달라진

다. 0.18 mm 두께의 스테인리스 강은 비슷한 가공조건으로 50 m/min 의 속도로 절단하는 동안, 0.05 mm 두께의 스테인리스 강은 100 m/min 의 속도로 절단했다.

5.3.3.4 집적회로 제작 _Integrated circuit fabrication. Birnie와 Champney(1967)는 전자산업을 위한 스크라이빙에서 전자빔 기술을 사용하기 위한 유의사항을 제시하였다. 집적회로의 제조를 위한 자세한 설명은 Yew 등(1994)에 의해 발표되었다. 만족할만한 빔 패턴을 가진 고선명도 리소그래피 생산을 위해 크롬 마스크 블랭크 또는 웨이퍼에 코팅된 전자 레지스트 막을 노출시켜 기록된 위치에서 편향 코일을 사용하여 빔을 정확하게 위치시킨다. 약 10 ~ 20 kV 에너지의 전자빔은 폴리머의 교차결합을 일으키거나 폴리머 분자사이의 결합을 끊을 수 있다.

이러한 조건들 중 하나의 개시와 더불어, 대개 레지스트 막이 레지스트 용제인 현상액에 잠길 때 용해도가 변화한다. 레지스트 폴리머의 노출 전·후에서 용해도의 차이 때문에 상이한 재료의 제거 현상이 발생한다. 폴리머의 세밀한 패턴은 집적회로 마스크의 불필요한 에칭을 피하기 위해 액티브한 마스크로 이용되는 것과 같이 획득된다. 패턴생성은 벡터 스캔에 의해 이행될 수 있다. 따라서 전자빔은 전자 레지스트를 노광하게 하는 곳으로 편향된다. 편향 시스템은 빔의 위치가 완료되면 즉시 필요한 위치에서 전자빔의 작용이 시작된다. McGeough(1988)가 제시한 브라운관의 주사선으로 구성된 화상인 래스터 주사(raster scan) 방법인 칩 패턴은 하위필드로 구분된다. 래스터의 전자빔은 텔레비전에서 취하고 있는 것처럼 각 하위 필드를 검사한다. 전자빔은 필요에 따라 각 래스터 라인을 따라 온 오프된다. 필요한 패턴은 전자빔 노광과 연속 레지스트 개발의 복합효과에 의해 완전히 형성된다. 그림 5.48은 전자빔가공으로 40 μm 넓이의 흔적으로 소형 전자 하이브리드 기판에 패터닝하기 위해 사용되는 대표적인 적용분야를 보여준다. 전자빔가공에 의한 직접 웨이퍼 처리는 1 또는 2 미크론 이하의 특정크기에 대해서 필요하다. 일부 수백 옹스트롬 같은 작은 선폭도 20 MHz 와 같은 높은 속도로 전자빔 기술을 사용하여 쓸 수 있다. 직접 웨이퍼 처리 전자빔 시스템은 시간당 22 웨이퍼를 제조할 수 있다. 또한, 전자빔은 세라믹을 조각할 때 사용할 뿐만 아니라 기판 상에 금속층을 증착할 때 사용할 수 있다. 전자빔가공공정 조건과 일반적인 용량은 표 5.5에서 보여준다.

그림 5.48 5 m/s 이상의 속도에서 40 mm 선폭으로 패터닝된 하이브리드 기판

표 5.5 전자빔가공공정 조건과 용량

EBM parameter	Level
Acceleration voltage	50 – 60 kV
Beam current	100 – 100 μA
Beam power	0.5 – 50 kW
Pulse time	4 – 64,000 μs
Pulse frequency	0.1 – 16,000 Hz
Vacuum	0.01 – 0.0001 mm mercury
Spot size	0.013 – 0.025 mm
Deflection range	6.4 mm^2
Beam intensity	$1.55 \times 10^5 - 1.55 \times 10^9$ W/cm^2
Depth of cut	Up to 6.4 mm
Narrowest cut	0.025 mm in 0.025-mm-thick metal
Hole range	0.025 mm in 0.02-mm-thick metal 1.0 mm in 5-mm-thick metal
Hole taper	1° – 2 ° typical
Hole angle to surface	20 ° – 90 °
Removal rate	40 mm^3/s
Penetration rate	0.25 mm/s
Perforation rate	Up to 5000 holes/s
Tolerance	± 10 % depth of cut
Surface roughness	1 μm R_a

5.3.4 이점과 단점 _Advantages and disadvantages

이점

- 드릴링은 높은 속도로 가공이 가능하다(1 초당 4,000 개 구멍가공).
- 예각에 직면하는 어려운 경우가 발생하지 않는다.
- 드릴링 파라미터는 가공 중에 쉽게 변경이 가능하다.
- 공작물의 경도, 연성 그리고 표면 반사율에 의한 이용상의 제한을 받지 않는다.
- 비접촉이기 때문에 가공물에 기계적인 뒤틀림 현상이 발생하지 않는다.
- 이 공정은 구멍의 위치 정밀도 0.1 mm 와 구멍직경의 반복정밀도 5 % 이내를 만족할 수 있다.
- 이 공정은 다른 공정에 비해 최상의 표면마무리를 가진다.
- 매우 작은 구멍을 가공함에 있어서 다른 공정에 비해 상대적으로 적은 비용이 발생한다.

단점

- 고가의 설비 비용이 든다.
- 진공조건을 만들기 위해 필요한 시간 때문에 가공시간이 오래 걸린다.
- 얇은 재응고층이 존재한다.
- 여분의 추가 재료가 필요하다.

5.4 플라즈마 빔가공 _Plasma Beam Machining

5.4.1 서론 _Introduction

가스의 온도가 약 2,000 °C 로 올라가면 가스 분자들은 원자 단위로 분리되며 더 고온인 30,000 °C 까지 올라가면 원자들은 이온화된다. 이 온도 부근에서의 가스를 플라즈마라고 부른다. 플라즈마에 의한 가공은 스테인리스 강, 알루미늄 그리고 비철 금속의 산소 - 가스 불꽃가공의 대안으로 1950 년도 초에 도입되었다. 그 당시에는 낮은 절삭속도, 나쁜 가공 품질 그리고 신뢰성이 낮은 장비에 관한 공정한계가 있었다. 최근에는 금속과 비전도성 재료의 가공에 관심이 기울고 있다. 플라즈마 빔가공의 중요한 특징은 연강보다 스테인리스 강에서 더 빠른 가공을 하는 것이다.

5.4.2 가공시스템 _Machining systems

플라즈마가공의 연속적인 아크는 뜨거운 텅스텐 음극과 수냉인 구리 양극 사이에서 발생한다. 가스는 음극 주변에서 도입되고 양극을 통해 흐른다. 음극 주변의 좁은 구멍 안에서 온도는 고온의 플라즈마 아크를 생성하기 충분한 28,000 °C 에 도달한다. 이 상태에서 가공되는 재료는 매우 빠르게 용융 및 증발된다. 이온화된 가스의 흐름은 가공 칩을 가공면에 미세분무형태로서 날려 보낸다. 플라즈마 빔가공의 일반적인 특징은 표 5.6에 나타나 있다. 이 방법에 의한 제거율은 전통적인 단인 공구의 선삭가공방법보다 상당히 높다. 플라즈마가공시스템은 플라즈마 아크, 플라즈마 분사, 차폐 플라즈마 그리고 에어 플라즈마로 나눌 수 있다.

5.4.2.1 플라즈마 아크 _Plasma arc. 그림 5.49에서 볼 수 있듯이 아크는

표 5.6 ▮ 플라즈마 빔가공 특성

Parameter	Level
Velocity of plasma jet	500 m/s
Material removal rate	150 cm^3/min
Specific energy	100 W/(cm^3 · min)
Power range	2 – 200 kW
Voltage	30 – 250 V
Current	Up to 600 A
Machining speed	0.1 – 7.5 m/min
Maximum plate thickness	200 mm

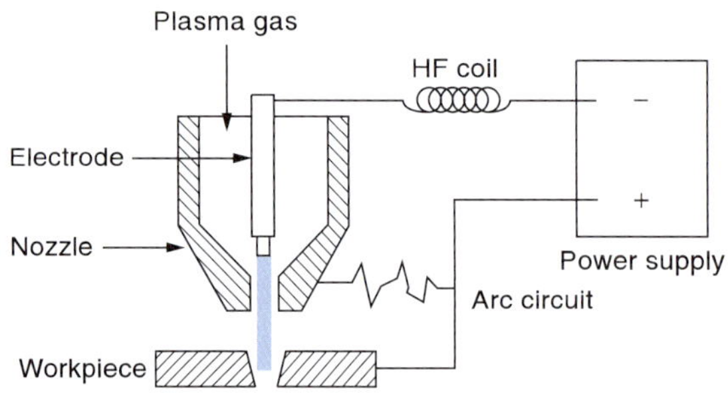

그림 5.49 플라즈마 아크 시스템의 개념도

33,300 °C 만큼의 고온을 일으키는 전도성 가공물에 플라즈마 토치의 전극 뒷면으로부터 불꽃이 발생한다. 노즐과 가공물 사이의 이중 아크 효과는 전극과 가공물에 손상을 준다. 높은 열전달률은 양극에서 가공물로의 모든 열 이동에 의한 플라즈마 아크 중에 생기는 것으로 발견되었다. 플라즈마 아크 시스템의 보다 큰 효율성 때문에 이것은 금속 가공을 위해 종종 사용된다. 플라즈마 아크는 가스와 금속 사이의 화학적 반응에 의존하지 않는다. 왜냐하면, 온도가 매우 높고 산소-연료가스 가공에 반하는 것들을 포함하여 전기전도성 재료를 위한 적합한 공정이기 때문이다

5.4.2.2 플라즈마 제트_Plasma jet. 그림 5.50에서 보이는 바와 같이 이 시스템은

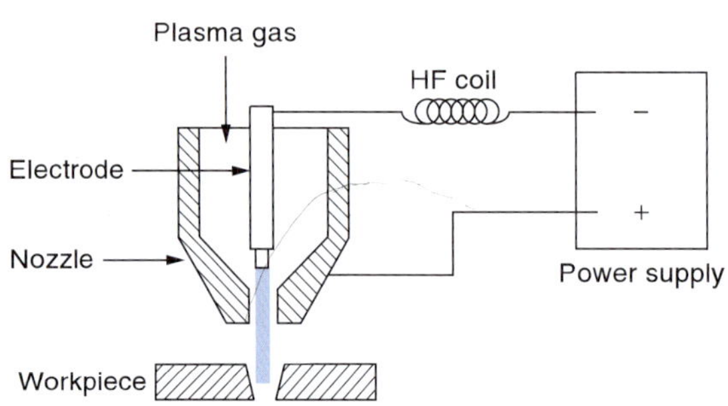

그림 5.50 비 이송방식의 플라즈마 제트 시스템

이송되지 않은 아크가 토치 자체 내에서 발생한다. 단지 이온화된 플라즈마는 16,600 °C 고온에서 분사됨으로써 방출된다. 토치 자체가 양극이기 때문에 냉각수에 의해 추출된 양극 열의 넓은 부분으로 인하여 재료제거 공정에는 효과적이지 않다. 전통적인 방법에 의한 가공이 어려운 비전도성 재료들은 종종 성공적으로 플라즈마 분사 시스템에 적용되고 있다.

5.4.2.3 차폐 플라즈마 _Shielded plasma

가스 - 차폐 플라즈마 _Gas-shielded plasma. 알루미늄, 스테인리스 및 연강과 같은 다른 재료들을 가공할 때 만족스러운 품질의 가공을 위해서 보조가스를 도입할 필요가 있다. 이러한 경우 가스의 외부 차폐는 질소 및 아르곤 가스 분위기의 영향을 줄이기 위해 노즐 주위에 행해진다. 차폐 가스는 가공재료에 따라 결정된다. 스테인리스 강, 알루미늄 및 비철금속을 위해 수소는 종종 차폐 가스로 사용된다. 이산화탄소는 철과 비철금속에 많이 사용되며 연강은 공기 또는 산소를 사용해도 된다.

물 - 차폐 플라즈마 _Water-shielded plasma. 그림 5.51에서 볼 수 있듯이 차폐 가스가 물로 대체되는 동안 질소가 사용된다. 물은 플라즈마 토치 부분에 방사상의 재킷(jacket)을 형성한다. 물의 냉각 효과는 가공 부위의 넓이를 줄이고 가공품

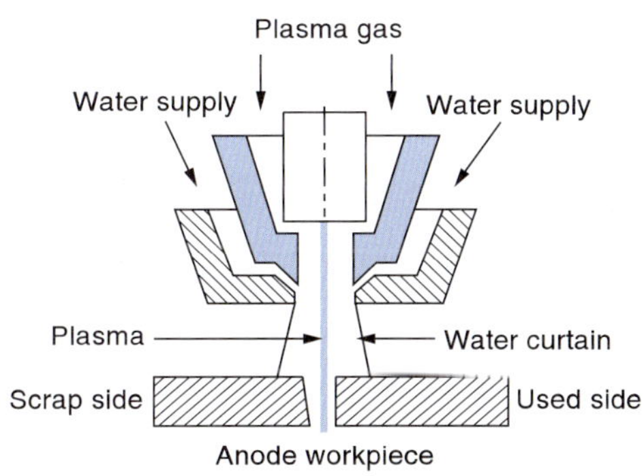

그림 5.51 물 - 차폐 플라즈마 개념도

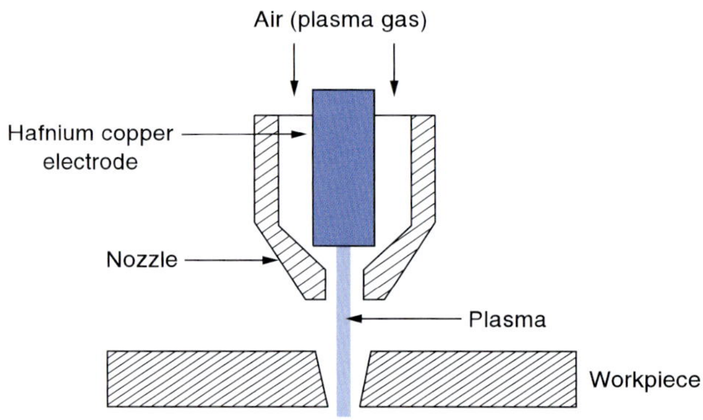

그림 5.52 ▌ 에어 플라즈마 개념도

질을 향상시킨다고 보고되었다. 그러나 가공률이나 가공부위의 직각도(squareness)에서 아무런 개선이 없다고 McGeough(1998)에 의해 보고되었다.

5.4.2.4 에어 플라즈마 _Air plasma. 질소 또는 아르곤 대신에 압축공기가 가공 가스로 사용된다(그림 5.52). 공기는 전기 아크의 높은 온도에 노출되었을 때 가스 성분으로 분해된다. 그 결과 플라즈마 중의 산소는 특히 철금속과 반응성이 매우 크다. 따라서 절삭속도는 25 % 증가한다. 이 방법의 주요 단점은 스테인리스 강과 알루미늄인 경우에 산화층이 많이 형성된다는 것이다. 텅스텐은 산소, 하프늄(hafnium) 구리 또는 하프늄 지르코늄 합금과 반응하기 때문에 텅스텐 전극을 교체해야 한다. 그러나 이 전극의 수명은 매우 짧다. 스테인리스 강과 크롬니켈 합금강, 알루미늄 그리고 구리와 같은 전기전도성 재료는 에어 플라즈마로 가공이 가능하다. 공기는 가공과 차폐 플라즈마를 위해 사용되기 때문에 80 % 질소와 20 % 산소를 사용하며 연강의 가공속도는 약 25 % 증가한다.

5.4.3 재료제거율 _Material removal rate

가공물 방향에 분사되는 플라즈마 제트의 열에너지를 흡수하는 플라즈마 빔가공은 재료제거를 활성화 한다. 플라즈마 토치는 미세분무 또는 증기 형태로 용융

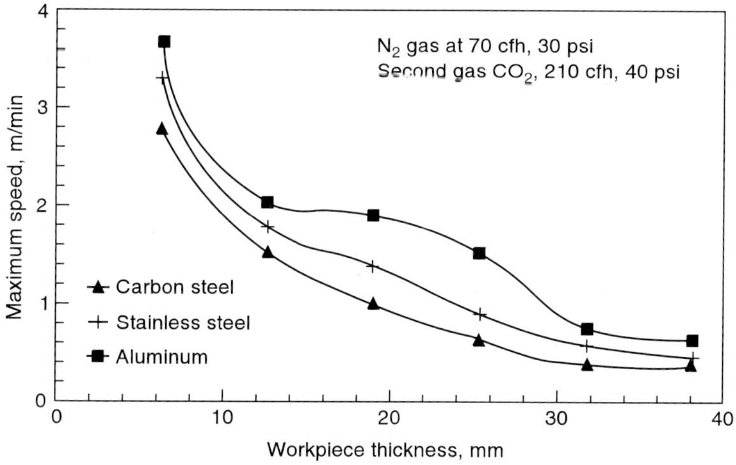

그림 5.53 가스 - 차폐 플라즈마에서 재료별 가공성 (El-Hofy, 1995)

및 증발된 금속을 날려 보낸다. 가공률과 가공성은 가공물 뿐만 아니라 가공형태 또는 최대 온도 전달률을 결정하는 차폐가스들의 종류에 따라 달라진다. 탄소강, 스테인리스 강 그리고 알루미늄의 이중 가스 플라즈마를 위한 가공성의 지표로서 최대 절삭속도는 그림 5.53에 나타난다. 그림 5.54는 몇몇 합금들의 플라즈마 빔을 이용한 거친 선삭에 요구되는 출력소모량을 나타낸다. 낮은 요인은 낮은 요구 에너지 또는 높은 제거율을 나타낸다. 가공속도는 재료의 두께 또는 비스듬한 경우의 절단 넓이가 증가함에 따라 감소하는 것을 알 수 있다. 출력을 증가시킴으로써 용융 된 금속의 효율적인 제거는 가스 유속의 증가와 일치함을 확인하였다. 220 kW 를 사용하여 12 mm 두께 강판의 플라즈마가공 시의 가공속도는 산소 - 가스 절단의 경우보다 5 배 큰 2,500 mm/min 이다.

5.4.4 정확도 및 표면품질 _Accuracy and surface quality

플라즈마 빔가공에 의한 가공물의 가장자리는 종종 비스듬한 면이 형성된다.

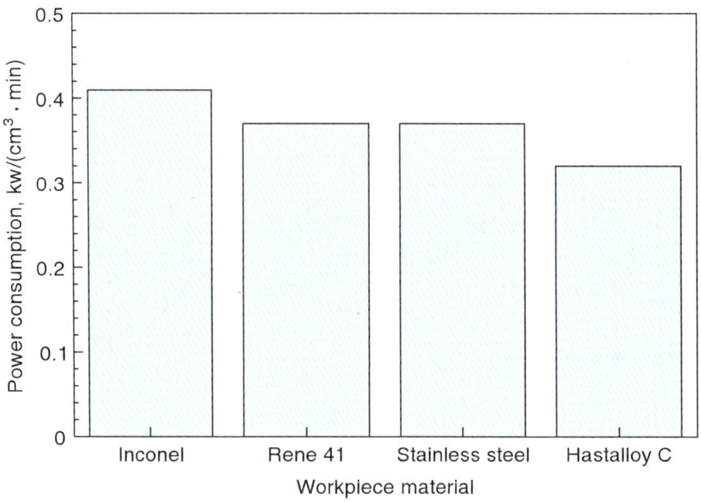

그림 5.54 거친 선삭 플라즈마 빔의 출력소모량

McGeough(1988)는 가공 방향으로 플라즈마 아크 오른쪽 측면 ± 3 ° 이내에 사각형 모서리가 생성된다고 보고했다. 왼쪽 가장자리는 가공 가스가 시계방향으로 소용돌이를 일으켜 약 15 ° 로 경사가 진다. 높은 열전달률 때문에 용융된 금속의 깊이는 가공면 아래 약 0.18 mm 까지 이어진다. 높은 가공속도는 가공부위를 관통하는 열이 가공물을 뒤틀리거나 왜곡을 발생시키는 것을 방지한다. 재료의 절단 가장자리는 모재보다 더 단단해지는 경향을 보인다. 두께가 0.25 ~ 1.12 mm 의 열영향부가 보고되었다. 게다가 급속냉각 때문에 1.6 mm 의 열영향부를 초과하는 균열이 발생할 수 있다. 깨끗하고 매끄러운 표면은 플라즈마 빔가공에 의해 얻어진다. ± 1.6 mm 의 큰 공차를 가진다. 그러므로 마무리가공은 좁은 범위의 공차가 요구될 때 행해져야 한다.

5.4.5 적용사례 _Application

1. 플라즈마 아크가공은 기존의 방법에 의한 난삭재 가공을 위해 또 다른 흥미로

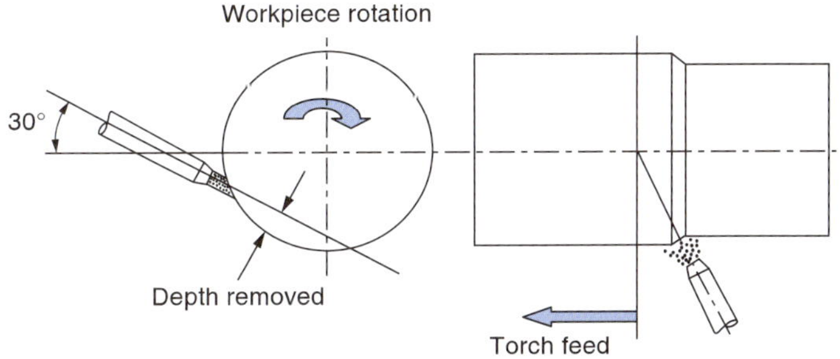

그림 5.55 플라즈마 아크 선삭 개념도

운 선삭 가공법이다. 이러한 방법에 의해 2 m/min 의 가공속도와 5 mm/rpm 이송속도로 마무리 가공을 하여 0.5 mm 표면조도 R_t 값을 얻었다. 가공 깊이는 가공 출력 또는 표면 속도를 통해 조절할 수 있다(그림 5.55).

2. 스테인리스 강 및 알루미늄과 같이 산소 아세틸렌 가스 기술로 형상 가공이 힘든 재료는 CNC 플라즈마 빔가공으로 형상가공이 용이하다. 대량 부품들은 전단작업 없이 하나의 큰 시트로부터 생산된다.
3. 플라즈마 빔가공은 가공 출력으로 50 kW 를 사용하여 80 mm^3/min 에서 스테인리스 강에 1.5 mm 깊이, 12.5 mm 넓이의 홈을 가공할 수 있다. 이러한 높은 가공속도는 연마나 치핑 방법보다 10 배 빠르다. 비전도성 재료들에서 이러한 홈 가공을 할 때 더 낮은 가공속도를 얻는다. 그러나 홈 치수는 트래버스 속도, 아크 에너지 및 플라즈마 아크의 각도와 높이에 달려있다.
4. 이 공정은 후 공정으로서 용접작업을 갖는 경우에 추천된다.
5. 플라즈마 아크는 50 mm 이하의 벽 두께를 가지는 관을 절단할 수 있다. 이 경우 디버링은 관 용접하기 전에 필요하지 않다(*Machining Handbook*, 1989).
6. 수중 NC 플라즈마가공은 낮은 가공속도인 9 m/min 에서 ± 0.2 mm 의 정확도로 가공이 가능하다.

5.4.6 이점과 단점 _Advantages and disadvantages

이점. *www.advancedplasma.com/* 참조.

- 복잡한 화학 분석 및 유지 보수가 필요하지 않다.
- 유해한 염화 불화 탄소, 용매 그리고 산 세정 화학약품을 사용하지 않는다.
- 증기탈지, 제거처리, 초음파세척, 그리고 그릿 블라스팅(grit blasting)이 필요 없으며 청결하게 작동된다.
- 유해 화학 물질에 작업자가 노출되지 않는다.
- 적은 에너지로 작업이 용이하다.

단점

- 2.5 m/min 가공속도에서 12 mm 두께의 연 강판을 가공하기 위해서 220 kW의 고출력이 요구된다.
- 이 공정은 가공물에 영향을 미칠 수 있는 열과 유독가스를 발생한다.

5.5 이온빔가공 _Ion Beam Machining

5.5.1 서론 _Introduction

이온빔가공은 진공 챔버 내에서 발생하며 가속 전압으로 하여금 이온 소스로부터 공작물을 향해 발사된 하전 이온을 사용한다. 이온빔가공의 재료제거 메커니즘은 전자빔가공과는 다르며, 가속 전압에 의해 발생된 이온화된 원자들을 가공물 재료에 충격을 주어 표면으로부터 원자를 방출시킨다. 따라서 이 과정은 이온 에칭, 이온 밀링, 또는 이온 연마라고 한다. 그림 5.56에 표시된 가공시스템은 강력한 빔을 발생하는 이온 소스를 이용하여 가공물 표면에 이온 원자를 충돌시켜 이온화

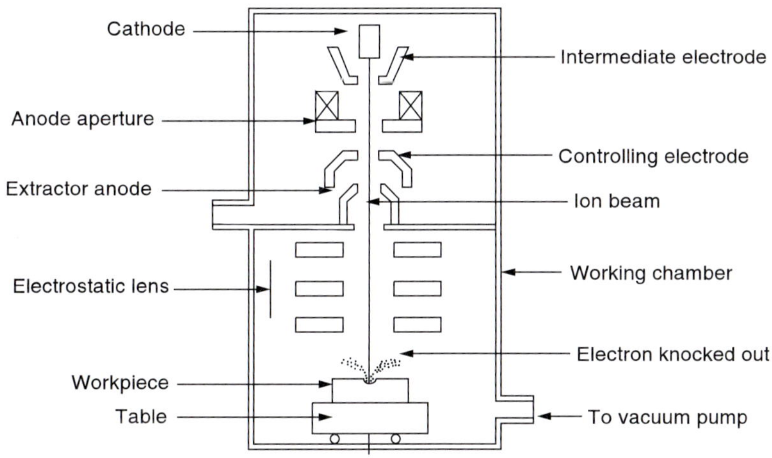

그림 5.56 이온빔가공시스템 구성요소

된 원자들을 확산시킨다. 음극으로 작용하는 가열된 텅스텐 필라멘트로부터 발생된 전자는 1 kV 의 고전압에 의해 양극 방향으로 가속된다. 음극에서 양극으로 전자가 통과하는 동안, 플라즈마 소스의 아르곤 원자와 반응하여 아르곤 이온을 생성한다.

$$Ar + e^{-} \rightarrow Ar^{+} + 2e$$

전자는 음극과 양극 사이에 형성되는 자기장에 의해 나선형상이 된다. 따라서 아르곤 가스를 통과하는 전자의 경로가 길어지며, 결과적으로 아르곤 가스의 이온화 또한 증가된다. 발생된 이온은 플라즈마로부터 가공물 방향으로 추출되어 입사되고, 가공물은 0 ~ 80 ° 의 기울임 각이 가능한 수냉식 테이블 위에 고정된다. 또한 가속 전압, 유량 및 입사각 등과 같은 가공 변수가 독립적으로 제어된다.

5.5.2 재료제거율 _Material removal rate

그림 5.57과 같이, 이온이 비스듬하게 가공물 표면에 충돌했을 경우 원자의 방출은 1 차 충돌에 의해 발생하기 쉽다. 이러한 조건에서 입사된 이온의 운동량 벡터

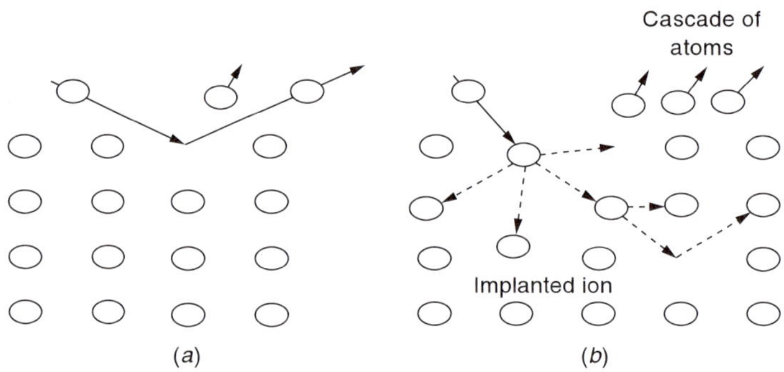

그림 5.57 (a) 낮은 이온 에너지와 (b) 높은 이온 에너지의 재료제거 메커니즘 (McGeough, 1988)

가 방출 공정에 가장 큰 영향을 미친다고 보고되었다(McGeough 1988). 이온이 동일한 각도로 비스듬히 충돌하는 경우, 입사된 이온은 수많은 원자의 방출을 유도함으로 스퍼터링의 수율(sputtering yield)은 일반적인 원자 발생의 수율보다 상당히 크다. 따라서 재료는 가공물 표면에 입사된 이온에서 원자로 전달되는 운동량에 의해 제거된다. 표면에서 제거된 원자는 가공물로부터 벗어난다. 원자를 제거하기 위해서는 결합 에너지인 5 ~ 10 eV 보다 큰 에너지가 필요하다. 충분한 운동량을 가진 높은 에너지는 표면에서 많은 원자(집단 이탈 효과)의 제거를 발생시킬 수 있다. 더군다나 입사된 이온은 재료 속으로 더 깊이 침투하게 되고, 원자의 위치 변화를 야기해 재료에 손상을 가하게 된다. 이온빔가공에서, 재료는 가공물 표면으로 입사된 이온에서 원자로 전달되는 운동량에 의해 제거된다. 결과적으로 원자는 이온이 재료에 입사하는 동안 가공물 표면에서 제거된다. 그러므로 수율의 양에 따른 절삭속도는 소재의 가공 정도, 이온의 에너지 및 종류, 입사각 그리고 가스의 압력 등의 경우에 따라 달라지며 이는 McGeough(1988)에 의해 설명된다.

$$V(\theta) = \frac{(9.6 \times 10^{25}) S(\theta) \cos(\theta)}{n}$$

여기서, $V(\theta)$ = 에칭 속도, 분당 원자/(mA · cm^{-2})

n = 대상 물질의 밀도, cm^3 당 원자

$S(\theta)$ = 수율, 이온낭 원자

$\cos(\theta)$ 항은 일반적으로 발생한 이온의 입사가 수직 각도로 발생하여 전류밀도를 감소시키는 것을 고려하여 계산한다. 수율에 따른 절삭속도는 가공되는 소재의 원자 결합 에너지에 따라 달라진다. 수율의 양은 또한 재료의 표면과 반응하는 가스로 인해 변화한다. 이러한 가스는 재료의 결합 에너지를 변화시키며 재료제거율 또한 변화시킨다. 나아가 수율의 양에 따른 절삭속도는 이온빔가공의 가공성에 적합한 지표를 제시한다. 그림 5.58과 그림 5.59는 재료별 가공성 지수를 나타내며 금속 재료는 비금속보다 높은 가공성을 갖고 있다.

5.5.3 정확도 및 표면효과 _Accuracy and surface effects

이온빔가공으로 10 ~ 100 nm 같은 작은 형상이 가공 가능하다. 가공된 표면의 측벽 기울기와 표면마무리가 이온빔의 입사각에 의해 결정된다. ± 1 % 의 반복성과

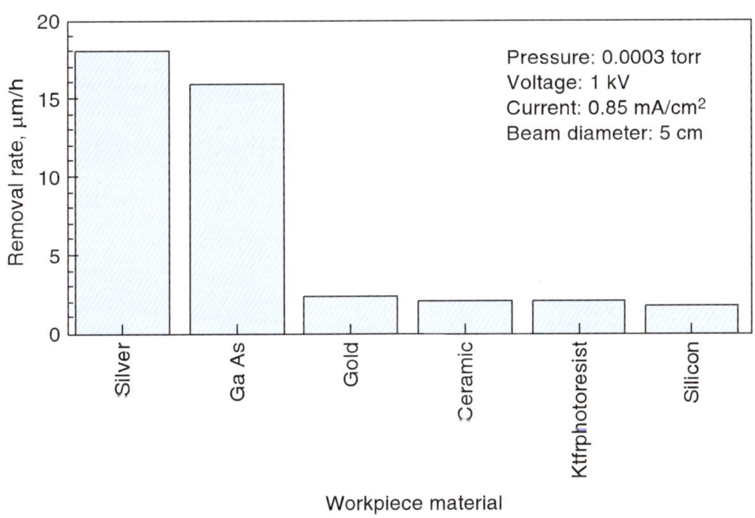

그림 5.58 재료별 절삭속도(El-Hofy, 1995)

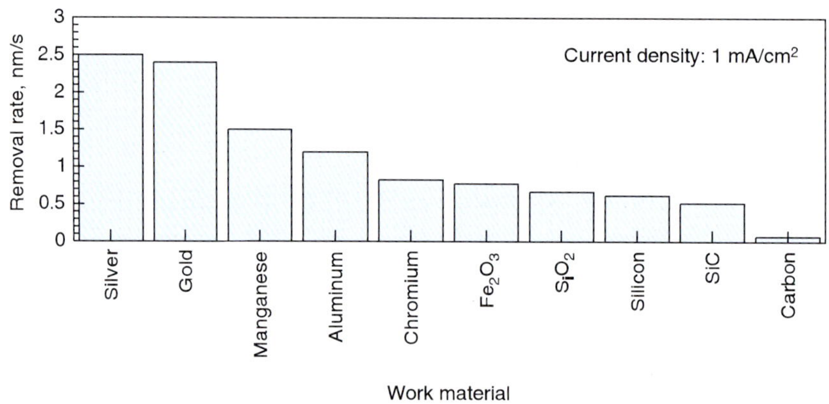

그림 5.59 이온빔가공의 재료별 제거 속도 (El-Hofy, 1995)

± 1.0 % 의 정확성 수준의 가공 결과가 McGeough(1988)에 의해 보고되었다. 표면 텍스처링은 대략 1 μm 정도 크기의 원뿔과 굴곡 같은 외형의 가공이 가능하지만 1 μm 이하로 매끈하게 표면마무리 하는 것은 어렵다.

5.5.4 적용사례 _Applications

1. 이온빔가공은 레이저 거울면의 다듬기 및 표면마무리에 영향을 주지 않고 박막의 두께를 감소시키는 데 사용된다. 이러한 점에서 일반적으로 입사에 영향을 미치는 아르곤 이온들을 이용하여 10 ~ 15 μm 두께로 실리콘 샘플을 얇게 가공한 것이 McGeough(1988)에 의해 보고되었다.
2. 회전하는 가공물의 작은 영역에 두 개의 대립하는 빔을 입사하면 투과형 전자현미경을 위한 시편이 가공될 수 있다.
3. 직접적 스퍼터링을 사용하여 유리, 실리카 및 다이아몬드를 광학적 표면으로 연마하거나 형성하는 것은 패터닝 마스크를 사용하여 수행된다.
4. 이 공정은 구리, 니켈, 스테인리스 강, 은 그리고 금(그림 5.60)을 포함하는 재료에서 조밀하게 꽉 찬 콘 형태의 텍스처링이 가능하다. 또한 스퍼터 디포지션

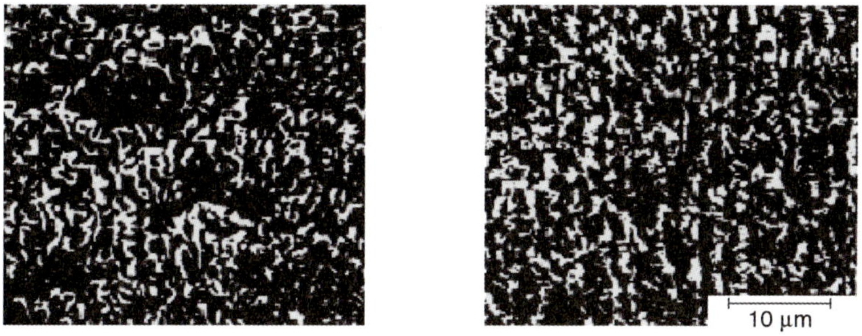

(*a*) Nickel (*b*) Copper

그림 5.60 주사 전자현미경 사진(McGeough, 1988)

(sputter deposition)을 사용하는 스퍼터 에칭(sputter etching)은 더 낮은 수율을 가지는 가공물 표면에 미세한 표면 텍스처링을 할 수 있다.

5. 금 박막이 접착된 실리콘과 산화 알루미늄 기판에 이온빔가공을 이용하면 원자 수준의 깨끗한 표면이 가공될 수 있으며, 표면 산화물 층을 제거하기 위해 더 높은 이온화 에너지가 사용될 수 있다.
6. 이온빔가공은 0.2 μm 선폭을 가공할 수 있으며, 이는 종횡비 2:1 의 버블 메모리 소자의 제작에 사용된다(McGeough, 1988). 이온빔가공에서의 마스크는 오로지 빔을 가리기 위해서만 존재하기 때문에 화학적 에칭에서 발생하는 언더컷과 같은 문제점이 발생하지 않는다.
7. 2 차원 폴리머 기반 회절격자의 이온빔가공 응용예는 *www.blkbox.com/*에서 볼 수 있으며, 이온빔증착(Ion Beam deposition)에 관한 내용은 *www.skion.com/*에서 볼 수 있다.

Chapter

6

하이브리드 전해 공정

_Hybrid Electrochemical Processes

6.1 서론 _Introduction

하이브리드 전해 가공공정에서, 주된 재료제거 메커니즘은 화학적 용해(CD)이거나 전기화학적 용해(ECD)이다. 이러한 가공공정은 기계적 가공작용이나 열적 지원에 의해 재료제거율과 표면품위를 모두 향상시킨다.

레이저 빔(LB)을 이용하여 간극을 국부적으로 가열하면 용해를 촉진시켜, 레이저 지원 화학식각(LAE) 혹은 레이저지원 전해가공(ECML)의 하이브리드화가 된다. 즉 전류밀도가 올라가고 용해 작용이 활발해져서 보다 생산적인 가공공정으로 발전된다.

기계적 가공의 도입은 전해가공(ECM)의 간극 조건을 변화시켜 용해작용을 향상시킴으로 인해 결국, 제거율을 증가시킨다. 양극의 얇은 산화막이나 성분들을 제거하여, 가공면이 기계적으로 보호막 제거가 이루어진다. 이는 표면을 용해시키며 보다 평활해지게(smooth) 된다(*www.unl.edu/nmrc/hybrid/*).

그림 6.1에서는 기계적 연마(mechanical abrasion, MA)가 전해가공(ECM)과 합쳐서 다양한 하이브리드 공정을 탄생시켰는데 전해연삭(electrochemical grinding, ECG), 전해호닝(electrochemical honing, ECH) 그리고 전해슈퍼피니싱

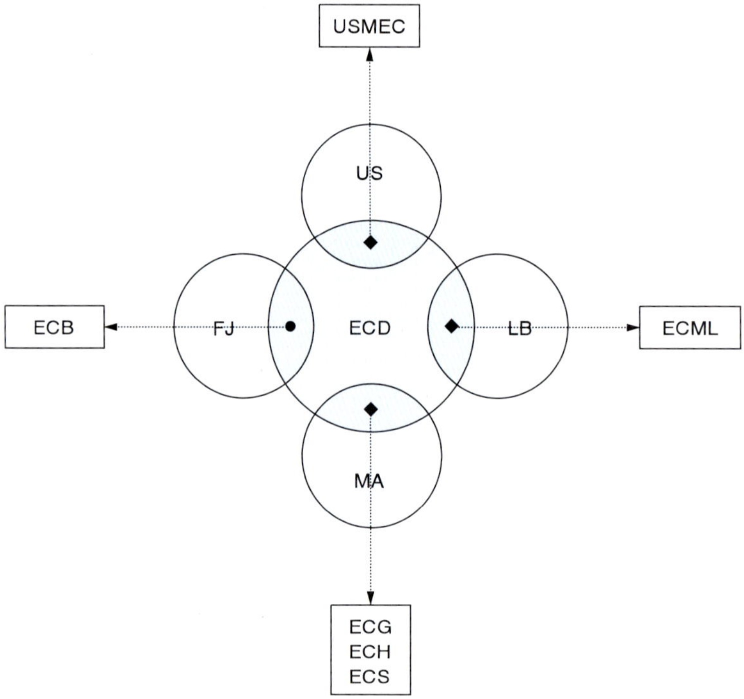

그림 6.1 하이브리드 전해공정

(electrochemical superfinishing, ECS) 등이 있다.

또한 초음파지원 전해가공(ultrasonic-assisted electrochemical machining, USMEC)은 전기화학적 용해에 초음파가공을 적용하여, 효율적인 전해액 공급을 통해 재료제거율이 향상되었다. 유체제트의 기계적 작용 역시 전해 버핑(electrochemical buffing, ECB)이 일어나는 동안 전기화학적 용해를 향상시킨다.

6.2 전해연삭 _Electrochemical Grinding

6.2.1 서론 _Introduction

전해연삭(ECG)은 그림 6.2와 같이 음극 연삭숫돌, 전해액 그리고 양극 가공물로

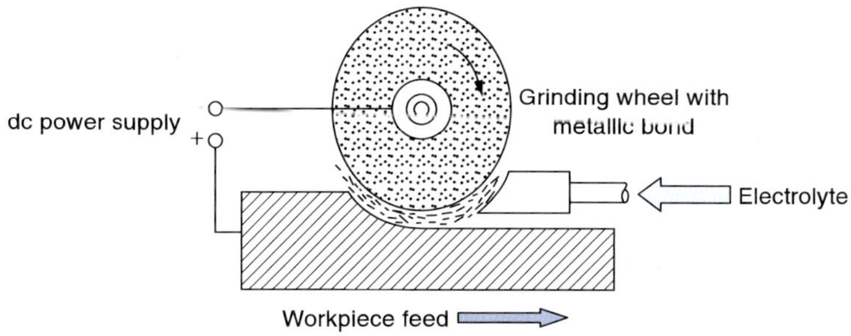

그림 6.2 ▌평면 전해연삭

구성된다. 따라서 가공될 윤곽과 유사한 음극 공구를 사용하는 전해가공과 달리 특수 설계된 연삭숫돌을 사용한다는 것을 제외하면 전해가공과 매우 유사하다. 연삭숫돌의 절연 연마입자(다이아몬드 및 산화 알루미늄)가 전도성 결합제로 고정되어 있다. 전해연삭에서 비전도성 연마입자는 전도성 결합제와 양극 가공물 사이에서 간극을 만들어 주는 역할을 한다. 이런 연마입자의 크기에 따라 전해액이 공급되는 일정한 간극(0.025 mm 전후)이 유지된다. 연마입자는 가공영역에서 연속적으로 재료를 제거한다. 그림 6.3의 가공시스템에서 원주 표면에 연마입자

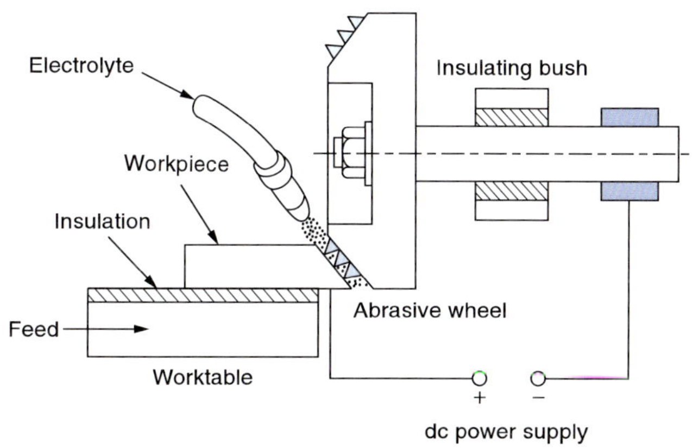

그림 6.3 ▌전해연삭시스템의 요소

(#60 ~ 320 입도)를 갖는 연삭숫돌이 회전하는 음극 공구가 된다. 전해액은 일반적으로 $NaNO_3$가 공급된다. 연삭숫돌은 20 ~ 35 m/s 의 주속도와 50 ~ 300 A 의 전류 범위를 가진다.

6.2.2 재료제거율 _Material removal rate

음극 연삭숫돌과 양극 가공물 사이에 4 ~ 40 V 의 간극전압이 인가될 때 120 ~ 240 A/cm^2 의 전류밀도가 생성된다. 전류밀도는 가공물 재질, 간극 폭 그리고 인가 전압에 지배를 받는다. 재료는 연마입자의 기계적 제거작용은 전체의 5 ~ 10 % 이며, 따라서 주로 전기화학적 용해에 의해 제거된다.

전해연삭은 일반 연삭에 비해 제거율이 약 4 배 빠르며, 응력이 남지 않으며 버가 발생하지 않는다. 체적제거율(VRR)은 전형적인 경우 1,600 mm^3/min 이다. McGeough (1988)와 Brown(1998)은 최고 제거율을 확보하기 위해 전기화학적 용해에 영향을 주는 가공 전류를 극대화시키는 연삭 영역을 가능한 넓게 하였다. 전해연삭에서 체적제거율 VRR(mm^3/min)은 다음의 식을 이용하여 계산된다.

$$\mathrm{VRR} = \frac{\varepsilon I}{\rho F}$$

여기서, ε = 등가 무게(g)

I = 가공전류(A)

ρ = 가공물의 밀도(g/mm^3)

F = 패러데이 상수(C)

연삭숫돌이 가공물로 침입하는 속도 V_g(mm^3/min)는 Kalpakjian(1997)에 의해 주어진다.

$$V_g = \frac{\varepsilon}{\rho F} \frac{\upsilon}{g_w K_p} \kappa$$

여기서, υ = 간극 전압(V)

g_w = 숫돌 - 가공물 간극(mm)

K_p = 손실계수(1.5 ~ 3)

κ = 전해액 전도도($\Omega^{-1}\text{mm}^{-1}$)

전해연삭은 기계적 연마와 전기화학적 용해를 결합한 하이브리드가공법이다. 따라서 가공속도가 몇 배 증가하고 표면층의 특성이 향상되는 반면, 공구마멸이나 에너지 소비는 감소한다. 패러데이 법칙이 전기화학적 용해를 지배하지만, 연마입자의 작용은 전계, 전해액의 공급 그리고 양극 주위의 경계층에 존재하는 유체동압효과(hydrodynamic effect)와 같은 간극에 존재하는 조건에 영향을 받는다. 재료제거와 표면층 형성에 이 두 가공 모드의 기여도는 가공 변수에 좌우된다. 그림 6.4는 전해연삭의 기본 구성요소를 나타낸다. 재료제거에 두 가공 모드가 기여하여 전해가공에 의한 제거율 Q_{ECD}와 연삭에 의한 제거율 Q_{MA}의 합인, 총 제거율 Q_{ECG}를

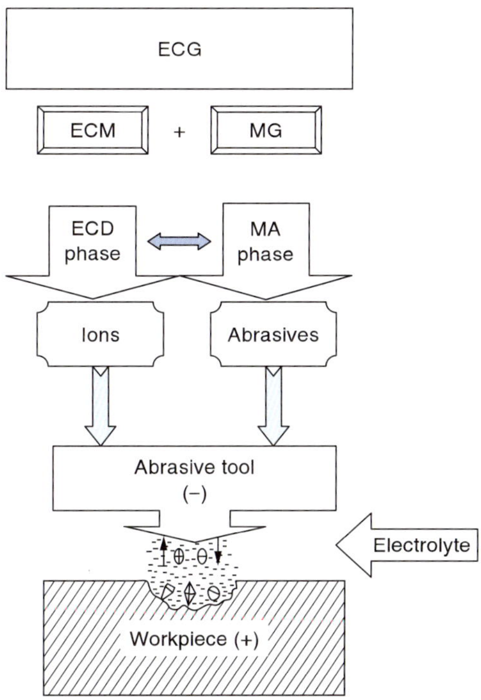

그림 6.4 전해연삭의 구성요소

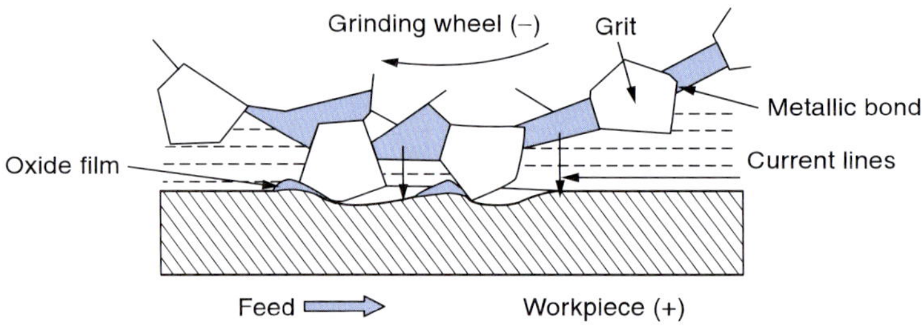

그림 6.5 전해연삭의 간극에서 전기화학적 용해와 기계적 연마

상당히 증가시킨다. 그림 6.5로부터 회전형 전도성 연삭숫돌을 도입하여 전기화학적 용해를 향상시킴을 알 수 있다. 연마입자는 양극의 가공물로부터 불용성 박막을 문질러 기계적 편극 소거(depolarization) 작용을 한 것이다. 이러한 박막은 많은 금속합금이나 초경재료에서 특별히 형성된다. 따라서 연마입자의 임무는 가공물 표면으로부터 기계적으로 보호막을 제거하는 것이다. 그리고 간극 폭이 결합제 위로 튀어나온 연마입자 높이보다 낮은 영역에서는 기계적 연마와 전기화학적 용해가 동시에 일어난다. 연마입자가 가공물 표면과 접촉하지 않는 순수한 전해 제거는 연삭숫돌이 들어가고 나오는 영역에서 존재한다.

전해연삭의 성능은 기계적 연마와 전기화학적 용해의 상호작용에 의해 향상되고, 가공부의 재료 표면층의 성질을 바꾼다. 숫돌의 이송속도와 회전속도의 증가 그리고 전압감소는 간극 폭을 감소시키고, 결과적으로 재료제거에서 기계적 연마의 기여도를 증가시킨다. 이송속도의 감소는 절삭력을 0 까지 낮추어 순수한 전기화학적 용해로 천이되게 한다. 기계적 연마가 사라지는 가공조건은 주어진 전해액에서 전기적 변수, 재료의 전해가공성 및 연삭숫돌의 입자크기와 높이와 같은 인자의 영향을 받는다. 일반적으로 이송속도가 낮으면 오버컷이 커지며 표면품위도 나빠지고 공차도 커지는 반면, 숫돌의 마모는 심해진다. 다이아몬드나 cBN과 같은 값비싼 연삭숫돌을 사용하면, 입자가 덜 마멸되고 연삭력도 감소하여 오히려 가공원가를 낮출 수 있다. 기계적 연마는 생산성, 치수정확도 및 표면 순도(integrity)를 향상시키는 반면 에너지 소모는 저감시킨다. 강을 가공할 때 기계적 연마는 제거율의 15 % 정도 차지하므로 이차적인 역할을 하는 셈이다. 초경 재료의 경우에는 30 % 정도 기여를 한다(Kaczmarek, 1976).

전기화학적 용해에서는 가공물의 재질, 전해액 및 전류밀도와 같은 변수가 재료제거율을 결정한다. 당연히 높은 가공속도는 최대의 전류밀도에서 얻어진다. 그러나 이런 전류밀도는 특정 합금 - 전해액 시스템에서 양극 용해율과 전해액의 기화(boiling)점에 의해 제한된다(*Machining Data Handbook*, 1997). 연삭 작용과 전기화학적 용해의 상호작용이 가공물의 제거율을 결정한다. 연삭숫돌의 단위 압력을 증가시키면 많이 깎아낼 것이고, 이는 가공간극을 감소시켜 전류밀도를 높여 준다. 반대로 연마입자가 커지면 가공간극은 넓어지고 전류밀도는 낮아진다. 이러한 조건에서 절삭속도는 기계적 제거속도는 다소 증가하지만, 총 가공속도는 감소한다.

Rumyantsev와 Davydov(1984)는 제거율과 절삭속도가 최대에 이르는 연삭숫돌의 최적 회전수를 찾아내었다. 그림 6.6은 가공성의 지표로서 최대 도달 가능한 이송속도를 나타낸다. 따라서 알루미늄이나 구리 합금은 가공성이 가장 높은 반면,

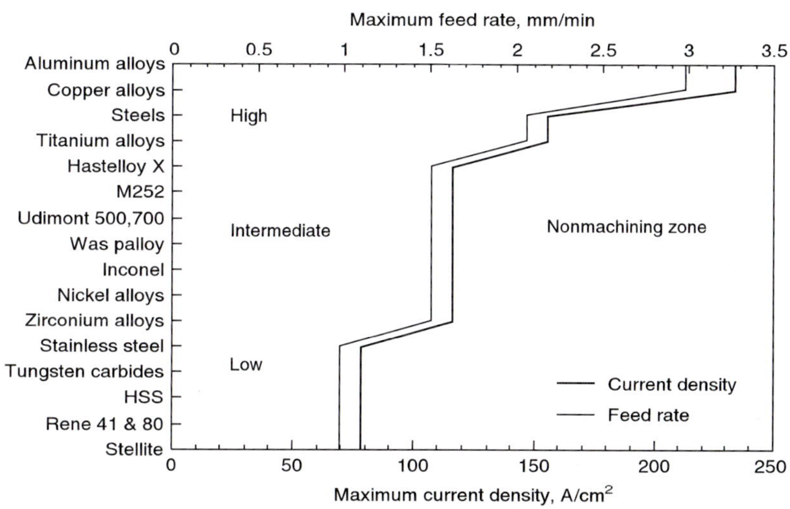

그림 6.6 전해연삭에서 가공성 평가(El-Hofy, 1995)

스테인리스 강이나 초경은 가장 낮다(El-Hofy, 1995).

6.2.3 정확도 및 표면품질 _Accuracy and surface quality

전통적인 연삭은 기계적으로 재료를 제거하여 ± 0.003 mm 의 공차를 남기지만, 열과 응력이 발생하여 얇은 부품을 가공하기는 어렵다. 그러나 전해연삭은 ± 0.025 mm 의 공차를 쉽게 얻을 수 있다. 특별한 환경에서는 ± 0.008 mm 도 가능하다. 정밀한 공차를 유지하기 위해서는 전류, 전해액 유동, 이송속도, 가공물 자체의 특성을 제어해야 한다. 실현 가능한 정확도는 ± 0.125 mm 이다. 마지막 제거는 양호한 표면품위와 정밀한 치수 공차를 얻기 위해 일반적으로 연삭가공만 한다. 그리고 정밀한 공차, 작은 오버컷, 예리한 선단 그리고 경면을 얻기 위해서는 전압을 낮추어야 한다. 전해연삭은 전통 연삭으로는 열과 압력에 의해 변형이 일어날 1.02 mm 의 얇은 부품도 가공할 수 있다. 즉, 전해연삭은 숫돌과 가공물이 거의 접촉하지 않아 순수 연삭에서 존재하는 가공물의 변형을 방지할 수 있다(Brown, 1998).

전해연삭의 가장 큰 단점은 내부 모서리가 연삭될 때 정확도가 떨어진다는 것이다. 전계 효과로 0.25 ~ 0.375 mm 보다 작은 반경을 얻기 어렵다. 그 이유는 전해액의 압력이 가장 높은 점이 숫돌의 모서리이기 때문이다. 그러나 고속 연삭은 안쪽 및 바깥쪽 모서리 모두 개선하는 효과가 있다. 표면조도는 0.2 ~ 0.3 μm 전후이며 가공물의 재질, 연마입자의 크기, 숫돌의 회전 및 이송속도의 영향을 받는다. 보다 나은 표면품위를 얻고자 한다면 3 ~ 5 V 의 낮은 전압과 상대적으로 고속(250 ~ 500 mm/min)이 바람직하다(Shpitalni, 1981).

6.2.4 적용사례 _Applications

전해연삭은 특히 다음 사항에 효과적이다.

1. 소결 탄화물이나 인코넬(Inconel), 니모닉(Nimonic)과 같은 내 크리프 합금, 티타늄 합금 및 금속 복합재 등의 난삭재(difficult-to-cut) 부품의 가공

2. 밀링, 연삭, 절단 및 공구 선단가공 등에 응용
3. 초경 절삭공구와 부러지기 쉬운 부품이나 얇은 튜브의 생산
4. 해저 강 구조물의 피로 크랙의 제거. 즉, 두께 12 ~ 25 mm 의 강판에 크랙이 더 성장하지 못하도록 피로 크랙의 종점에서 전해연삭으로 직경 25 mm 의 구멍가공을 함.
5. 피로와 인장 테스트 시편 가공
6. 탄화물이나 다양한 고강도 합금의 가공

전해연삭은 오목형상(cavity sinking)에는 적합하지 않아서 금형가공 산업에는 활용되지 않는다.

6.2.5 이점과 단점 _Advantages and disadvantages

이점

- 가공경화가 발생하지 않는다.
- 연삭 버를 제거한다.
- 얇고 부서지기 쉬운 부품이나 열에 민감한 부품도 가공에 의한 변형이 없다.
- 표면상태가 좋다.
- 정밀한 공차를 얻을 수 있다.
- 연삭숫돌의 수명이 길다.

단점

- 기존 장비보다 비싸다.
- 전기가 통하는 전도성 재료에만 적용된다.
- 전해액의 부식성이 있다.
- 전해액의 처리와 여과가 요구된다.

6.3 전해호닝 _Electrochemical Honing

6.3.1 서론 _Introduction

전해호닝(electrochemical honing, ECH)은 전해가공의 높은 제거율 특성과 전통적인 기계적 연마법의 하나인 호닝이 결합한 것이다. 그래서 종래의 호닝이나 실린더 내부 연삭보다 훨씬 높은 제거율을 얻을 수 있다. 전해호닝에서 음극 공구는 전해액이 간극에 직접 공급되도록 여러 줄의 작은 구멍을 갖는 전통적인 호닝 공구와 유사하다. 전해액은 전자를 공급하여 이온화를 유도하고 냉각액으로서 역할을 함과 동시에 전기화학적 용해에 의한 금속 찌꺼기와 기계적 연마에 의한 칩을 씻어 낸다. 대부분의 금속은 전기화학적 용해에 의해 제거되며, 숫돌은 정확한 실린더 형상을 구현하기 위해 필요한 금속을 연마한다. 즉, 가공 중에 기계적 연마는 용해에 의해 가공물 표면에 형성된 표면 산화물을 제거하여 전기화학적 용해가 더 활발히 일어날 수 있도록 새로운 표면을 생성해 내는 역할을 하는 것이다. 전해호닝용 전해액으로서는 부식성이 강한 염화나트륨(NaCl, 120 g/L) 용액이나 산성의 전해액보다는 질산나트륨($NaNO_3$, 240 g/L) 용액이 사용된다. 전해액의 온도는 38 °C, 압력은 1,000 kPa, 유속은 95 L/min 이 바람직하다. 전해호닝은 전류밀도 465 A/cm^2 를 생성하기 위해 6 ~ 30 V 의 간극전압에서 직류 전류를 이용한다 [Randlett 등(1968)]. 가공 간극에서 전해액의 분포가 적당하지 못하면 가공된 보어(bore)에 기하학적 오차가 발생한다.

6.3.2 공정특성 _Process characteristics

그림 6.7에 나타낸 가공시스템은 회전하는 음극 스핀들 상에서 왕복 운동하는 연마석(금속 본드)이 빠르게 유동하는 전해액에 의해 가공물과는 분리된다. 이러한 배열에서 금속 본드를 통해 전기화학적 용해가 일어난 가공표면의 보호막을 제거하기 위해 연마석은 0.076 ~ 0.250 mm 의 간극을 유지한다. 그림 6.8은 음극 공구가

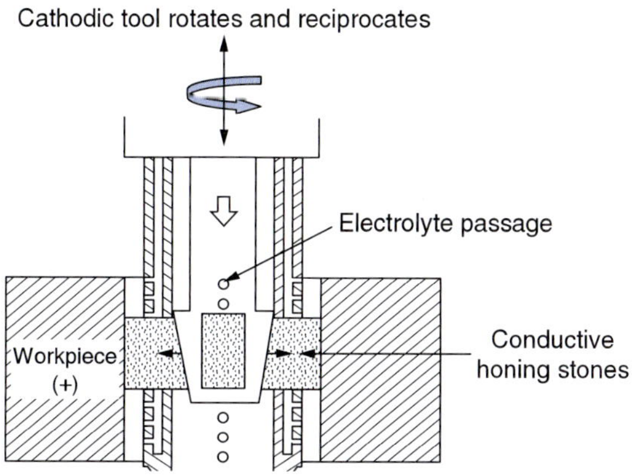

그림 6.7 ▌전해호닝의 개념도

기계적 연마를 하는 비전도성 호닝 스틱을 부착한 채로 움직이는 약간 다른 툴링 시스템을 나타낸다. 회전하면서 왕복 운동을 하는 스핀들은 전기화학적 용해를 유도하는 음극의 역할을 한다.

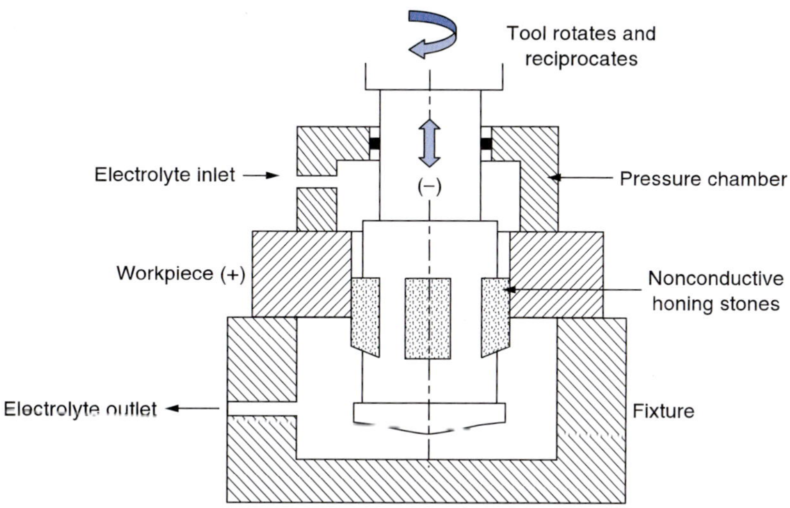

그림 6.8 ▌전해호닝 시스템의 요소

전해호닝의 재료제거율은 전통적인 호닝에 비해 3 ~ 5 배 높으며, 실린더 내경 연삭보다 4 배 높다. 공차는 ± 0.003 mm, 표면조도 R_a는 0.2 ~ 0.8 μm 정도 얻을 수 있다. 표면조도를 제어하기 위해 전류를 끊은 후 수초 동안 기계적 연마를 지속한다. 이는 표면에 약한 압축응력을 남기는 이점도 있다. 전해호닝에 의해 생성된 표면 역시, 봉인(sealing)이나 하중을 지탱할 목적으로 전통적인 교차 평행 절삭면(cross-hatched cut surface)을 생성된다. 그러나 응력이 없는 표면과 기하학적으로 정확한 보어를 얻기 위해서는 마지막 수초 동안 기계적 연마만 실시해야 한다.

6.3.3 적용사례 _Applications

회전과 왕복 운동으로 단순 회전 운동만에 의해 생성된 진원도 오차를 상당히 저감시킬 수 있다. 또한, 그림 6.9처럼 왕복 운동을 통해 기울기(taper)나 파상도(waviness) 오차도 감소한다. 낮은 연마석의 압력으로 열 변형은 거의 없다. 전기화학적 용해의 도움으로 응력이 발생하지 않으며 버도 자동적으로 제거된다. 전해호닝은 열과 변형에 민감한 고경도 전도성 재료의 가공에 효과가 있다. 그리고 고합금강 피니언 기어 및 주조 공구강 부품의 구멍가공에도 사용된다. 혼 성형(hone forming, HF)은 호닝과 전기도금을 결합한 응용사례이다. 가공물 표면에 금속을 붙여 나가면서 동시에 제거하는 것으로, 기본 원리는 전해호닝의 반대이다. *Metals Handbook*(1989)에 따르면 이 방법은 금속의 부착과 새로 부착된 층의 연마를 통해, 공차를 벗어나거나 마멸된 표면을 재생하기 위하여 사용된다고 한다.

6.4 전해슈퍼피니싱 _Electrochemical Superfinishing

6.4.1 서론 _Introduction

진동 연삭에 의한 전통적인 슈퍼피니싱은 가공물의 길이방향을 따라 연마 스틱이

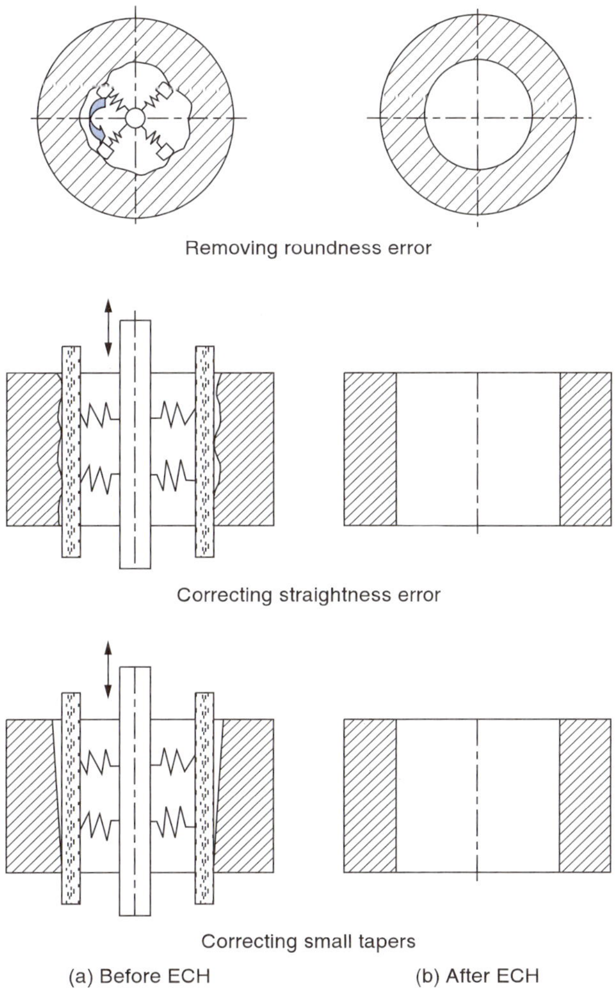

그림 6.9 보어 오차에 대한 전해호닝의 영향

천천히 연속적으로 움직이며 가공물 표면의 불규칙한 마이크로 구조를 제거하는 가공법이다. 그림 6.10에 나타내듯이 스틱은 회전하는 가공물을 누르면서 동시에 짧고 빠른 행정으로 요동운동을 한다. 이 가공은 진원도나 파상도 오차와 같은 표면의 부분적인 마이크로 구조는 그대로 유지되는 것으로 알려져 있다.

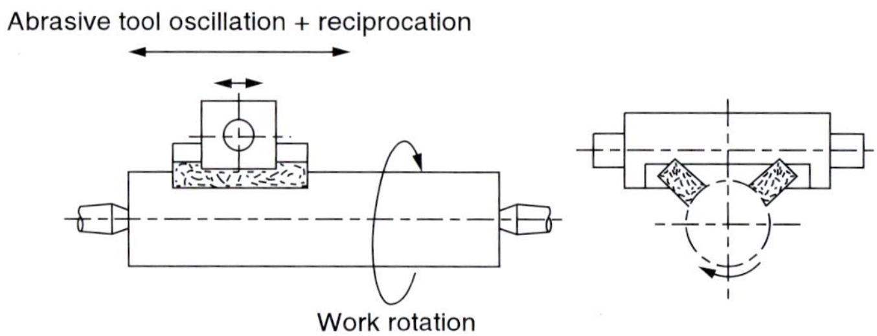

그림 6.10 진동 슈퍼피니싱의 개념도

전해슈퍼피니싱(electrochemical superfinishing, ECS)은 전기화학적 용해와 기계적 스크러빙(scrubbing)의 조합을 통해 전통적인 슈퍼피니싱의 성능을 개선한다. 이 조합으로 인해, 기계적인 치핑(chipping)에 의한 낮은 재료제거율을 용해가 높여주게 된다. 그림 6.11과 같이 높은 재료제거율은 독립된 음극 공구를 사용하든가, 그림 6.12와 같이 금속 본드 다이아몬드 입자 스틱을 사용하여 얻을 수 있다.

높은 재료제거 능력과 결합된 정밀 치수 생성능력은 전해슈퍼피니싱을 모든 산업분야에서 큰 이점으로 부각되고 있다. 전통적인 슈퍼피니싱과 같이 초기에 연삭할 필요가 없다. 전해슈퍼피니싱은 합금이나 공구강과 같은 난삭재를 높은 제거율과 원하는 크기로 가공하려고 할 때 많이 사용된다. 열이나 변형에 민감한 부품에 전해슈퍼피니싱을 적용하면 많은 양의 금속이 냉각 분위기에서 전해 제거된다는

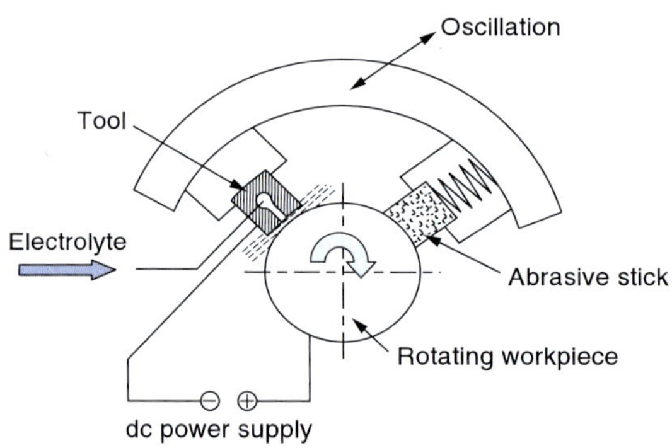

그림 6.11 독립된 음극 공구를 이용한 슈퍼피니싱(Youssef, 1971)

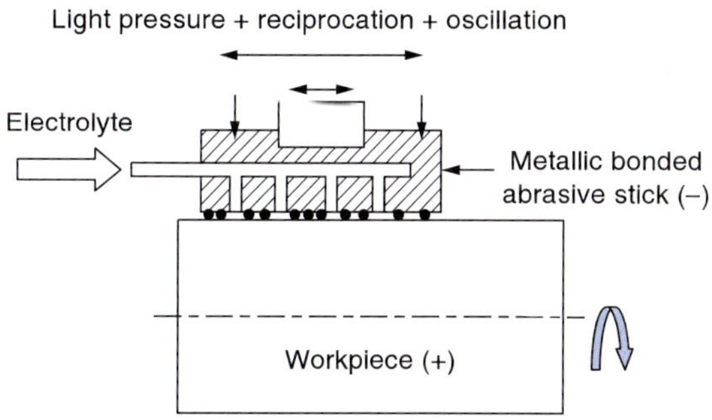

그림 6.12 금속 본드 다이아몬드 스틱을 이용한 전해슈퍼피니싱 (Youssef, 1971)

이점이 있다. 따라서 일반적인 슈퍼피니싱에서 문제가 되던 열 변형 문제는 완전히 해결된다. 가공 후 부품에 버도 발생되지 않는다.

6.4.2 재료제거 공정 _Material removal process

전해슈퍼피니싱에서 용해 작용은 양극 표면에 보호 산화막 형성을 동반한다. 기계적 연마는 이상적인 형상에서 돌출된 돌기들을 제거한다. 이러한 돌기들은 그림 6.13에 보듯이 보호막으로 덮여 있는 영역에 비해 전해액과 접촉하는 새로운 금속면과 함께 심하게 전기화학적 용해된다. 이러한 분위기에서 보호막은 원통도나 진원도 오차와 같은 기하학적 부정확도를 수정하기 위하여 사용될 수 있다.

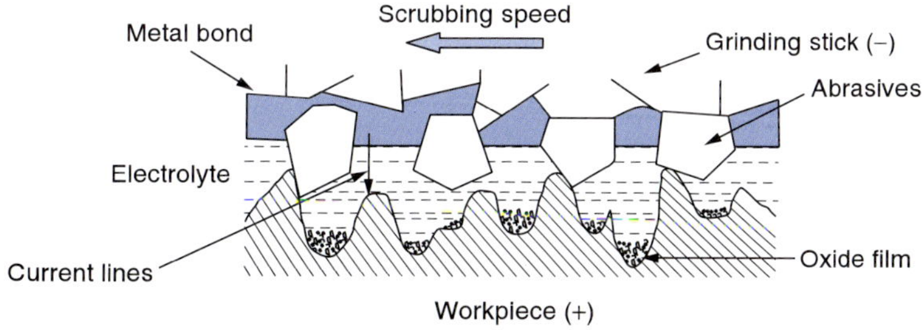

그림 6.13 전해슈퍼피니싱의 금속 제거 메커니즘

산화막의 능력은 사용되는 전해액의 영향을 받는다. 몇몇 전해액은 보호막으로 전기화학적 용해를 감소시키는 강한 능력을 가지고 있다. 다른 전해액 역시 강한 보호막을 가지지만, 보호막을 쌓기 위한 전하가 너무 작다. El-Lawendy(1977)는 기계적으로 문지르지 않고 전기화학적 용해만의 효과를 살펴보니, 전류가 10~20 % 감소하고 재료제거율이 50 % 나 감소하는 검은 막이 존재하였다. 따라서 기계적인 스크러빙은 전기화학적 용해를 반복시켜 주는 역할을 한다.

기계적 스크러빙에 의해 발생할 수 있는 금속학적 결함을 방지하기 위해 연마석의 압력을 완화시키면 광택이 나는 표면, 외경에서 ± 0.013 mm 의 공차 그리고 ± 0.007 mm 이하의 진원도와 직진도를 얻을 수 있다. Datta와 Landolt(1983)는 펄스 전압을 적용하여 순간적으로 높은 전류밀도를 얻었다. 이는 각 펄스전류가 전류값이 0 인 쉬는 시간을 갖기 때문에 가능하며, 이때 간극에서 Joule의 효과에 의해 생성되는 열이나 반응물을 제거한다.

가공 변수는 간극전압, 전해액의 종류, 농도 및 온도와 같은 전해가공 변수 모두를 포함한다. 연마입자 특성 외에 연마석의 압력, 요동 주파수 및 진폭변위와 같은 기계적 연마가 가공성능에 많은 영향을 미친다. 그림 6.14의 El-Hofy(1990)

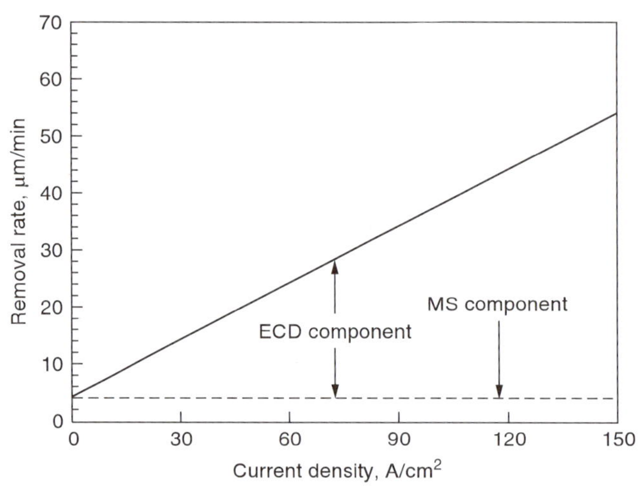

그림 6.14 여러 전류밀도에서 전해슈퍼피니싱의 재료제거율(El-Hofy, 1990)

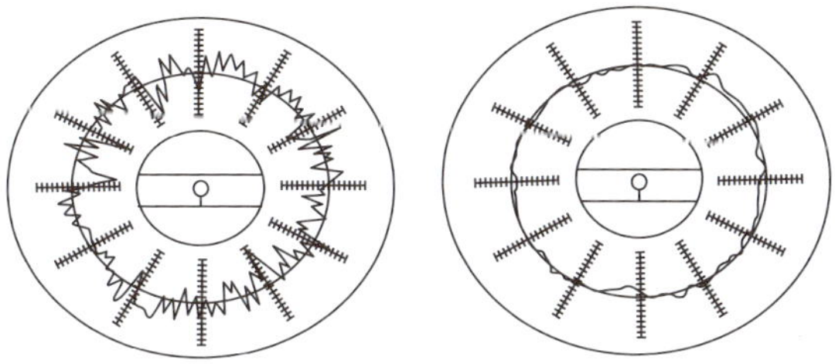

그림 6.15 전해슈퍼피니싱이 진원도에 미치는 영향

에 의해 펄스전압을 이용하여 시도된 실험은 제거율이 전류밀도에 비례하여 증가함을 나타낸다. 주어진 스크러빙 속도에 대해 기계적 제거는 일정하다. 용해와 기계적 스크러빙 모두 총 제거율에 더해지므로, 높은 전류밀도에서 용해 기여도가 크다는 것은 명백하다. 이런 상황에서는 용해가 우세하려면 더 많은 에너지가 필요하다. 스크러빙 속도, 전압 및 작업 사이클이 증가하면 제거율도 향상된다. 높은 에너지는 산화막을 활발히 제거하고, 용해가 잘 일어나게 한다. 용해의 기여도는 20 % 의 작업사이클에서 0 이고, 100 % 의 작업 사이클에서는 약 95 % 이다. 스크러빙 속도가 증가하면 기계적 제거 비율이 증가한다.

6.4.3 가공정확도 _Process accuracy

가공물 진원도에 관해 그림 6.15는 19 V, 67 % 의 작업 사이클 그리고 18.55 m/min 의 스크러빙 속도에서 2 분 정도 가공하면 진원도가 24 ~ 08 μm 로 향상되었다. 이와 유사하게 표면조도 R_a도 2.25 ~ 0.65 μm 로 감소하였다(El-Hofy, 1990).

6.5 전해버핑 _Electrochemical Buffing

6.5.1 서론 _Introduction

기계적 버핑은 부드럽고 광택이 나면서 경면을 얻기 위한 저속의 마무리 공정이다.

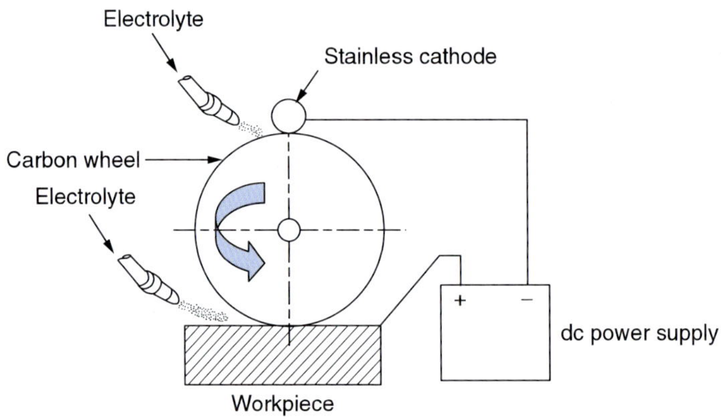

그림 6.16 전해버핑의 개념도

이 공정은 건식에서 이루어지는데, 먼지가 발생하여 가공환경을 나쁘게 한다. 전해버핑(electrochemical buffing, ECB)은 그림 6.16과 같이 탄소섬유 직포(cloth)를 사용하여 회전하는 음극 탄소버프가 양극 시편을 문지른다. 펌프를 사용하여 NaCl이나 $NaNO_3$의 전해액을 가공영역에 공급한다. 가공 전류는 탄소 직포를 통하여 음극에서 가공물로 흘러간다. 전형적인 전해버핑 조건은 Hoshino 등(1995)에 의해 제시된다.

전해액 종류	NaCl 150 g/L + $NaNO_3$ 10 g/L
전류밀도	0.1 ~ 7 A/cm^2
버핑 속도	1 ~ 6 m/s
접촉 압력	100 ~ 600 g
전해액 유동 속도	1 ~ 10 L/min

6.5.2 재료제거 공정 _Material removal process

양극 시편의 전해버핑은 주로 탄소 직포 버핑(buff)에 의해 문질러지는 양극 표면에서 일어난다. 전류밀도, 전해액의 종류 및 가공물 재질이 폴리싱 속도를 결정한다.

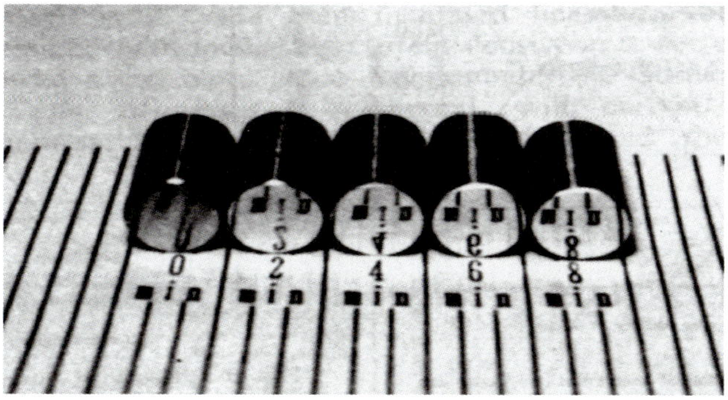

그림 6.17 ▮ 전해버핑에 의해 연마된 시편(Hoshino 등, 1995)

고속 폴리싱에서는 높은 전류밀도를 확보할 수 있는 NaCl 전해액을 사용한다. 가공 매개체로서 알루미나(Al_2O_3) 입자(#200)를 추가하면 재료제거량은 증가한다. 그러나 표면조도나 광택은 나빠진다. 전해버핑이 일어나는 동안 일반적으로 보호 산화막이 스테인리스 강의 표면에 형성된다. 그림 6.17처럼 기계적 연마에 의해 표면의 불규칙한 돌기 위의 산화막을 제거하면 이곳에서 용해를 활성화시켜 부드러운 광택면을 얻게 되는 것이다.

6.6 초음파지원 전해가공 _Ultrasonic-Assisted ECM

6.6.1 서론 _Introduction

경취성 재료에 대한 가공 요구가 많은 분야에서 꾸준히 증가하고 있다. 초음파가공(USM)은 일반적으로 표면품위는 양호하나 재료제거율 즉, 가공 능률이 낮다. 반면, 전해가공(ECM)은 양호한 표면품위와 높은 가공능률을 모두 실현할 수 있다. 그러나 전해가공은 전도성 재료에 유효한 반면 초음파가공은 세라믹과 같은 경취성재료에 적합하다. 이 두 공정은 금속상과 비금속상을 모두 갖는 복합재료를 가공하기에는 효과적이지 못하다.

이 두 공정을 합치면 난삭성 복합재료를 가공할 때 각각의 이점을 살릴 수 있다. 초음파지원 전해가공(USMEC)은 금속 도전성 부위를 제거하기 위하여 전해가공(ECM)을 비도전성 경취성 부위를 제거하기 위해 초음파가공(USM)을 결합한 것이다. Clifton 등(1993)은 페인트, 해양부착물 그리고 찌꺼기 등의 전해가공 장애물을 제거하기 위해 초음파지원 전해가공을 적용하였다.

그림 6.18에 일반 초음파가공을 응용하여 하이브리드 공정이 가능하도록 시스템을 구축하였다. 입자를 운반하는 매체로 물 대신에 전해액을 사용한 게 다른 점이다. 보통 3 ~ 15 V 의 직류전압을 사용하여 5 ~ 30 A/cm^2 의 전류밀도를 확보한다. 용해 작용 외에 음극 전극이 20 kHz 의 주파수와 8 ~ 30 μm 의 진폭으로 진동을 한다. 초음파지원 전해가공(ultrasonic-assisted, ECM)의 변수는 전해가공과 초음파가공 모두와 관련된다. 그림 6.19는 공정의 주요 요소들을 나타낸다.

6.6.2 재료제거 공정 _Material removal process

초음파지원 전해가공이 일어나는 동안 용해 강도는 가공물에 대한 공구의 상대적

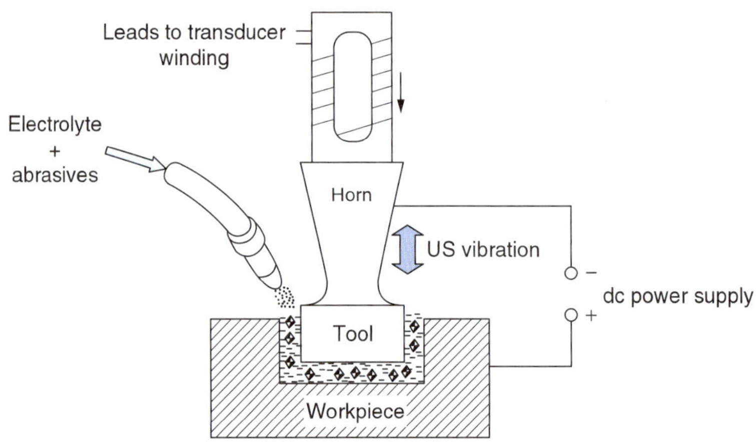

그림 6.18 초음파지원 전해가공의 개념도

위치에 지배를 받는다. 용해 강도는 간극 크기가 정적으로 가압된 입자크기와 같을 때 최대로 된다. 이러한 특수 조건에서 비전도 연마입자는 최소의 간극 폭을 갖게 된다. 직류 전압에서 펄스 전압으로 바뀌면 전기화학석 용해의 효율을 유지하면서 스파크 방전을 막기 위해 공구 요동과 동기화시켜야 한다.

이 용해는 가공면에서 연마입자의 초음파 충격에 의해 발생하는 기계적 연마를 따라 일어난다. 양극 용해는 용해의 진행을 방해하는 취성의 보호 산화층 형성을 동반하므로, 연마입자가 가공물 재료 위에서가 아니라 취성의 산화층에 작용하는 것이다. 이러한 분위기에서 용해는 가공표면의 보호막을 기계적으로 제거하여 향상된다. 따라서 두 제거 모드에 의한 효율은 초음파가공만에 비해 증가하고, 공구마멸은 감소한다. 용해 모드의 존재는 기계적 연마작용으로 형성된 치핑

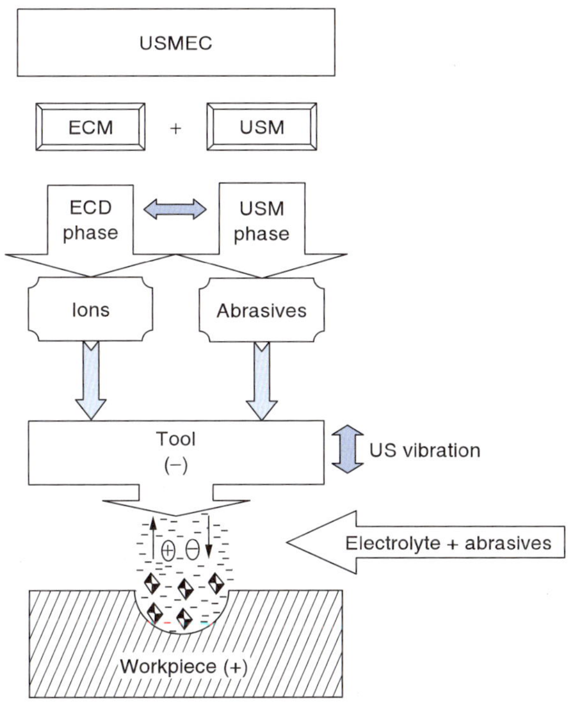

그림 6.19 초음파지원 전해가공의 구성요소

흔적을 조절하여 표면조도를 향상시킨다.

전류밀도의 증가는 생산성을 향상하고 공구마모를 감소시킨다. 가공정확도는 순수한 초음파가공에 의해 얻어진 측면 간극보다 더 큰 간극이 생기는 측면가공 효과로 나빠진다. 이러한 환경에서 측면 공구마멸은 크게 감소한다.

6.7 레이저지원 전해가공 _Laser-Assisted ECM

전해가공은 대체로 20 ~ 80 °C 의 온도에서 이루어지는 용해 공정이다. 가공 중 오로지 용해 작용만 일어난다. 간극의 온도를 높이면 전해가공의 효율을 향상시킬

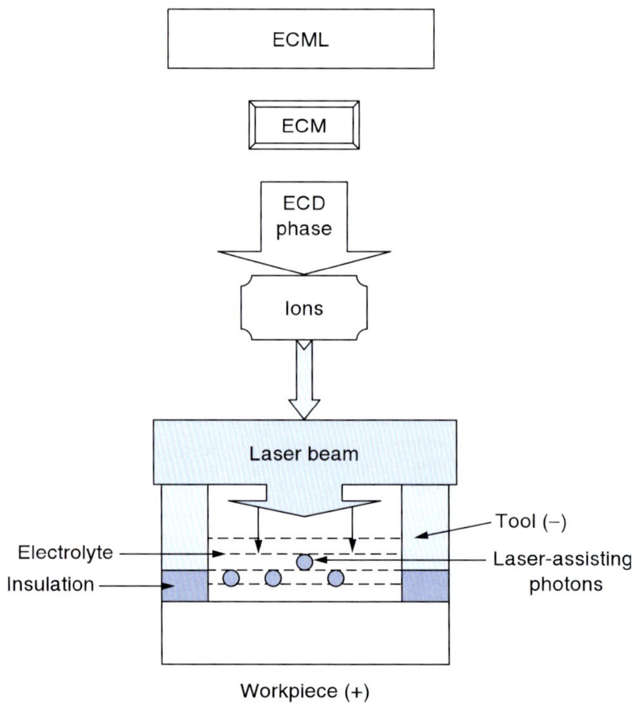

그림 6.20 레이저지원 전해가공의 개념도

수 있다. 이와 같이 가공면에 레이저 빔을 적용하면 가공부의 온도가 올라가 효율이 향상되는 레이저지원 전해가공(laser-assisted electrochemical machining, ECML)이 된다. 레이저의 파장은 전해액 층에 에너지가 흡수되는 것을 최소화하기 위해 가능한 짧을수록 좋다. 그림 6.20과 같이 레이저 빔의 열은 가공면과 재료의 표면층에 많은 물리 화학적 현상을 일으킨다.

레이저 방사는 여러 메커니즘에 의해 전해반응 속도에 영향을 준다. 레이저 빔에 의한 가공면의 국부적인 가열은 평형 혹은 정상상태 전위(개방회로 전위)를 변화시킨다. 전하를 전달하여 반응률을 증가시켜 물질 전달을 가속화시키면, 전류효율이 변화하고 금속 부동태 정도가 감소한다. 마침내 반도체의 전해가공에서 전류 전달 집중도는 증가하게 된다. 양극 용해의 전류효율에 대한 레이저 방사의 효과는 정확히 규명되지 않고 있다. 만약 온도가 올라가 전류효율이 증가한다면, 국부적으로 가공이 집중되는 정도가 심화될 것이다. 반대로 온도 상승에 따라 전류효율이 감소된다면 전해가공에 레이저의 사용은 아무런 의미가 없다. 용해 부산물의 높은 흡수층의 형성은 레이저지원 전해가공의 장벽이 될 수 있다.

Zybura-Skrabalak과 Ruszaj(2000)의 실험 연구에서 20 ~ 40 °C 로 온도가 증가함에 따라 전류밀도와 용해 강도는 0.6 ~ 1.8 mm^3/(min · A)로 증가하였다. 레이저지원 전해가공은 일반 전해가공의 10 배 정도 재료제거율을 증가시켜 마이크로 가공에 효과적으로 사용되기도 한다. 이는 전기화학적 용해에 의한 보호막이 생길 때, 국부적으로 양극 용해를 일으킬 수 있기 때문이다. 레이저 작용을 보다 국부적으로 적용하기 위해 펄스 방사를 한다. 전해액 유동 속도의 증가도 유사한 영향을 줄 수 있다. 레이저지원 전해가공은 특히 전자산업에서 높은 정확도(1 ~ 10 μm)를 요구하는 미세 부품(5 ~ 500 μm)의 가공이나, 항공산업에서 합금, 세라믹 그리고 복합재료와 같은 난삭재 부품의 가공에 효과적이다. Rajak 등(2004)은 레이저지원 제트 전해가공(LAJECM)을 통해 단일제트 전해가공에 비해 가공효율을 증대시키고 미세 구멍의 정확도도 향상시킬 수 있었다고 보고하고 있다.

Chapter

7

하이브리드 열적 공정

_Hybrid Thermal Processes

7.1 서론 _Introduction

하이브리드 열적 가공에서 주요 재료제거 메커니즘은 일반적으로 가공물 재료의 용융 또는 증발에 의한 열적 메커니즘이다. 열적 가공은 전기화학적 용해(ECD) 또는 기계적인 연마(MA)를 사용하여 높은 재료제거율과 제품 품질을 향상시킨다.

전해인 공정들 중에서, 방전부식(EDE)과 전기화학적 용해(ECD)의 조합으로 펄스 전압을 이용한 전해질 용액 안에서 발생하는 새로운 전해방전가공(ECDM) [또한 알려진 전기부식용해가공(EEDM) 또는 전해아크가공(ECAM)] 공정이 형성되는데, 여기서 용해공정은 재료를 제거하는 방전공정을 향상시킨다.

방전연삭(EDG)과 연마제방전가공(AEDM)의 경우, 기계적인 연마와 함께 기계적인 공정으로 결합하며 유전액에서 고체를 고용하거나 연마재를 잃는다. 초음파방전가공(EDMUS)은 방전 자업 공구에 초음파 진동을 부가하고 이러한 진동에 의해 발생된 공동현상(cavitation)은 절연액의 플러싱을 개선하여 방전가공을 강화하고, 마이크로 드릴링 및 슬롯과 홈이 가공되는 동안 표면 크레이터로부터 재료를 제거한다.

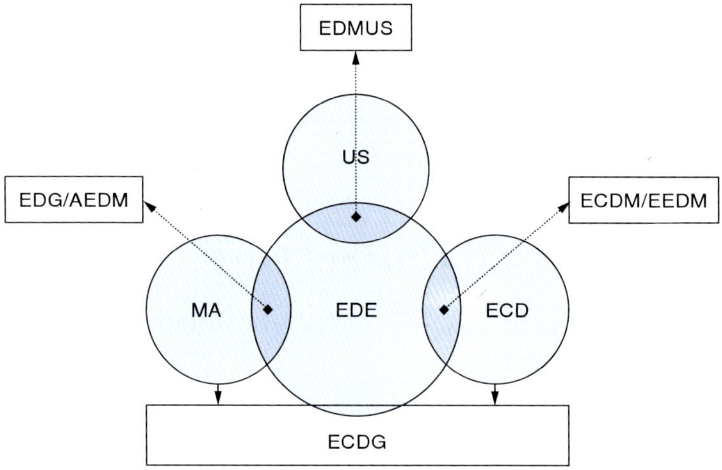

그림 7.1 하이브리드 열적 가공공정

세 가지 공정을 합한 하이브리드 공정은 재료제거를 증가시키고 전해방전연삭(ECDG)을 기반으로 하여 전기화학적 용해와 기계적 연마 공정에 전기방전부식을 결합하여 얻을 수 있다. 이와 비슷하게 브러시 부식-용해 기계적가공(BEDMM)에서 전기화학적 용해와 기계적 마찰은 방전 과정을 효율적으로 돕는다. 그림 7.1은 다양한 하이브리드 열적 가공공정을 보여준다.

7.2 전기부식용해가공 _Electroerosion Dissolution Machining

기존의 방법으로 절단하기 어려운 경한 재료의 새로운 가공방법은 계속해서 관심을 끌고 있다. 전해가공과 방전가공은 매우 유용하다고 증명되었으나 단점으로는 큰 캐비티(cavity)를 가공하기 위한 공구의 가격, 높은 가공시스템 비용 및 낮은 재료제거율과 같은 결점들과 더불어 방전가공으로 제거되어야 하는 재응고층의 형성으로 이러한 기술들을 응용하는 분야에 상당히 제한적으로 작용한다.

전기부식용해가공(전해방전가공 또는 전해아크가공이라고도 함)은 전해가공과 방전부식기술이 결합된 새로운 방법으로 재료제거를 위하여 전해액에서 전기 방전을 이용하여 높은 재료제거율을 얻을 수 있다. 전기부식용해가공은 El-Hofy와 McGeough(1988), Crichton와 McGeough(1984), 그리고 Levy 등(1983)에 의해 와이어커팅, 구멍 드릴링 및 금형의 마무리가공 등의 넓은 범위에 적용하며, 이에 더해 수산화나트륨 전해액을 사용하는 복합재료의 가공에 전기부식용해가공의 사용이 Jain 등(1991)에 의해 보고되고 있다.

전기부식용해가공공정은 펄스전해가공(PECM)에서 한 단계 더 발전한 공정으로 Saushkin 등(1982)에 따르면 높은 입력 전원에서는 용해 제한현상이 발생할 수 있으며 이러한 환경에서 가공매체는 전기장에서 이온 이동을 방해하는 가스 증기 혼합물로 변화한다. 만약 전기장의 세기가 극간 절연파괴를 일으킬 정도로 높을 경우, 전하가 이동 중에 전기부식용해가공과 결합되어 가공하며, 이러한 가공공정은 전극 간격에서 나타나는 빛과 관계가 있고 전극 간격의 빛과 그 이후의 절연파괴는 가스 함량과 가공매체의 온도가 가장 높을 것 같은 지점에서 국부적으로 발생한다.

전기부식용해가공 와이어커팅은 그림 7.2에서 볼 수 있다. 이 공정은 방전공정과

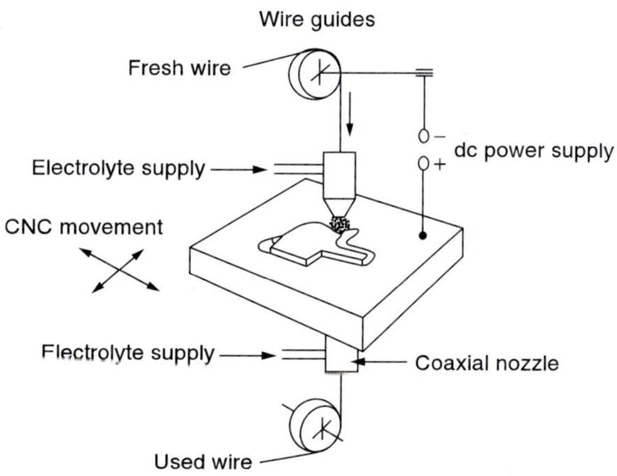

그림 7.2 전기부식용해 와이어가공의 개념도

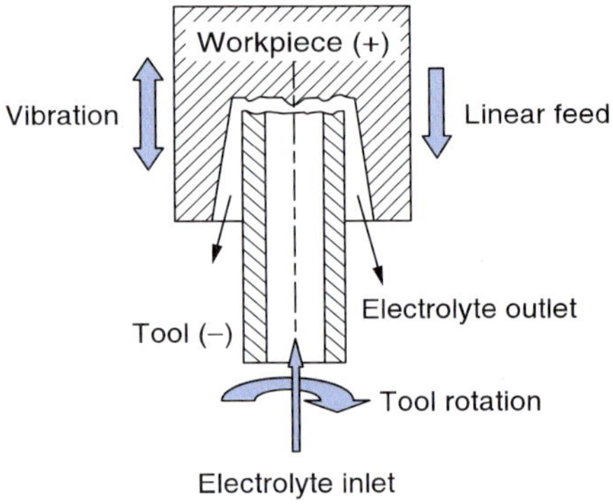

그림 7.3 전기부식용해가공 드릴링의 개념도

마찬가지로 가공매체로서 전해가공을 위해 펄스 전압과 전해액을 사용한다(El-Holy, 1995). Khayry과 El-Hofy(1990)에 의하여 구멍 드릴링에 사용되는 전기부식용해가공의 또 다른 방법은 그림 7.3에서 볼 수 있다. 그림 7.4와 같이 100 Hz에서 전극과 가공물이 진동하는 동안 전압에 따라 진폭 및 상변화가 발생한다. 전극 이송속도, 진동진폭 및 상변화 각도는 순간적인 가공간격 넓이 및 각 상의 크기와 지속시간을 결정한다.

전기부식용해가공은 성능과 정확도 및 표면품질을 좌우하는 많은 변수들에 영향을 받는다. 이 중에서 펄스 지속시간, 휴지 간격 그리고 펄스전류와 같은 매개

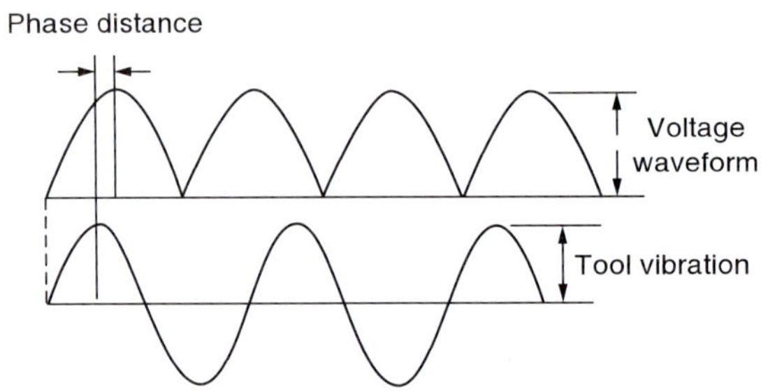

그림 7.4 전압과 전극 진동파형(El-Hofy와 McGeough, 1988)

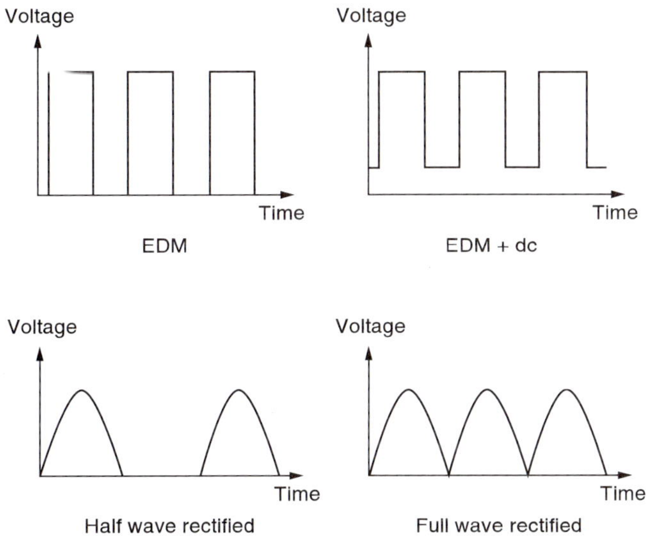

그림 7.5 전압 파형

변수가 있다. 용융점 그리고 비열과 같은 가공물 특성은 El-Hofy(1992, 1996a)에 의하여 다루어지고 있고 전기부식용해가공을 하는 동안 가공매체는 오염 조건들의 변화에 영향을 받기 쉽다. 이는 가스 발생과 용해 강도변화와 같은 현상이 발생하였기 때문이다. 금속 재응고입자의 부식 원인이 되는 다른 유형의 펄스 존재 및 전해액 유량의 변화는 간격 오염의 원인이 될 수 있다. 절연 파괴 특성은 시간에 따라 변하여 처음에 요구된 치수정확도를 만족시키지는 못한다. 전기분해과정 동안에 형성된 가스 - 액체 웨지(wedge)는 특정한 하이브리드가공공정을 결정하는 요인이다. 이것과 관련하여 낮은 전압 펄스 구성요소의 중첩(그림 7.5)은 가공공정의 안정화, 절연파괴전압의 감소 그리고 가공 생산성 향상과 표면조도의 감소를 가능하게 한다.

그림 7.6은 전기부식용해가공의 구성요소와 주요 가공 현상을 나타낸다. 그림 7.7에 따르면 스파크 방전은 가공간격에 걸쳐서 임의 지역에서 발생하는 반면, 전기분해는 금속 및 전해액의 높은 온도의 영향으로 매끈하게 형성된 크레이터 구덩이 근처에서 국부적으로 발생한다. 전기부식용해가공 아크 방전이 아닌 스파크

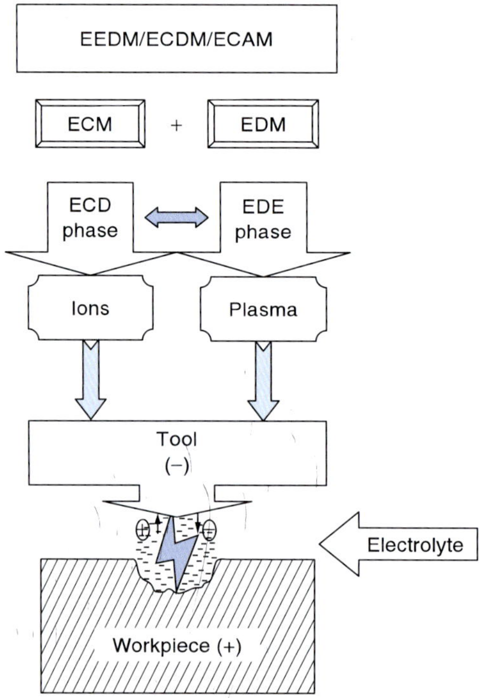

그림 7.6 전기부식용해가공공정 구성요소

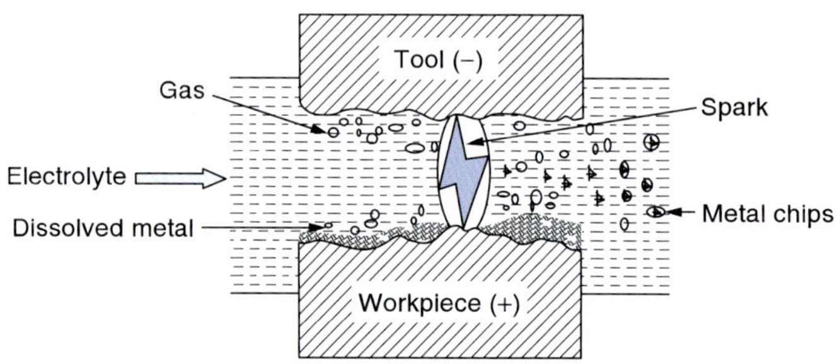

그림 7.7 전기부식용해가공의 표면 형성(El-Hofy와 Khayry, 1995)

방전이 발생하면 재료제거율은 향상되는데 보통 스파크 방전에 비해 아크 방전은 적게 발생하고 국부적인 재료제거와 불규칙한 가공면이 형성되기 때문이다.

전기부식용해가공은 전해가공 지원을 받는 전기용해부식에 의존하고 있기 때문에 방전가공 또는 전해가공에 의해 매끄러운 표면으로 가공될 수 있다. 또한 크레이터들은 방전 후 가공물 표면에서 전해로 매끄럽게 가공될 것으로 예상된다(El-Hofy와 Khayry, 1995). 이와 관련하여 Levy 등(1983)은 높은 전류밀도에서 발생하는 전해가공 때문에 낮은 방전 에너지에서는 열영향부 층의 깊이가 비교적 적게 나타났고, 구멍 드릴링 가공 시에 발생하는 표면 변질층은 출구면에서 구멍 깊이의 1/3 만큼 확장되었다는 것을 보고하였다.

열영향부 층의 두께는 290 μm 으로 보고되었고 Khayry(1984)와 Levey 등(1983)은 미세크랙이 존재한다고 보고하였다. 고 전압에서 공구재료의 표면층이 섞이는 것을 발견하였는데, 이는 재료의 기계적 특성을 향상시킨다.

절삭속도의 증가는 부식 공정을 향상시켜 체적제거율을 증가시킨다. 이러한 체적제거율의 증가는 최대 수준에 도달하며 좁은 전극 간격 및 가스-증기 혼합물의 오염비율도 함께 증가하여 부체적제거율은 감소한다.

절삭속도는 전해액의 유속과 함께 증가하여 체적제거율은 낮은 절삭속도에서는 크게 감소하는데, 이는 위와 같은 가공 조건 하에 존재하는 넓은 전극 간격이 원인으로 작용한다. 펄스전해가공은 간극의 절연파괴와 방전이 발생하지 않는 낮은 가공속도에 적합하다. 펄스전해가공과 단락 제한 사이에 전기부식용해가공을 이용할 수 있는데, 이것은 전해액 유속이 상승됨으로 인해서 절삭속도도 빨라져 넓은 범위로 가공이 가능하다(El-Hofy, 1996). 펄스전해가공은 전극 간격 압력 0.1 MPa 과 10 A/cm^2 의 전류밀도에서 발생한다. 전극 간격 압력 증가, 전해액 유속 그리고 전류밀도는 부식 공정을 증가시킨다. 가공 전압의 상승으로 많은 에너지가 향상된 부식공정, 가스 발생 그리고 방전작용에 관계된다는 것을 명심해야 한다. 전기부식용해가공 드릴링 동안에 특정 재료제거율은 전극 간격 전압과 함께 증가하는데 McGeough와 동료(1983)에 의하면 재료제거율은 전해가공에서 계산된 것보다 훨씬 크다.

펄스 주파수는 가스 함량의 기능 의존성(functional dependence)에 뚜렷하게 영향을 미치며 방전 현상을 시작한다. 펄스화된 전해가공이 발생하면 펄스 주파수도 같이 발생하며 펄스 주파수가 커지고, 커진 주파수의 제한치를 초과하면 부식 공정이 시작된다(El-Hofy와 McGeough, 1989). 전기부식용해가공 동안에 스파크 방전, 아크 방전, 개방 회로 그리고 미세 단락 펄스가 전해액 매체에서 발생하며, 개방 회로 및 스파크 방전과 아크 방전이 발생하기 시작하면 전해가공은 금속을 용해하고 스파크 방전과 아크 방전의 휴지시간 동안에는 방전을 위해 충분한 가스가 발생한다. 미세 단락 펄스는 전해가공 또는 전기용해부식에서는 가공되지 않으며 이러한 펄스의 비율은 35 % 에 달하며 전극 간격 오염 수준, 가공 정확도 및 표면품질 상태를 반영한다. 그리고 이송속도, 펄스 특성(parameter) 및 전해액 플러싱 조건과 같은 가공 조건은 미세 단락에 뚜렷하게 영향을 미친다(El-Hofy, 1995).

표면의 가공공정은 전극 간격의 크기 및 변화하는 전해질 용해의 강도에 따라 다르게 발생하며 전체 가공된 표면 위의 임의 지역에서 연속적인 크레이터가 형성된다. 현미경 사진은 임의 지역에서의 전해액과 금속의 높은 온도의 결과로 매끈하게 생성된 크레이터들의 구덩이 근처에서 전해가 국부적으로 발생된다는 것을 뚜렷하게 나타내며(Saushkin 등, 1982) 방전가공으로는 전해가공으로 가공된 표면보다 더 좋은 표면을 얻을 수 있는지 언급되어야 한다.

일반적으로 가공된 표면형상은 방전가공에서 언급한 것보다 좋으며 Saushkin 등(1982)의 연구는 15 ~ 20 A/cm^2 의 평균 전류밀도에서 기체 - 액체층을 형성하고, 저전압 펄스 성분의 중첩은 하이브리드가공공정을 안정화하며 절연 파괴 전압을 감소시켜 방전 공정이 향상될 수 있음을 밝혀냈다. El-Hofy(1992)의 결과는 전기부식용해 와이어커팅에 의해 생성된 표면조도는 다음 식으로 나타낼 수 있다.

$$R_a = 1.19 V_s^{0.111} t_p^{0.0023}$$

여기서, V_s는 이송속도(mm^2/min)이며 t_p는 펄스 지속 시간(μs)이다.

표면 가공 메커니즘 동안 발생하는 임의 특성(random nature)을 고려하여 크레이터의 깊이, 부피, 종횡비 및 조도가 표면조도 프로파일을 사용하여 계산되며 하이브리드 전기부식용해가공공정의 사용으로 거칠기 지수가 현저하게 감소하고 열 영향 층이 생긴다는 것이 밝혀졌다(El-Hofy와 공동연구자, 1990).

전기부식용해가공에서 전해액 유속 증가는 표면조도를 증가시키고 더 높은 전해액의 유속은 펄스의 점화 지연시간을 늘린다. 이러한 상황에서 높은 전압에서 발생하는 용해 공정에 더 많은 시간이 필요하며 결과적으로 많은 양의 가스가 발생되고 심각한 방전이 일어나며, 더 큰 크레이터를 형성하고 거친 표면을 만들어낸다. Kuneida와 Furuoya(1991)는 방전 크레이터의 체적 증가와 방전가공 간극 내의 산소가스에 의한 방전이 더 자주 발생하기 때문에 적층제거율(stock removal rate)이 증가하는 것을 언급하였다.

이송속도의 증가는 용해 상태를 강화시키는(많은 가스를 만들어내고 방전작용을 촉진하기 위함) 전극 간 간격의 크기를 감소시키고 가공표면에 더 큰 크레이터를 남긴다. 그러므로 가공속도의 증가는 그림 7.8에서 설명하였듯이 표면조도를 증가시킨다. 펄스 에너지의 증가는 가공간격을 통한 효율적인 용해를 위해서 더

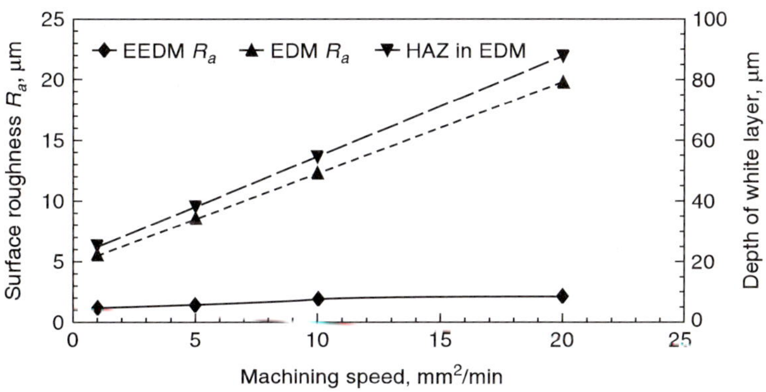

그림 7.8 방전가공과 전기부식용해가공에서 표면조도와 표면 변질층에 관한 절삭속도의 영향

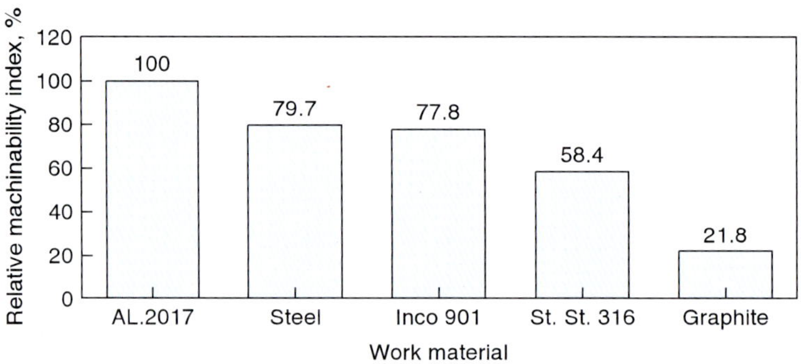

그림 7.9 2017 알루미늄에 표준화된 재료별 가공성 지수

많은 에너지를 공급하고, 향후 더 많은 제거율과 거친 표면을 야기시킨다. 전기부식용해가공으로 금속과 합금의 가공성은 두 가지 가공 작용에 따라 달라지며 효율적인 전기부식용해가공을 위해서 방전과정은 재료제거 공정에 관여하고 40~60 % 의 용해를 보조한다.

방전은 양극 표면에 형성된 산화물층을 부식시켜 열 감극을 야기하고 나서 용해 공정을 더 높인다. 그림 7.9는 2017 알루미늄 합금으로 표준화된 상대 가공성 지수를 보여준다. 이 지표는 주어진 절삭속도에서 체적제거율을 기준으로 산출되었다.

가공성이 좋은 소재는 더 높은 제거율을 가지며 주어진 가공속도에서 제거율이 증가함에 따라 전극 간 간격이 넓어지고 가공은 안정화 상태에서 발생한다(그림 7.10). 이러한 조건에서 더 많은 재료제거율 및 높은 생산성도 보장된다. 흑연의 낮은 가공성 때문에 알루미늄 합금보다 굉장히 낮은 속도의 가공속도로 제한된다(El-Hofy, 1992). 방전가공과 유사하게 제거율이 증가하였으며 가공성은 거친 표면의 생산과 직결된다. 그림 7.11은 전해가공, 방전가공 및 전해부식용해가공에 의한 드릴 구멍의 형상을 보여준다. 따라서 방전가공으로는 정확한 형상의 구멍을 만들 수 있고, 전해가공은 정확한 형상의 가공이 어려우며, 전기부식용해가공은 앞선 두 가공의 중간 정도의 정확도를 가진 형상을 만들 수 있다.

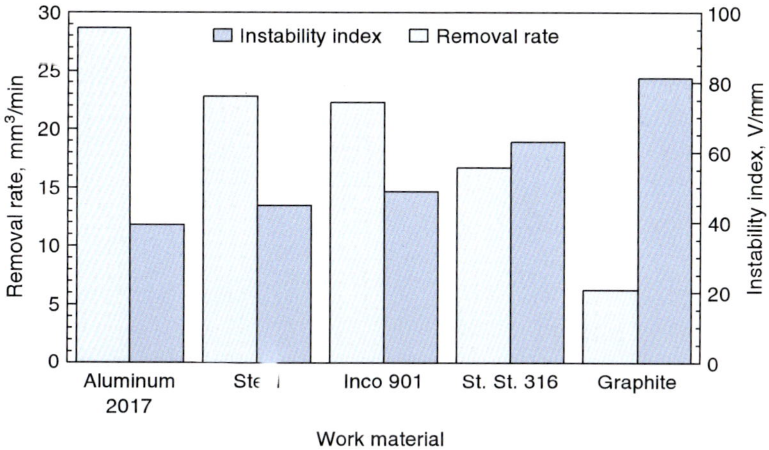

그림 7.10 전기부식용해가공의 가공성과 안정성 (El-Hofy, 1995)

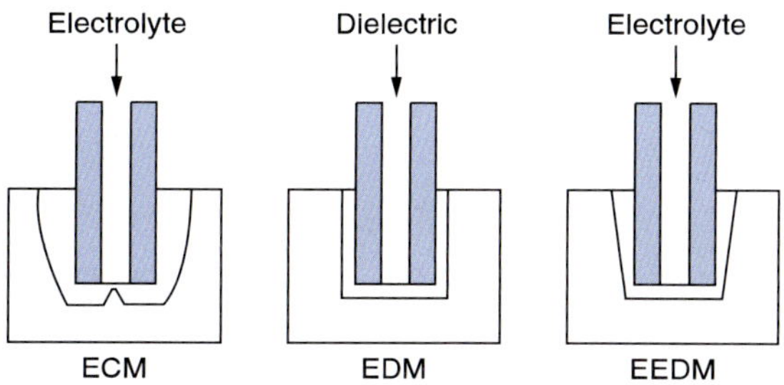

그림 7.11 전해가공, 방전가공 그리고 전해부식용해가공으로 가공된 구멍

장점

- 전기부식용해가공은 전해가공의 높은 속도 때문에 상당히 매끄러운 표면을 가공할 수 있다.
- 열영향부 층의 깊이를 크게 줄이거나 제거할 수 있다.
- 높은 절삭속도는 생산성을 증가시키고 생산 비용을 절감할 수 있다.

- 공구전극의 부식은 방전가공의 전극에 비해 4 ~ 5 배로 감소된다.
- 전해가공공정으로 인해 가장자리의 버(burr)가 발생하지 않는다.

단점

- 전기전도성 재료만 가공할 수 있다.
- 생산 정확도가 낮다.
- 전해액을 다루기 어렵다.
- 이 공정은 내부와 외부의 예리한 각을 만들 수 없다.

7.3 방전연삭 _Electrodischarge Grinding

방전연삭은 유동하는 절연액에서 회전하는 공구와 가공물 사이에 급속한 스파크 방전에 의해 전도성 재료를 가공한다(그림 7.12). 스파크 갭은 일반적으로 가공물의 움직임을 제어하는 제어장치에 의해 0.013 ~ 0.075 mm 로 유지된다. 직류 전원은 30 ~ 100 A, 2 ~ 500 kHZ 그리고 30 ~ 40 V 범위의 성능을 가진다. 보통 흑연으로 만들어진 전도성 휠은 여과된 탄화수소 오일이 담겨있는 절연 탱크에서 30 ~ 180 m/min 으로 회전한다. 가공물은 일반적으로 직류 전원의 (+)단자에 연결되어 있다. 그림 7.12에서 알 수 있듯이 전기 스파크의 기류로 인해 가공물이 가공된다. 각각의 스파크 방전은 가공물의 표면으로부터 소량의 금속을 용융 또는 증발시킨다. 높은 가공 전류를 사용하면 가공을 빠르게 할 수 있으나, 가공물 표면은 거칠어지며 더 깊은 열영향부가 형성된다. 적은 전류는 가공물을 더욱 매끄럽게 만들고 표면 변질층의 발생을 줄인다. 또한, 더 높은 펄스 주파수는 가공물의 표면을 더욱 매끄럽게 만든다.

휠 마모 범위는 100:1 ~ 0.1:1 을 가지나 전류밀도, 가공물, 절연액 그리고 가공물 코너부의 날카로움에 따라 평균 3:1 의 범위를 가진다. 재료제거율의 범위는

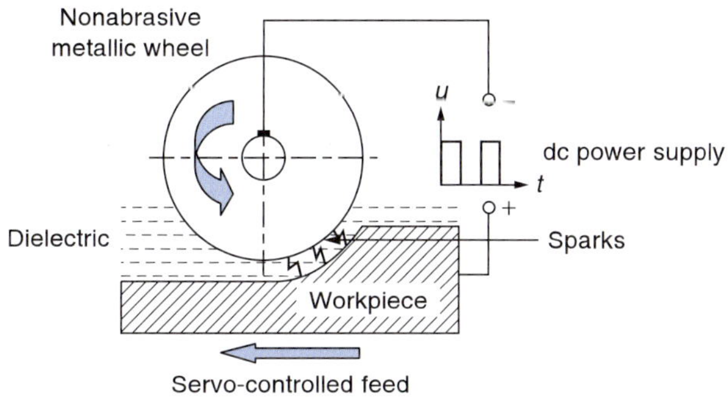

그림 7.12 방전연삭의 개념도

0.16 ~ 2.51 cm^3/min 이며, 표면조도 R_a의 범위는 1.6 ~ 3.2 μm 까지 가능하다. 그림 7.13은 방전연삭에서의 소재 제거율과 표면조도의 관계를 나타낸다. 코너 반경은 오버컷에 따라 다르며 0.013 ~ 0.130 mm 의 범위를 가진다. 높은 전압은 큰 갭을 가지며, 쉽게 플러싱하기 위해 플런지 연삭(plunge grinding)을 통해 방전 과정을 안정화 한다. 보통 ± 0.005 mm 의 공차로 가공할 수 있으며 ± 0.001 mm 의 공차도 가능하다. 표면마무리 R_a는 펄스 주파수가 증가하면 향상되며 일반적으로

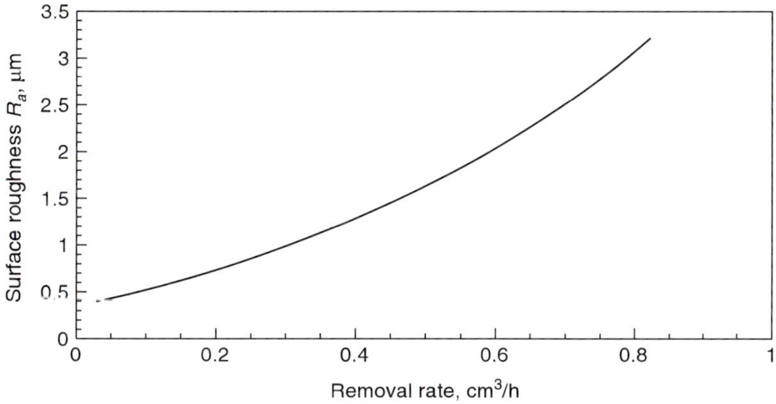

그림 7.13 방전연삭에서 제거율과 표면조도 (El-Hofy, 1995)

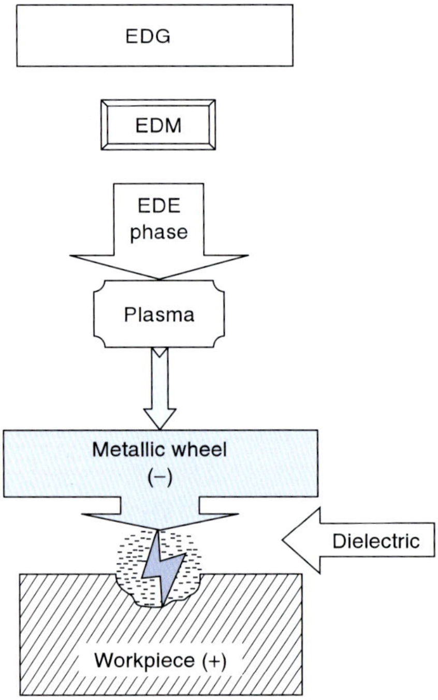

그림 7.14 방전연삭의 원리

0.4 ~ 0.8 μm 이다. 이런 부분들은 높은 응력을 받는 부품에 형성될 경우에 가공되어야 한다. 그림 7.14는 방전연삭의 주요 원리를 보여준다.

연마방전연삭은 전기화학적 용해와 기계적 연마의 상호작용에 의한 가공공정으로서, 가공성 향상의 효과를 얻을 수 있다. 연마방전연삭공정은 방전연삭에서 사용된 금속 또는 흑연 전극이 금속 입자로 결합된 연마 휠로 교체되어야 한다. 기계적 연마 작용에 전기부식을 활용하는 방안은 그림 7.15와 그림 7.16에서 볼 수 있다. 매우 단단한 재료들(다결정 합성 다이아몬드 판), 공학용 세라믹, 합성 탄화물 그리고 금속 복합체를 가공할 때 가공공정이 향상된 것을 알 수 있다.

위에서 언급했던 효과 외에 방전은 연마력을 크게 향상시키며, 연마 휠 마모를 줄이고, 가공공정 동안에 휠을 드레싱하기 위한 효율적인 방법이다.

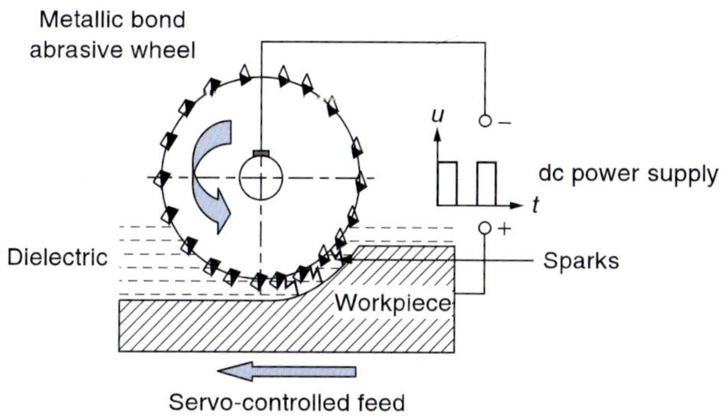

그림 7.15 연마방전연삭 가공시스템 구성요소

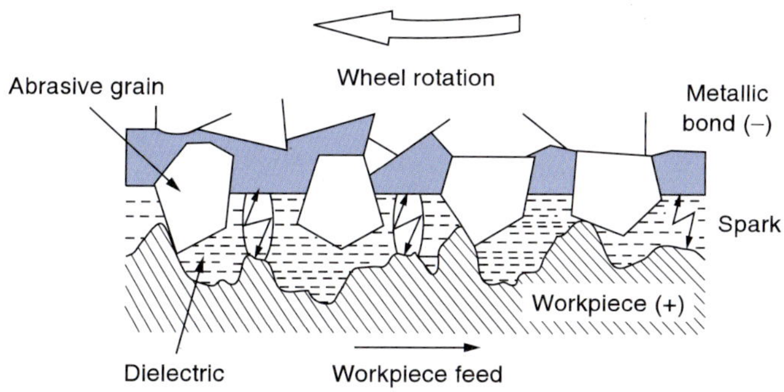

그림 7.16 연마방전연삭의 재료제거 메커니즘

방전연삭과 연마방전연삭공정의 상대적인 재료제거율은 같은 가공 조건 하에서 방전가공의 재료제거율에 비교해 볼 수 있다. 따라서 방전연삭공정의 가공성 증가는 유체역학적인 절연액 흐름 조건을 향상시킨다. 휠 전극의 회전과 반경 방향의 진동에 의해 가공성이 증가된다.

연마방전공정(그림 7.17)에 기계적인 공정을 도입하여 방전가공과 방전연삭의 재료제거율을 비교했을 때 각각 5 배, 2 배의 가공성 향상이 이루어진다. 휠의 회전수가 높아지면 연마효과 또한 증가된다. 이는 효과적인 전기 방전 에너지 사용의 좋은 예이다.

응용. 방전연삭과 연마방전연삭은 아래의 경우에 사용될 수 있다.

1. 휠의 교체 없이 강과 탄화물을 같은 가공시간으로 가공이 가능하다.
2. 연마 휠에 압력을 가하여 가공 시 연마입자들의 가는 면들은 가공물에 뒤틀림을 야기할 수 있다.
3. 취성재료 또는 깨지기 쉬운 부품에 연마입자를 사용할 경우 파괴를 야기할 수 있다.
4. 다이아몬드 휠의 비용이 비싸기 때문에 형상 공구 및 텅스텐 탄화물로 연마입자를 대신할 수 있다.

7.4 연마제방전가공 _Abrasive Electrodischarge Machining

연마제방전가공은 방전가공을 기반으로 하는 하이브리드 공정으로서 실리콘 카바이드와 같은 자유 연마재 입자들이 그림 7.17에서 보여지는 것과 같이 전해 수용액 속에 첨가된다. 주요 방전부식 열적인 상 이외에 기계적인 연마의 도움이 추가된다. 에너지는 상에서의 플라즈마 채널에 따라 기계적 연마 현상(*www.Jobshop.com/*)용 연마재들에 의해 전달된다. 가공매체는 그림 7.18과 같이 유전체와 고체입자로 구성된다. 절연액에 실리콘 분말을 첨가하면 갭 크기가 증가되어 방전 갭에 전기적인 커패시턴스가 감소된다. 그 결과가 특히 대형 가공물 가공에서의 방전 특성의 향상과 분산성이 나아진 스파크가 Mohri 등(1993)과 Masui 등(1995)에 의해 보고되었다. 그림 7.19는 연마방전연삭의 주요 구성요소를 보여준다.

작동 매체로 혼합 분말을 도입한 연마방전연삭은 경면 마무리와 균일하게 균열이 없는 변질층을 갖는 복잡한 형상을 제조할 수 있다. 연마방전연삭은 기계적인

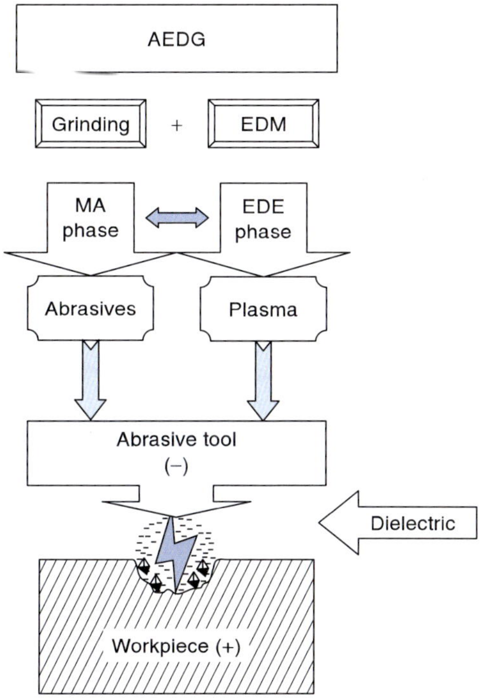

그림 7.17 ▮ 연마제방전연삭의 주요요소

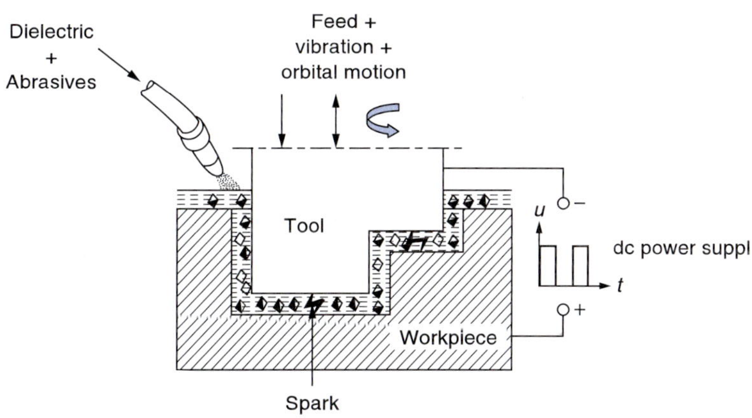

그림 7.18 ▮ 연마제방전가공시스템

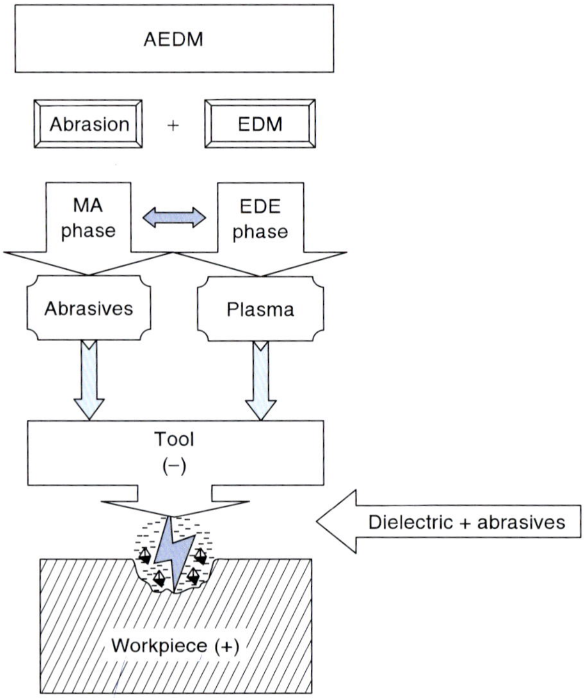

그림 7.19 연마제방전가공 구성요소

연마를 이용해 열영향층을 제거할 필요 없이 금형을 가공하는 데 많이 사용된다. 그래서 이 공정은 플라스틱 성형 금형을 제조하는 데 많이 사용된다.

연마제방전가공 또한 공구강의 표면 특성을 변경하기 위해 쓰고 있다. 절연액에 첨가된 미세한 텅스텐 카바이드 분말을 통해 공구와 금형의 경도와 침식저항성을 증가시킨다. 이것은 또한 마찰 기능을 향상시키고 표면조도를 변화시켰다(Masui 등, 1995). Mohri와 동료들(1993)은 각각 강재에 알루미늄을 증착하거나 알루미늄에 탄화 티타늄을 증착하여 알루미늄 및 티타늄 계 합금 전극을 사용하였다. 실리콘이나 텅스텐 등의 분말은 강재 제품의 내식성을 향상시키고 경화시키기 위해 사용되고 있다.

7.5 초음파지원 방전가공 _EDM with Ultrasonic Assistance

많은 적용 분야에서 경도가 높고 취성을 가진 재료에 대한 가공의 필요성이 꾸준히 증가하고 있다. 전통적인 기계가공 뿐만 아니라 비전통적인 가공 프로세스의 일부에서 공구의 수명과 표면의 균열에 관련된 몇 가지 문제점이 제기된다. 방전가공은 전기저항 100 Ω·cm 이하의 전도성을 가지는 고경도 및 취성재료에도 적용이 가능하다. 프로세스에서 주된 단점은 낮은 효율성을 가지는 스파크와 개방회로, 아크 및 단락 펄스가 비생산적인 재료제거율을 가지는 형태로 나타나는 것이다. 한편, 초음파가공은 종래의 기계가공에서 절삭력을 견뎌내기 어려운 고경도 및 취성재료를 다룰 수 있다. 초음파가공의 낮은 절삭속도를 이용하여 좋은 표면 정도를 가지는 부품을 생산할 수 있다. 방전가공과 초음파진동가공 메커니즘 사이의 관계를 통한 하나의 초음파방전가공공정은 같은 가공 조건에서 개별 방전가공과 초음파가공을 합친 것보다 높은 가공성을 가지고 있다. 새로운 공정은 방전가공(*www.jobshop.com/*)용 흑연 전극의 빠른 생산이 이루어짐으로 드릴링, 절삭 및 조각을 좀 더 쉽게 할 수 있게 된다. 초음파방전가공시스템은 그림 7.20에 나와 있

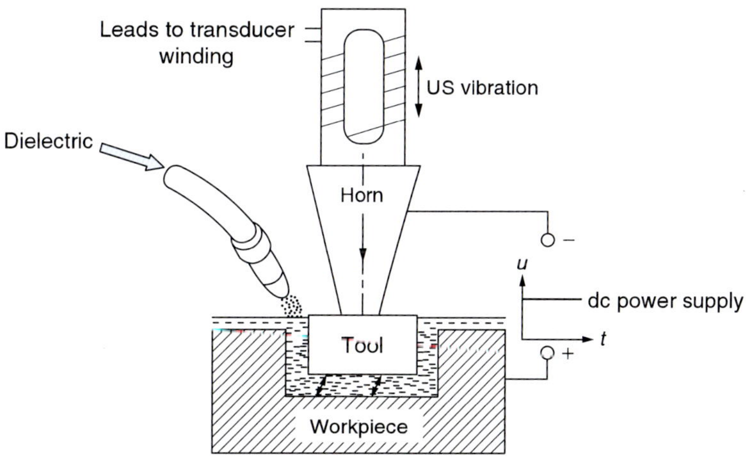

그림 7.20 초음파가공 개념도

다. 이것은 가공매체로서 연마제 슬러리를 탈 이온수로 교체하여 초음파가공에 사용한 것과 유사하다. 저비용의 직류 전원을 사용한 공구의 초음파 및 가공물의 진동을 통해 가공 갭을 가로질러 방전을 발생시킨다.

재료제거 메커니즘은 그림 7.21에서 보여주듯이 일반 방전가공에서처럼 플라즈마 채널을 따라 전기방전을 가하여 가공물의 용융 및 증발을 일으킨다. 방전 과정에 있어서 방전 에너지의 세기는 갭 전압, 진폭 및 초음파 진동주파수 그리고 갭 플러싱 조건 등과 같은 공정 조건에 따라 다르다. 공구의 초음파 진동 때문에 그 전면이 가공물 표면 방향으로 하강하고 전기장의 세기는 증가한다. 그러나 전기장은 미립자(형성된 분화구에서 튀어나온 금속 칩)가 가공매체 속에서 정지되게 만들고, 간격 사이에 통로를 형성하는 것을 야기시킨다. 아주 작은 간격 크기에서 작동 유체의 탈 이온화 또는 파괴는 플라즈마 채널의 형성을 발생시킨다. 공구의

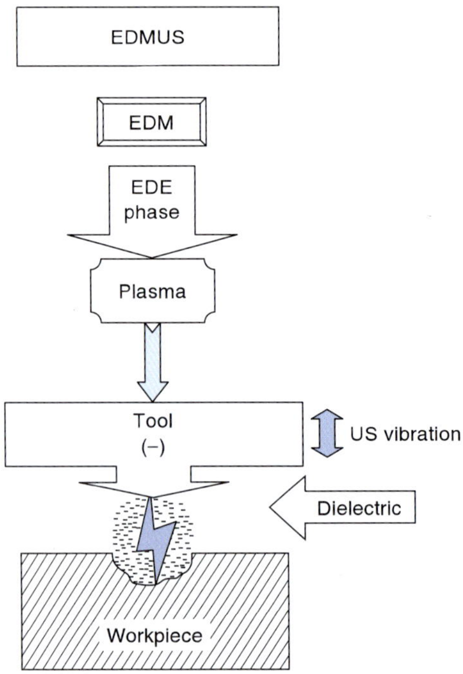

그림 7.21 ▮ 초음파가공 구성요소

전면부가 상승하면 갭 전압이 상승한다. 공구가 하강할 때 공정이 다시 시작된다.

Zhixin 등(1995)은 기계적인 펄스 방전가공간격 플러싱 법으로 초음파 진동을 사용했다. 이 방법에 따르면 공동현상의 기포와 초음파 필드의 힘이 작업 유체 안에서 칩 입자들이 침강하는 것을 방지한다. 고주파의 펌프 작용은 칩을 날려버리고 신선한 유체를 가공간격으로 빨아들임으로 작업 유체의 회전을 향상시킨다. 이들은 방전효율을 상당히 높이고, 보다 높은 부식률을 가지게 한다. 플러싱 작업은 진동진폭이 증가하는 것으로 보고되고 있다. Murti와 Philip(1987)은 초음파 진동을 적용함으로 절삭속도와 표면 정도를 크게 증가시켰지만 공구마모 속도가 증가하였다. 마모 비는 크게 영향을 받지 않았다. Hewedy(1995)는 플러싱 현상을 향상시키기 위해 공구진동을 최대 100 μm 증가시켜 부식 속도를 강화시켰고 따라서 스파크 효율성이 증가하였다고 보고하였다. 전극 간격에서 너무 많은 칩의 존재는(Masuzawa 등, 1992) 아크 방전이나 단락을 야기하여 공정을 불안정하게 만든다. 또한 너무 깨끗한 절연액도 단락이나 기계가공에서의 문제점의 또 다른 이유가 되므로 적당한 가공 칩의 양을 유지해야 한다.

전기장에서 절연 파괴거리는 가공매체의 오염 수준에 의해 영향을 받는다. 따라서 그 간격 거리는 국부적인 오염 수준에 따라 각각의 위치마다 변화한다. 이러한 변화는 형조방전가공공정에서 치수 오차를 발생시킨다. 농도를 전극 간의 간격 어디에서도 균일하게 한 경우에는 가공간격이 균일하여 정확하게 가공된다. 따라서 이상적인 플러싱은 일정하고 균일한 칩의 농도를 유지해야 한다. 이와 관련하여 전극 간의 간격을 따라 청소하는 노즐을 이용한 제트 플러싱이 Masuzawa 등(1992)에 의해 소개되었고 정밀방전가공에 효과적인 것으로 밝혀졌다. Schumacher(1990)는 침식된 칩을 통해 간격에서의 오염이 방전의 위치 뿐만 아니라 점화의 지연에도 영향을 미치는 것으로 결론지었다. Elden(1979)은 방전가공에서 절연성 유체 속도의 역할을 조사했다. Wells와 Willey(1975)는 6 m/s 의 절연액 유속이 전극마모를 2 배 줄이고, 표면조도를 50 % 향상시키며, 가공률을 높이고, 부식된 가공물 표면에서 열적 영향을 줄인다고 추천했다. 표 7.1은 방전가공과 초음파가공, 그리고 하이브리드 초음파방전가공을 비교하여 보여준다. 이것은 초음파

표 7.1 방전가공, 초음파가공 및 초음파방전가공의 비교

Workpiece material	Material removal rate, mm^3/min		Surface roughness R_a, μm	
	SG-4 ceramic	SiC	SG-4 ceramic	SiC
USM	1.81	1.95	0.93	0.95
EDM	2.68	2.50	7.90	6.8
EDMUS	5.15	4.95	2.34	2.36

SOURCE: Zhixin et al. (1995).

방전가공재료제거율이 초음파가공에 비해 약 3 배 빠르고, 기존의 방전가공에 비해 2 배 이상인 것으로 결론짓고 있다. 또한 하이브리드 공정의 표면조도는 초음파 진동을 공구와 가공물에 도입함으로써 일반적인 방전가공의 3 분의 1 로 줄일 수 있다. 초음파방전가공에서 일반 초음파가공에 의해 가공된 표면조도의 비율은 약 40 % 이다. Zhixin 등(1995)은 진동진폭을 작게 하고 전압을 가하면 제거율이 급격하게 증가한다고 보고하였다. 게다가 Zhang 등(1997)과 Zhang과 동료들(2004)은 초음파방전가공을 이용한 연구에서 재료제거율과 표면조도 모두 전압, 진동진폭 및 방전 전류가 증가할 때, 증가한다는 것을 보고하였다.

초음파방전가공에서의 2 차적인 효과는 구조 변경에 관한 것이다. 초음파 주파수를 이용하여 전극을 진동시키면 크레이터들에서 많은 난류와 공동 현상이 발생하여 용융된 금속을 급속하게 배출시킨다. 이를 통해 제거율을 향상시키고 가공표면에서 재응고층을 감소시킨다. 그 결과 일반적인 방전가공과 초음파방전가공을 비교하면 가공된 부품에서 보다 적은 미세균열이 발생하며 피로강도가 증가한다.

7.6 전해방전연삭 _Electrochemical Discharge Grinding

전해방전연삭은 방전부식, 전해방전 및 기계적인 연마와 결합된 공정이다. 그

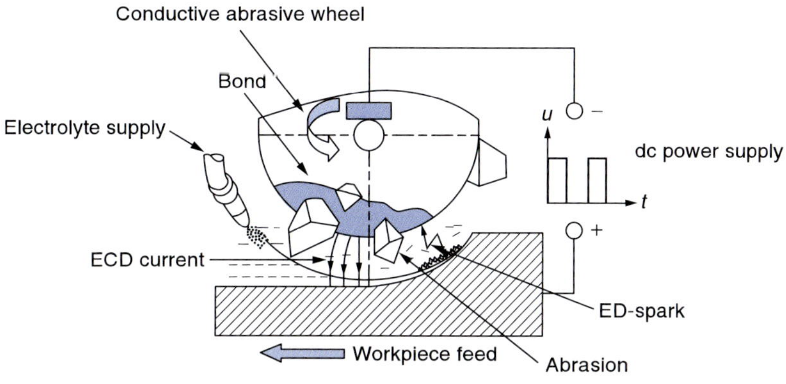

그림 7.22 ▮ 전해방전연삭 개념도

림 7.22는 전해방전연삭의 대략적인 개념도이며 연마 휠은 음극단자에 연결되어 있다. 반면에 가공물은 양극 극성의 펄스 전원 공급기에 연결된다. 전해액은 전극 간의 간격으로 유입된다. 회전하는 휠에 가공 깊이가 설정되는 반면 가공물은 일정한 속도로 이송된다. 가공물은 전해방전의 용해단계에 의해 표면으로부터 제거되며 스파크 방전으로 인해 연마재 또는 다이아몬드 입자로 인해 기계적인 연마와 침식이 발생한다. 그림 7.23은 전해방전연삭공정에 참여하는 주요 재료제거 메커니즘을 보여준다.

이 공정은 전해액에 펄스 전압을 인가하여 발생한다. 가장 일반적인 전해액은 $NaNO_3$, $NaNO_2$, $NaPO_4$, 그리고 KNO_3 용액이다. 계면활성제, 부식방지제 및 단지 형성제와 전해방전연삭 전해액을 함께 사용하는 것이 일반적이다.

계면 활성제는 연마재 또는 다이아몬드 입자의 재료제거효과를 강화시킨다. 크롬산염과 중크론산염은 일반적인 부식방지제이다. 칼륨 또는 주석산 나트륨 염, 구연산과 같은 단지 형성제는 수용성 성분으로 반응물을 변환시켜 양극 용해를 안정화 한다(Rumyantsev와 Davydov, 1984). 용해 단계에서 발생하는 가스 변화는 방전작용을 강화시켜 재료제거율을 향상시킨다. 이송속도와 휠 가공 깊이의 증가는 방전 단계에서 전체 재료제거를 향상시키며 전체 에너지 소비를 줄인다. 이것은 특정 에너지 소비량이 전해가공보다 방전가공이 낮다는 사실과 관련이 있다.

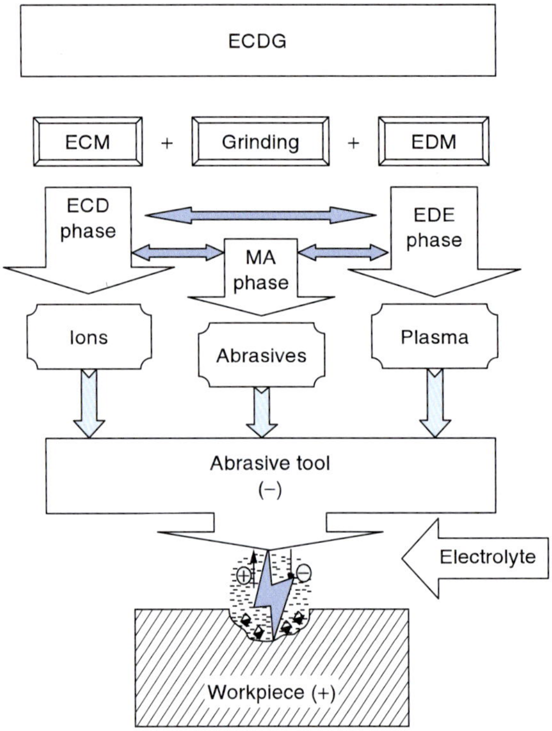

그림 7.23 전해방전연삭의 재료제거 메커니즘

가공하는 동안 재응고층으로서 전해액 속의 금속입자들은 매 방전 에너지마다 증발된다. 더 높은 펄스 에너지, 더 큰 가공 생산성 그리고 더 거친 가공면으로 인해 더 깊은 크레이터가 형성된다. 전해방전단계는 전해로 표면의 나머지 부분을 용해한다. 이러한 조건을 통해 방전작용에 의해 형성된 분화구가 평탄화되고 표면조도가 감소된다.

부식 단계는 재료제거 공정에서 상당한 역할을 하고 있다. 스파크 방전은 용해 단계를 강화시키기 위해 전해가공공정 중 가공물 표면에 형성된 산화층의 자생작용(depassivation)을 야기시킨다. 방전은 휠 표면 위의 광택 층을 파괴하고 따라서 자생작용과 기계적 연마 작용을 일으키는 새로운 입자들이 나타난다.

전해방전연삭에 의한 재료의 가공성은 기계, 전기 및 열영향 등 가공물의 특성에 의존한다. 각 단계는 휠의 전기 특성의 불균일성과 휠과 가공물 사이의 위치 간격의 변화로 인해 여부를 결정하는 것은 곤란하다. 전극 간의 간격에 존재하는 칩, 금속 증착, 그리고 전극 간의 간격 사이에 존재하는 가스는 간격의 저항과 전류밀도에 의해 무작위적 변화를 일으킨다. 따라서 각 가공단계의 영향은 이러한 조건에서 공정변수와 순간적인 간격 현상에 의존한다. 또한 각 가공단계에서 강도, 위치 및 지속 시간은 무작위로 변화하고 재료제거율의 평가는 굉장히 복잡하다. 효율적인 가공을 위해서는 일정한 압력으로 전해액이 공급이 되어야 한다. 전해방전연삭가공 시에 0.14 % 의 탄소, 17 % 의 크롬, 2 % 의 니켈 금속이 결합된 연마 휠을 사용하여 10 % 의 $NaNO_3$ 용액에서 가공하면 다이아몬드 휠보다 재료 제거 속도가 20 ~ 25 % 낮아진다. 하지만 감소된 제거율과 연마 휠의 높은 마모는 적은 비용에 의해 상쇄되고도 남는다. 높은 가공 생산성을 위해 두 개의 전극 사이에 생기는 전기에 의한 힘은 극성을 반전시킴으로써, 휠의 자동 보정작용을 하는 데 사용된다(*www.Jobshop.com/* 및 Rumvantsev와 Davydov, 1984).

전해방전연삭은 마이크로 크기의 균열과 버가 발생하지 않는 높은 표면마무리를 생성한다. 인가된 전압은 미세한 요철의 높이, 종 이송속도 및 연마 깊이에 영향을 미친다. 이송속도의 증가는 공구마모 속도를 증가시키며 표면의 요철의 높이를 감소시킨다. 대조적으로, 간격 전압의 증가는 더 높은 미세 요철과 공구마모 증가라는 결과를 보였다.

7.7 브러시마모분해 기계가공 _Brush Erosion-Dissolution Mechanical Machining

그림 7.24 그리고 7.25에서 보여지듯이 브러시마모분해 기계가공공정은 물 - 유리 수용액 속에서 전해방전, 전기부식 그리고 금속 가공물의 마찰 관계를 기반으로 한다. 브러시와 가공물 표면의 마찰 후에 금속입자는 제거되며 전기적 아크는 이

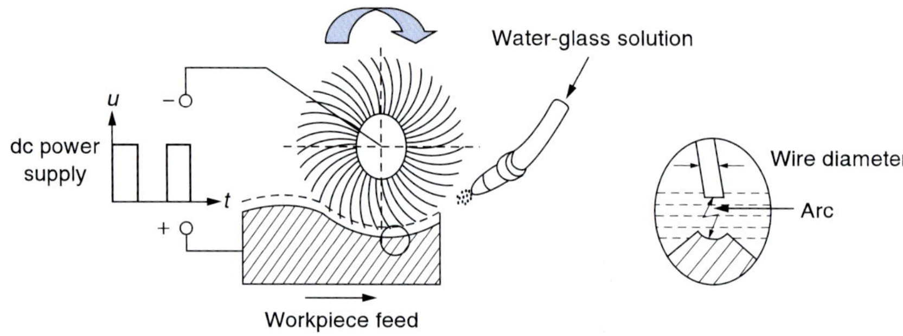

그림 7.24 브러시마모분해 기계가공의 개념도

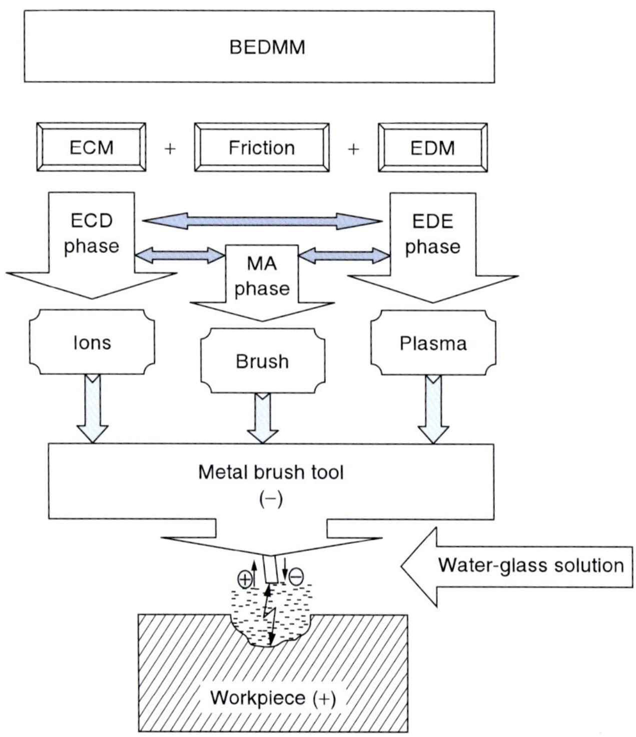

그림 7.25 브러시마모분해 기계가공의 재료제거 메커니즘

그림 7.26 복잡한 부품의 브러시마모분해 기계가공 전과 후(Nowicki와 Spadlo, 1995)

금속입자를 용융한다. 그림 7.26의 기술은 종래의 기계가공으로는 매우 힘든 복잡한 형상의 부품에 대한 마무리 작업을 적용한 것이다(Nowicki와 Spadlo, 1995).

브러시 전극의 이용으로 이 공정을 비용 효율이 높은 공정이 되는데, 이는 큰 부품을 가공하는 데 필요한 시간이 감소하기 때문이다. 적절한 가공조건 설정, 용융점이 높은 전극재료 및 전원 발생기의 종류에 따라 가공부에 발생하는 가공 현상을 제어한다. 이 공정은 가공된 표면에 언더컷 및 표면 손상없이 버 제거 및 예리한 각을 가공하거나 플러싱하는 가공방법이다. 전극재료의 선정으로 인해 일정한 층으로 가공이 가능하며, 부품과 부품을 단단히 접착할 수 있고, 부품을 합금화하여 높은 재료 함유량을 가진다(Spadlo, 2002).

Chapter

8

재료부가 공정

_Material Addition Processes

8.1 서론 _Introduction

쾌속조형(rapid prototyping, RP)은 새로운 제조 기술 중의 하나로서, CAD 표현 정보로부터 3 차원의 프로토타입을 만드는 것이다. 일반적으로 대상물을 형성하기 위하여 층상화된 양식을 서로서로 더하거나 붙여서 거의 실물과 유사하게 만든다. 또한 이 기술은 고체 자유형상 패브리케이션(solid free-form fabrication, SFF)이라고도 언급된다. 표 8.1에서 보는 바와 같이, 이미 이전의 여러 장에서 취급한 공정들을 정리한 것과 비교하면 쾌속조형 공정은 물리적 그리고 화학적 현상을 적용하여 마치 전통적인 공정에서 재료를 제거하는 방식과 마찬가지로 점차적으로 재료를 부가함으로써 전체 공정이 이루어진다. 대부분의 공정들은 여전히 아직 상용화 개발 이전의 단계이다. 크기는 마이크로에서 빌딩 전체까지, 재료는 종이와 플라스틱에서 금속과 세라믹까지 범위를 확대해 나가고 있다. 적용사례들은 장난감, 항공 그리고 의료분야를 포함한다. 쾌속조형의 성공 요인 중 하나는 기존 전통적인 공정으로는 금속, 세라믹 그리고 복합재를 사용하여 가공하기가 어려운 재료를 사용하여 복잡한 정형 혹은 거의 정형에 가까운 복잡형상을 신속하게 제작

표 8.1 ▌ 재료제거와 재료부가 공정의 물리적 그리고 화학적 현상

Phenomena	Material removal	Material addition
Chemical processes	CHM ECM	Stereolithography (SLA) Photopolymerization Laser-induced carbon vapor deposition (CVD)
Thermal processes	LBM PBM EBM EDM	Selective laser sintering (SLS) Plasma spraying* Electron beam (EB) sintering* Electrodischarge (ED) deposition*
Liquid jet	WJM	3-D ink-jet printing
Solid jet	AJM	Powder jet laser cladding
Ultrasonic processes	USM	N/A

*Not applied commercially.
SOURCE: Kruth et al. (1998).

가능하다는 것이다.

쾌속조형 공정의 장점들_advantages of rapid prototyping.

- 복잡한 3 차원 기하학적인 형태의 제작
- CAD 모델기반의 자동화
- 특별한 후공정이 불필요한 포괄적인 제조
- 인간의 개입이 거의 필요 없거나 최소화됨
- 최소가격으로 짧은 시간 안에 정밀한 시제품(조형, prototyping)을 만들 수 있음

쾌속조형 기술의 분류_Classification of RP techniques. Kruth(1991)는 쾌속조형 기술과 이에 사용되는 원재료에 따라 다음과 같이 분류한다.

1. 액체기반 기술(liquid-based techniques)
2. 분말기반 기술(powder-based techniques)
3. 고체기반 기술(solid-based processes)

이 방법들의 몇 가지는 시제품을 만들 때 분말을 경화(curing)시키거나 빛에 의해

서 폴리머를 고형화(solidifying)시키는 방식을 사용한다. 또 다른 방식들은 플라스틱(plastics)과 레진(resin) 재료를 용융(melting), 적층(deposition) 및 재고형화(resolidification)하는 것들이다.

8.2 액체기반 기술 _Liquid-Based Techniques

8.2.1 광조형법 _Stereolithography

광조형법(stereolithography, SLA)은 가장 일반적인 쾌속조형 기술이다. 이는 광중합(photopolymerization)을 기반으로 적층 제조(layer-by-layer manufacturing)하는 기술이다. 고형화(solidification)는 액체의 상부가 빛의 충격을 받아 광중합되는 것이다. 광중합의 깊이는 표면 밑의 수십 밀리미터의 두께로 제한적이다. 표면 액체의 빛에 의한 중합은 부품 단면에 상응하는 패턴에만 제한적으로 일어난다. 한 층이 완전히 제작되면 아주 작은 거리만큼 밑으로 내려가고, 그 다음의 두 번째 층이 첫 번째 층 위에 바로 지나가면서 제작된다. 재질의 자가적 접착특성(self-adhesive property) 때문에 한층 위에 다른 층이 붙게 되고, 수많은 층이 반복적으로 제작된 후에, 결국에는 전체적으로 3 차원의 형상이 제작된다. 몇 가지는 오버행(overhang) 또는 언더컷(undercut) 형상인데, 이는 제작 공정 동안 지지부 구조(support structure)에 의해 밑에서 받쳐진다. 이들은 형상에 맞추어서 수동 혹은 자동으로 제작된다. 제작공정이 완료되면 대상물은 액체 위로 올려지고 지지부 구조는 절단하여 분리한다(*home.att.net/ ~ castleisland/sla*).

다음은 광조형법 공정의 순서이다:

1. 슬라이스 소프터웨어(slicing software)는 CAD 모델을 읽어 들이고 아주 얇은 단면으로 자른다. 이는 쾌속조형 시스템의 기계적 운동 해상도와 함께 제품의 기하학 형상에 따라 결정한다.

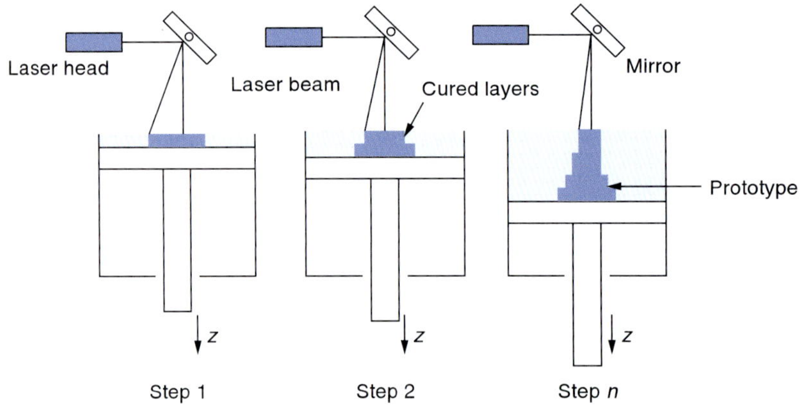

그림 8.1 광조형의 원리

2. 컴퓨터는 슬라이스 소프트웨어로부터 결과를 받아서 이에 상응하여 쾌속조형 시스템의 이송과 회전을 제어한다.
3. 공정 챔버는 광 민감(photosensitive) 액체로 채워져 있고, 엘리베이터와 같은 플랫폼이 위로 혹은 아래로 움직인다.
4. 레이저 빔은 선택된 광 폴리머(photopolymer)의 표면에만 조사한다. 조사된 부분은 경화되어 입체형상의 단면이 된다.
5. 플랫폼은 내려지고 다른 액체 폴리머층이 이전의 경화층을 덮는다.
6. 이러한 절차는 반복되어 결국 전체 형상이 완성된다.

레이저 빔과 플랫폼을 서보 제어되는 시스템의 운동을 통해서 여러 가지 제품이 완성된다(그림 8.1).

광조형법의 장점

- 높은 정확도 ±0.1 mm 와 우수한 표면마무리
- 광학적으로 맑은 반투명(semitransparent) 재료 제조 가능
- 공정의 완전 자동화

광조형법의 단점

- 사용되는 재질의 범위에 한계가 있다.
- 다른 쾌속조형 방식에 비해 상대적으로 비싼 비용이 든다.
- 액체 속에서 작업은 어렵다.
- 가끔 후공정의 경화 공정이 필요하다.

8.2.2 홀로그래픽 간섭고형화 _Holographic interference solidification

홀로그래픽 간섭고형화(holographic interference solidification, HIS)는 광경화(photopolymerization)에 기반을 두고 있다. 아이디어는 액상 감광성 모노머(photosensitive monomer) 수조 내에 모델의 홀로그래픽 이미지를 투영하면 점마다 구축하는 것이 아니라 한 번에 전체 입체 표면을 굳게 할 수 있다. 이 과정은 프로토 타이핑 시간을 절약할 수 있다. 보고된 사례는 구리 방전가공 전극용 로스트 왁스(lost wax) 제품이 있다.

8.2.3 빔간섭고형화 _Beam interference solidification

빔간섭고형화(beam interference solidification, BIS)는 가장 범용성이 많은 폴리머 기반 쾌속조형 공정이다. 빔간섭고형화(그림 8.2)에 의한 부품 제작은 주파수

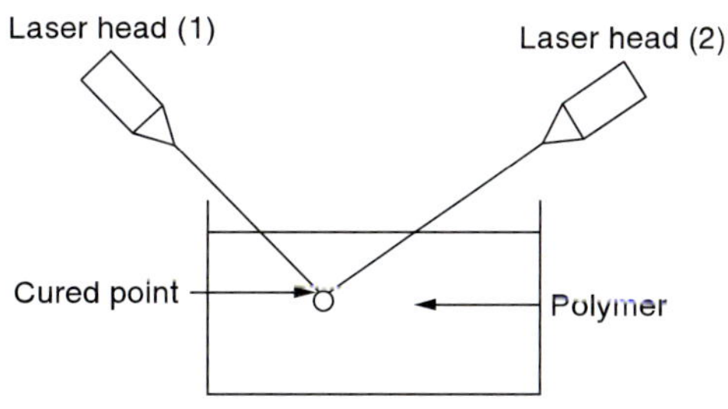

그림 8.2 빔간섭고형화

가 다른 2 개의 레이저 빔의 교차점에서 액체 포인트에서 응고(고형화)에 의해 일어난다. 레이저 빔 1 을 만난 모든 액체는 에너지가 들뜬 상태로 있다가 레이저 빔 2 의 조사 때에 중합된다. z축의 부분을 형성하기 위하여, 더 이상 층과 층 사이를 이동할 필요가 없다. 어떠한 x, y, z의 조합에 대해서도 레이저 빔의 운동이 추종 가능하게 하여 짧은 조형 시간 내에 3 차원의 형상을 제조한다(*mtiac.alion-science.com*). 다음과 같은 한계점들 때문에 산업적 응용에 있어서 제한이 있다:

1. 빛의 흡수(깊이에 따라 강도 저하)
2. 부품 형상 효과로 인하여 고형화 문제
3. 온도 변화 혹은 응고로 인하여 발생하는 빛의 회절에 의한 빔 교차 문제

8.2.4 고체지면 경화 _Solid ground curing

고체지면 경화(solid ground curing, SGC)하기 위한 개념도를 그림 8.3에 나타내었다. 따라서 공정은 두 가지 주요 사이클 즉, 포토 마스크 생산 사이클과 층 제조 사이클이 있다. 하나의 층을 만들기 위해 작업을 완료하려면 약 2 분 정도 소요된다.

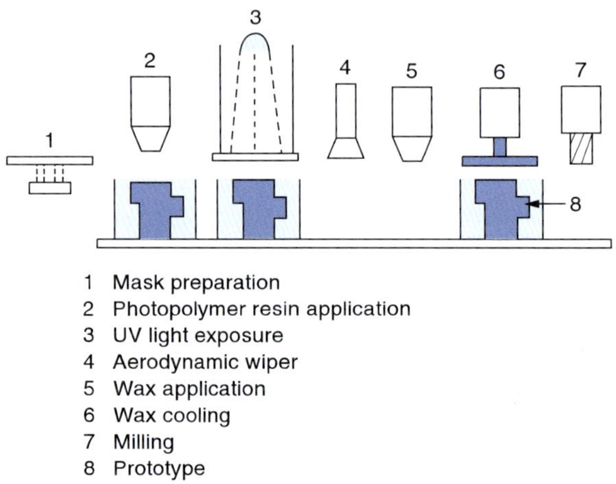

그림 8.3 고체지면 경화 단계들

다음 단계들은 고체지면 경화 공정의 모든 절차이다(*claymore.engineer.gvsu.edu*):

1. CAD 파일이 단면화된다.
2. 광 민감성 폴리머의 층 하나가 플랫폼 위에 도포된다.
3. 광 마스크(photomask)가 전자 사진 기술(electrophotography, xerography)을 사용하여 준비된다(모든 층에 대하여).
4. 마스크 판(mask plate)은 제작을 위해 플랫폼과 물체 위에 놓여진다.
5. 자외선 광(ultraviolet light)이 그 층 위에 조사하여 고형화가 완성된다.
6. 여분의 폴리머는 재사용을 위해 진공으로 뽑아내어지고 왁스로 채워진다.
7. 왁스 냉각 판(wax cooling plate)을 사용하여 왁스는 경화된다.
8. 밀링 헤드로 광 폴리머를 절삭가공하여, 보다 정확도를 높인 다음 일정하게 다음 두께를 준비한다.
9. 마스크 판은 지워지고 모든 층에 대해서 다시 사용된다.
10. 형상이 완료될 때까지 과정을 반복한다.

왁스를 없애기 위한 후공정들이 요구되는데, 이는 형상이 완료되기 전에 열로 태워서 없애거나 혹은 녹여서 제거하기도 한다. 왁스의 매트릭스(matrix)는 오버행 혹은 언더컷 형상에 대하여 추가적인 지지부 구조를 만들 필요가 없게 한다(*home.att.net/~castleisland/sgc*).

고체지면 경화의 장점

- 복잡하고 큰 부품 제작 가능함.
- 추가적인 지지부 구조가 필요 없음.
- 후경화 불필요하고 내부 응력이나 뒤틀림을 방지함.
- 넓은 작업 영역으로 한 번 만에 여러 부품 제작 가능함.
- 정확도가 우수함.
- 부품의 복잡성은 속도에 영향이 없지만 부피에는 영향이 있음.

- 무게중심을 바꾸기 위해서 언제든지 무게를 삽입할 수 있음.
- 어느 층이라도 에러가 발견되면 밀링으로 그 부분을 없앨 수 있음.

고체지면 경화의 단점

- 장비가격이 높다.
- 장비크기가 크다.
- 공정이 복잡하고 높은 유지보수 및 숙련된 감독이 요구된다.
- 재료 사용이 제한적이다.
- 왁스는 완성 후에 커다란 오븐 안에서 제거되어야 한다.
- 공정 중에 소음이 있다.
- 폴리머의 과다 노출은 점도를 증가시켜 사용할 수 없게 만들어 결국 고가의 폴리머의 사용을 증가시킨다.
- 레진은 빛으로부터 격리된 챔버를 요구하고, 독성의 재료 취급이 요구된다.

8.2.5 액체열 중합 _Liquid thermal polymerization

액체열 중합(liquid thermal polymerization, LTP)은 일반적 조형으로 사용되는 포토 폴리머 대신 열경화 폴리머를 사용한다. 응고는 레이저 빛의 영향이 아니라 열 분해(heat dissipation)에 의해 발생한다. 그러나 방열, 정확도, 열 수축 및 부품 왜곡을 제어하기가 어렵다. 시스템은 플라스틱 개체와 왁스 지지부 구조물을 위하여 2 개의 제트를 채용하고 있다. 액체는 개별의 분사 헤드에 공급되어 재료의 작은 물방울로 분사하면 그림 8.4에서 보는 바와 같이 x - y 좌표로 이동하여 형상의 한 층을 형성한다. 그 재료는 적층되는 순간, 온도의 급격한 하락에 의해 재료 경화가 일어난다.

물체의 모든 층을 분사하여 형성된 후 밀링 헤드는 균일한 두께로 만들기 위해 레이어 위를 가공하며 지나간다. 밀링 헤드가 절삭하는 동안 파편입자를 진공

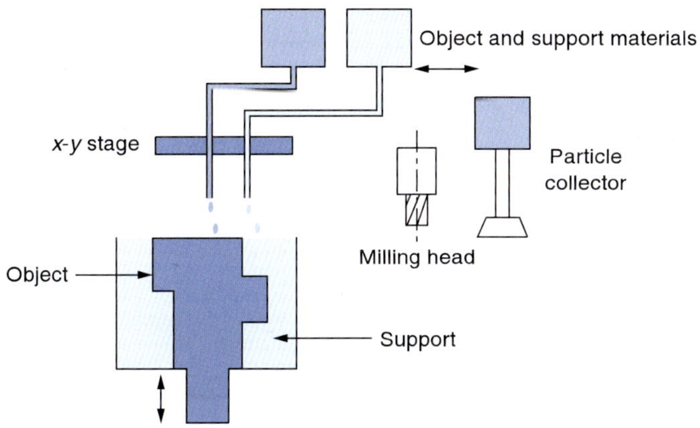

그림 8.4 액체열 중합

으로 포집된다. 공정은 전체 형상을 형성하기 위해 반복 진행된다. 왁스 지지부 재료 중 어느 하나는 용융 또는 용해 제거된다. 액체열 중합의 가장 두드러진 특징은 기계가공 CNC와 동등하게 미세한 해상도와 표면마무리를 생산하는 능력이다. 그러나 이 기술은 큰 물체 제작의 경우에 매우 느리다. 사용하는 기계, 재료 및 크기는 사무실 친화적이지만, 밀링 헤드를 사용하면 노이즈가 발생하므로 사무실 환경에서 불편할지도 모른다. 재료의 선택은 매우 제한되어 있다(*home.att.net/~castleisland/ink*).

8.2.6 융합증착 모델링 _Fused deposition modeling

융착 모델링(fused deposition modeling, FDM)은 광조형 방식 다음으로 두 번째로 가장 널리 사용되는 쾌속조형 기술이다. 레이저 단면 슬라이스 층을 필요로 하지 않기 때문에 다른 모든 쾌속조형 공정과는 차별된다. 대신 모델 재료는 CNC 제어된 압출 헤드(extruder head)에서 반고체 형태로 직접 적층된다. 단단한 플라스틱 부품이 필요한 경우에 융합증착 모델링 방식이 유리하다. 공정은 열가소성의 0.003 mm 직경 필라멘트(filament)를 사용하여 모델의 층과 층으로(layer by

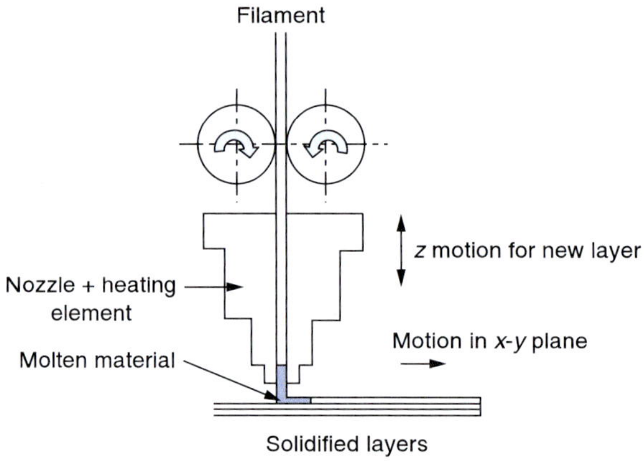

그림 8.5 융합증착 모델링의 원리

layer) 쌓아간다. 그림 8.5와 같이 필라멘트는 코일로부터 풀려져 나와서 압출 노즐로 공급된다. 필라멘트는 가열된 압출 헤드로 녹아서 흘러 들어간 뒤에, 출구 노즐을 통해 얇은 리본(ribbon)으로 나온다. 융합증착 모델링 시스템 운영 소프트웨어는 CAD 파일을 전달한다. 소프트웨어는 최적의 조형을 위해 방향을 돌리고, 모델의 단면 슬라이스를 만들고, 운영 소프트웨어에 의해 가공 경로를 생성하여 결국 용융 물질의 매우 얇은 하나의 층을 적층한다. 다른 층위에 또 다른 층을 쌓아가면서 바닥으로부터 모델을 만들어간다. 요구되는 개체는 후가공을 필요로 하지 않고, 한 번의 스테이지에서 3 차원 솔리드 부품을 제작한다. 각각 형성된 표면층(surface layer)은 폴리머의 흐름을 균일하게 제어하기 위하여 다음 층의 적층 전에 밀링 커터로 가공하여 평탄한 분포 층을 얻는다. 최근 어떤 융합증착 모델링 시스템은 2 개의 헤드가 있다: 하나는 모델링 재료용이고 다른 하나는 모델링 지지부 재료용이다(*www.quick-models.com* 및 *www.caip.rutgers.edu*).

그림 8.6에 표시된 장치에서 노즐은 기계적인 스테이지에 장착되고 있고 이는 CNC 코드에 의해 안내되어 폴리머 점성 리본(viscous ribbon)은 서서히 고정되지 않은(fixtureless) 베이스 플레이트에서부터 적층되어진다. 노즐은 x, y, z의 형상으로 테이블 위를 이동하면 각 층을 형성하기 위해 압출된 플라스틱의 얇은

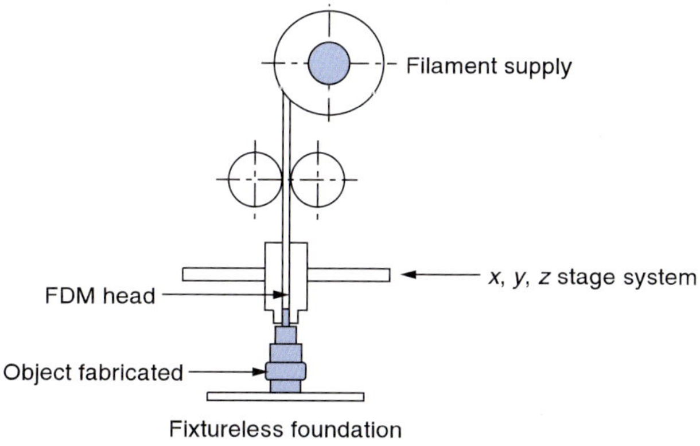

그림 8.6 융합증착 모델링의 개념도

비드(bead) 선 형태로 적층한다. 플라스틱은 노즐을 빠져 나온 후 즉시 단단해지고, 아래층에 붙어 경화된다. 전체 시스템은 챔버 안에 포함되어 있어 플라스틱 재료의 융점(melting point) 이하의 온도가 유지되도록 되어 있다. 필요에 따라 제 2 노즐은 두 번째 재료를 압출로 밀어낼 수도 있다. 제 1 층이 완료되면 노즐은 한 층 두께만큼 위쪽으로 이동하고 공정을 다시 시작한다. 제품이 쉽게 플랫폼에서 제거될 수 있게 지지부(support)는 용해되기도 한다. 재료의 선택, 도구 경로, 층 두께 및 부품 방향 등 많은 매개변수가 기본적으로 설계 단계에 고려된다. 비용, 강도, 부품의 정확도 및 제작 시간은 이러한 매개변수에 따라 달라진다.

일부 재료로서 아크릴로니트릴 부타디엔 스티렌(acrylonitrile butadiene styrene, ABS), 의료용 ABS, E20(열가소성 폴리에스터 엘라스토머, thermoplastic polyester-based elastomer) 및 주조 왁스(investment casting wax) 등이 사용 가능하다. ABS는 뛰어난 강도를 가지며, 최근에는 강도와 온도 범위 측면에서 새로운 기능을 확장한 폴리카보네이트(polycarbonate) 및 폴리(페닐) 술폰(poly(phenyl) sulfone)의 재료가 도입되고 있다. 간단한 부품의 경우에는 고정장치(fixturing)가 필요 없고, 층과 층을 쌓아 직접 제작한다. 내부 캐비티(inner cavities) — 예외적으로 새겨진 표면 및 돌출 형상을 갖춘 복잡한 부품 — 의 경우에는 때때로 모델의 모든 돌출

부분의 지지부 구조를 만들 필요가 있다. 지지부 구조는 나중에 개체에서 분해되어 제거된다. 단순히 씻기만 하면 분리되는 수용성 지지부 재료(water-soluble support material)도 있다(*students.bath.ae.uk*).

융합증착 모델링의 장점

- 조용하고, 무독성 및 환경실 친화 공정이다.
- 작고 얇은 형상을 빨리 만든다.
- 강한 부품을 제작한다.
- 가격 경쟁력이 있다.
- 부품 청소가 필요 없다.
- 컬러 ABS를 사용하여 다양한 색을 가진 부품 제작이 가능하다.

융합증착 모델링의 단점

- 넓은 단면 영역을 만들 때 느리다.
- 추가적인 지지부 재료를 사용해야 한다.
- 상대적으로 낮은 정확도와 표면마무리가 미흡하다.
- 복잡한 부품은 만들 수 없다.
- 사용 가능한 재료의 수가 한정적이다.

8.2.7 멀티제트 모델링 _Multijet modeling

멀티제트 모델링(multijet modeling, MJM)에는 직선 배열의 96 제트를 갖춘 프린트 헤드를 사용하여 연속적으로 층들을 쌓아 모델을 제작한다. 각 제트는 특수열 폴리머(thermopolymer) 재료를 사용한다. 그림 8.7에서 보는 바와 같이 멀티제트 모델링 헤드가 라인 프린터(x축)와 같이 앞뒤로 가공기의 헤드가 왕복하여 단층을 구축하고, 빠른 시간 내에 입체 모델을 완성한다. 제작할 부품이 가공기

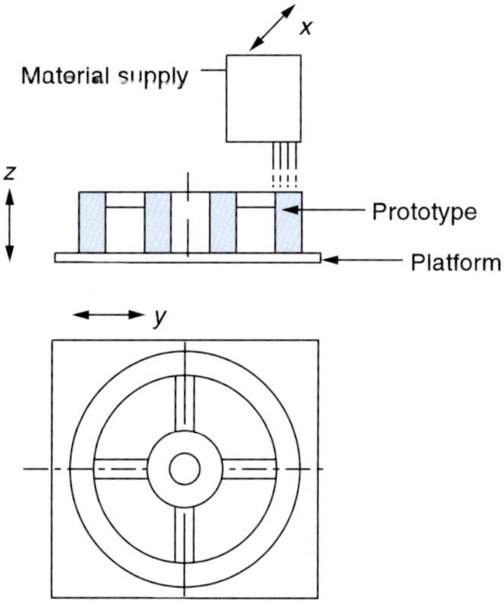

그림 8.7 멀티제트 모델링의 원리

헤드보다 넓은 경우는 플랫폼을 재배치(y축)하여 다음 레이어를 구축한다. 모델이 완료될 때까지 이 과정이 계속 반복된다. 다수의 제트는 저렴한 열폴리머를 사용하여 최대 효율을 위해 빠르고 연속적인 재료의 적층을 가능하게 한다(*www.foundryonline.com*).

8.2.8 탄도입자 제조 _Ballistic particles manufacturing

탄도입자 제조(ballistic particles manufacturing, BPM)에서는 용융 물질의 흐름이 노즐에서 토출된다. 재료는 방울로 분리되어 기판에 부딪히는 즉시 차갑게 용접되어 부품 일부를 형성한다(그림 8.8). 물질 유속(stream)은 드롭 온 디맨드(drop-on-demmand) 방식 혹은 연속 잉크젯을 형성한다. 이때 압전 변환기(piezo-electric transducer)는 60 Hz 에서 노즐을 작동한다. 노즐 구동 힘은 균일한 간격과 작은 거리의 규칙적인 방울 흐름을 가능하게 한다(*ime.ucla.edu*).

탄도입자 제조에서의 매개변수는 온도 및 방울의 속도 그리고 스트림이 토출될 때 표면에 방울을 유도하는 데 필요로 하는 전자 전하(electronic charge) 등이

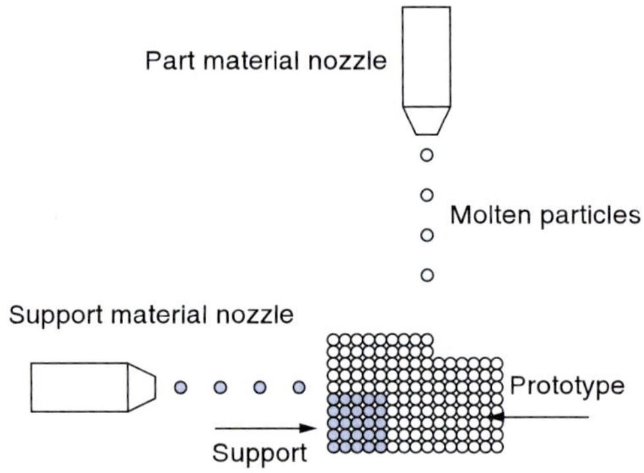

그림 8.8 탄도입자 제조

있다. 온도는 용융 금속 방울이 응고되는 속도를 제어한다. 또한 방울의 변형 및 위치 정확도는 방울의 속도에 따라 달라진다.

이 공정은 재료(왁스, 플라스틱, 광경화성 폴리머, 세라믹 또는 금속)의 흐름을 하나의 스테이지 안에서 CAD의 3차원 솔리드 모델 데이터를 사용하여 3차원 물체를 직접적으로 제조한다. 이는 마치 잉크젯 프린터가 2차원 이미지를 생성하는 것과 거의 같은 방법이다. 입자를 발사하고 여러 단면을 적층하기 위하여 압전 잉크젯 메커니즘을 제어하는 3축 로봇 시스템 방식을 사용하여 대상물을 제조한다. 또한 두 번째 재료는 어떠한 임의의 오버행 구조를 지지한다. 제품이 완료되면 그것은 용해조에 담궈 용해되게 한다. 여기에서 하나의 제한사항은 지지부 재료가 완전히 왁스로 둘러싸일 수 없다는 것이다(Hauber, 1988).

탄도입자 제조의 장점

- 후가공 마무리가 필요없다.
- ± 0.01 mm 공차가 얻어진다.
- 무중력 하에서도 제조가 가능하고, 진공환경의 우주에서도 부품을 제공함으로써 첨단 재료 연구를 도모한다.
- 이 방식은 열가소성 플라스틱과 금속 등과 같은 다른 재료 등에도 확장될 수

있다.

- 인베스트먼트 주조(investment casting)용 왁스는 금형 필요 없이 만들 수 있다.
- 이는 다른 재료에 적용하게 하고, 하나의 부품 안에 여러 색도 가능하다.
- 변경 시간을 줄이고 생산성을 높이고 재료의 특성을 향상하여 BPM 기술은 경제적으로도 유리하다.
- 이 방식은 실제 상황에서 아주 빨리 고형화된 마이크로 구조를 제작한다.
- 거의 꼭 같은 밀도와 정형의 제품을 하나의 작업 내에서 구현한다.

8.2.9 형상적층 제조 _Shape deposition manufacturing

형상적층 제조(shape deposition manufacturing, SDM)는 복잡한 입체 형상의 다양한 재료(multimaterial) 구조를 형성하기 위하여 재료 층을 구축하는 새로운 자동 제조 방법이다. 이 공정은 고체 자유형상 제조(즉, 어떤 복잡한 형상 및 이종 구조를 계획하면 특수 지그(jig)를 필요로 하지 않는다)의 장점과 기존의 기계가공의 이점(즉 정확도, 우수한 표면조도 및 기존 3 축 혹은 5 축 CNC 밀링의 넓은 작업범위)과 잘 결합되어 있다. 선택적이고 부가적인 재료 공정의 복잡 형상 쾌속 조형에 추가적으로 다양한 재료(multimaterial) 구조의 제조를 가능하게 하고 성장 중인 형상(growing shape)에 미리 제조된 부품을 끼워 붙일 수 있다. 따라서 형상적층 제조의 목적은 기하학적으로 정밀하고 표면마무리가 우수하며 강한 부품을 자동으로 제조하는 것이다(*www-2.cs.cmu.edu*). 그림 8.9는 제조공정을 보여주며 다음과 같다.

1. 처음에 CAD 모델은 분해되어 얇은 층으로 표현된다.
2. 하나의 층 조각은 서의 정형의 형상으로 적층된다. 그 층의 두께는 국부적인 부품 기하학과 적층 구속조건들에 의존한다.
3. 희생 지지부 구조(sacrificial support structure)의 층은 지지부를 쌓는 동시에 성장 형상의 고정부(fixture)를 생성한다.

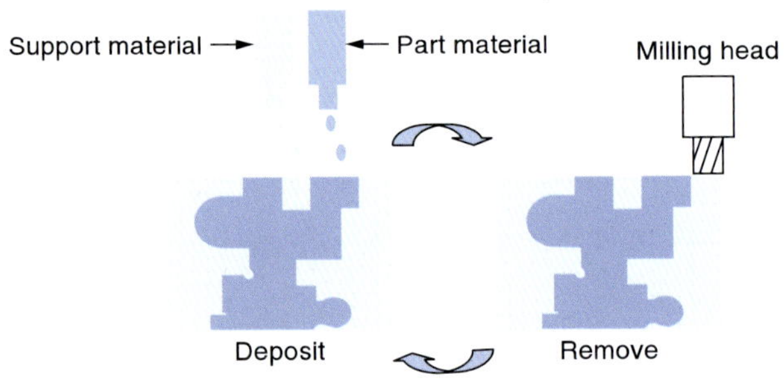

그림 8.9 형상적층 제조

4. 그 층은 가공하여 정형으로 만든 후에 추가적으로 재료들이 또 적층된다.
5. 부품과 지지부의 적층과 가공순서는 완전한 형상이 될 때까지 반복된다.
6. 형상이 완성된 후에 희생 지지부 재료는 제거되어 완성품이 된다.

8.3 분말기반 공정 _Powder-Based Processes

8.3.1 선택적 레이저소결 _Selective laser sintering

선택적 레이저소결(selective laser sintering, SLS)은 선택적으로 개별 개체에 금속 또는 비금속 분말의 소결에 따라 자유형상을 제조하는 방법이다. 그림 8.10에서와 같이 가용성 분말의 얇은 층을 챔버에서 적외선 가열 패널에 의해서 그 융점 바로 아래의 온도까지 가열한다. 이어 생산해야 하는 부품의 3 차원 CAD 시스템을 따라 레이저 빛을 조사하여 분말 속에서 제작형상의 첫 번째 층의 원하는 패턴을 녹여서 소결한다. 첫 번째 용융 층이 하강한 다음 롤러는 분말의 다른 층을 살포한다. 이러한 과정이 반복된다. 선택적 레이저소결은 일부 용융한 개체 주위에 있는 분말 강도에 따라 전체 강도가 결정된다. 따라서 어떤 오버행 형상 부품을 지지하는 칼럼 구조부는 필요 없다. 폴리머, 에폭시, 왁스, 금속 및 적절한

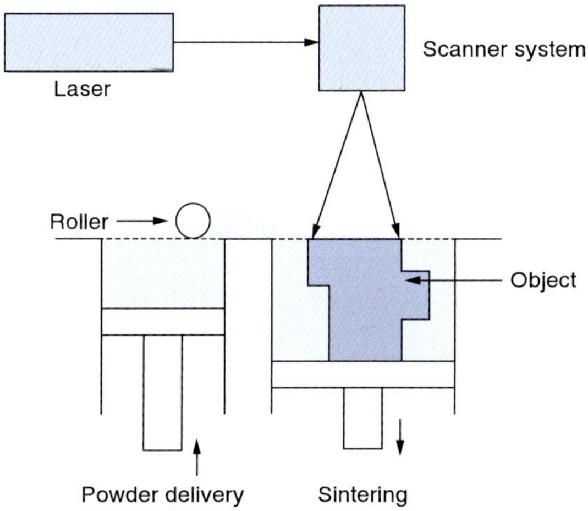

그림 8.10 선택적 레이저소결

결합제를 포함하여 세라믹 등의 다양한 재료들이 사용된다. 개체가 완전히 형성된 후, 피스톤은 그것을 위로 들어 올린다. 여분의 분말은 간단히 쓸어내리고 필요하다면 최종적으로 손으로 표면마무리 작업을 한다. 표면마무리 및 정확도가 광조형 만큼 좋지 않지만, 재료 특성은 원재료의 것들과 매우 가깝다. 이 방법은 금속과 세라믹의 개체 및 직접적인 툴링 제조의 방식으로 확장되어 사용된다 (*Jiome.att.net/~castleisland/SLS*).

선택적 레이저소결의 장점

- 다른 쾌속조형 기술에 비해 가장 경질의 부품을 제공한다.
- 금속, 플라스틱, 세라믹, 왁스, 나이론, 고무 및 폴리카보네이트 등의 다양한 재질이 사용된다.
- 비교적 짧은 생산 시간(약 1 in/h) 내에 제작이 가능하다.
- 후경화 공정이 필요없다.
- 제작 공정 동안 추가적인 지지부가 요구되지 않는다.

- 여분의 분말은 재사용된다.
- 다른 부품들이 시제작된 부품의 바로 위에 제작될 수 있다.

선택적 레이저소결의 단점

- 계단효과(stair-step effect)로 인하여 거친 표면마무리를 가진다.
- 파우더를 가열하는 시간과 제품 완성 후에 다시 모델을 냉각시키는 데 요구되는 시간이 약 8 ~ 10 시간이다.
- 특히 플라스틱 재질이 녹을 때 독가스가 생긴다.
- 높은 가공 온도와 높은 수축으로 인하여 제작된 부품은 광조형으로 만든 것 보다 섬세하지 않다.

8.3.2 레이저응용 정밀성형 _Laser engineered net shaping

그림 8.11에서 보는 바와 같이 고출력 레이저는 증착 헤드(deposition head)를 통해 동축으로(coaxially) 공급되는 금속 분말을 레이저 빔 초점 위치에서 용해한다. x - y 테이블은 물체의 각 층을 제작하기 위하여 래스터(raster) 형식으로 이동한다. 각 층이 완료되면 헤드를 수직으로 이동시킨다. 레이저 빔은 직각 거울에 의해 간단

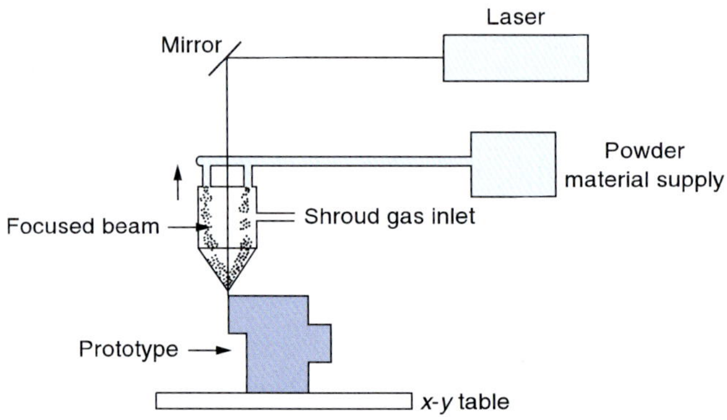

그림 8.11 레이저응용 정밀성형공정

하게 작업 위치로 보내진다. 금속 분말이 공급될 때 중력에 의해서 또는 불활성가스를 가압 공급하여 헤드의 주위에 살포된다. 또한, 이들 가스는 대기 중의 산소로부터 용융 풀(melt pool)을 보호하기 위해 사용된다. 그리고 이들 가스를 제어함으로써 재료의 특성이 뛰어나게 할 뿐만 아니라 더 나은 표면젖음성(wetting)을 통해 층과 층 사이의 접착을 촉진한다(*home.att.net/~castleisland/leri*).

스테인리스 강, 인코넬, 구리 및 알루미늄 등의 다양한 재료들 뿐만 아니라 특히 흥미롭게도, 티타늄과 같은 반응성 재료가 사용될 수 있다. 대부분의 시스템에서는 분말 재료를 사용하지만 세선(fine wire)을 공급하여 성공한 사례도 있다. 이 경우 재료는 레이저 빔의 축 바깥에서 공급된다.

일반적으로, 주변 환경에서 공정을 분리하고 작업자가 미세 분말과 레이저 빔으로부터 노출 가능성을 보호하기 위해 조형 영역은 챔버 안에 들어있다. 사용되는 레이저의 파워는 수백 Watt ~ 20 kW 그 이상까지, 특정 재료, 공급 속도 및 기타 매개변수에 따라 크게 다르다.

제조된 개체는 거의 정형에 가깝지만 일반적으로는 마무리 가공이 필요하다. 그들은 좋은 입상 구조는 매우 조밀하고, 원재료와 거의 마찬가지로, 혹은 오히려 보다 더 좋은 재료 특성을 가진다. 레이저 응용 정밀 성형(laser engineered net shaping, LENS) 공정은 선택적 레이저소결보다 재료의 한계를 적게 가지고 있으며, 이차적인 소성(firing) 공정을 필요로 하지 않고, 또한 부품 제조 및 수선(repair)하기 위해 사용된다. 초창기에는 항공우주산업에 요구되는 진귀한 금속 부품 및 큰 티타늄 및 사출 공구 제조에 집중 연구되었다.

8.3.3 3 차원 프린팅 _Three-dimensional printing

3 차원 프린팅은 선택적 레이저소결과 BPM(그림 8.12)의 기능을 겸비하고 있다. 분말 재료는 선택적 레이저소결과 같이 연속적인 층으로 적층된다. 이 과정은 제조 챔버 상단의 분말 재료 형상층을 쌓아올림으로써 시작된다. 이때, 위쪽으로 이동하는 피스톤에 의해 챔버로 정해진 분말의 양이 미세하게 공급된다.

그 다음에 롤러는 분말을 고르게 도포하고, 제조 챔버 상단의 분말을 압축한

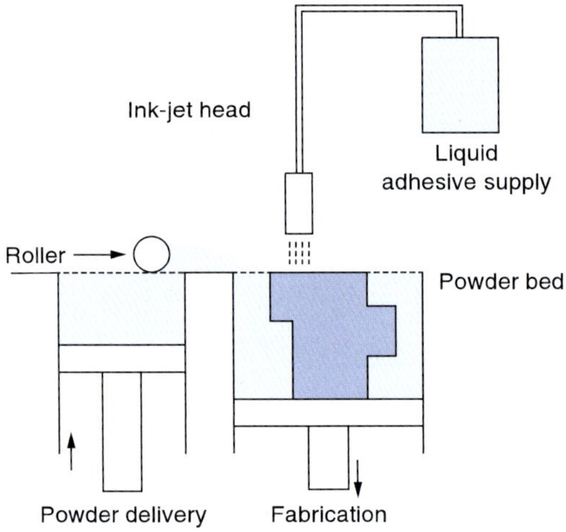

그림 8.12 3 차원 프린팅

다. 다중분사 헤드는 연속적으로 2 차원의 패턴으로 접착 액체를 대상물의 층에 뿌리고, 이후 접착제가 살포된 곳은 부품의 한 층으로 완성된다. 하나의 층이 완료되면, 제조 피스톤은 층의 두께에 따라 아래로 이동하여 전체 개체를 분말 바닥에 형성될 때까지 공정은 반복된다. 종료 후 개체가 상승하고, 여분의 분말은 개체에서 떨어지며 솔로 털어낸다. 분말 베드(powder bed)는 오버행 구조(overhang)를 지원하고 있으므로, 제조공정 동안 추가적인 지지부 구조는 필요로 하지 않는다. 부품 전체를 구축한 후 120 °C 에서 2 시간 열처리하여 경화시킨다. 세라믹 부품의 경우 1,000 ~ 1,500 °C 온도에서 마지막 소성공정을 하면, 기계 및 내화 강도가 충분해진다.

3 차원 프린팅은 쾌속 생산과 낮은 재료 비용의 이점을 제공한다. 사실 그것은 아마 모든 쾌속조형 방식 중에 가장 빠르며, 최근에는 컬러 출력도 가능해졌다. 그러나 해상도, 표면마무리 및 부품의 부서지기 쉬움(part fragility) 그리고 사용 가능한 재료의 한계 등의 제한이 있다. 이 공정에 가장 가까운 경쟁자는 아마도 증착 모델링(fused deposition modeling, FDM)일 것이다.

8.4 솔리드기반 기술 _Solid-Based Techniques

8.4.1 솔리드호일 중합 _Solid foil polymerization

이 공정은 액체에서 고체로 되는 중합반응 없이 고체에서 고체로 바로 적용된다. 반 - 중합 플라스틱 호일이 서로의 위에 겹쳐 부품이 차층 구축된다. 자외선(ultra-violet light)에 노출되면 반 - 중합 호일이 고형화되어 이전의 층과 서로 붙는다. 제품 형상을 구성하지 않는 호일 영역은 적층공정 중에는 지지부로 사용되지만, 수용성 상태로 존재하다가 제품이 완성되면 쉽게 제거된다.

8.4.2 적층개체 모델링 _Laminated object modeling

적층개체 모델링(laminated object modeling, LOM)에서 개체 단면 윤곽(profile)은 레이저를 사용하여 종이 또는 다른 두루마리 재료로부터 절단하여 만들어진다(그림 8.13). 종이가 공급 롤(feed roll)로부터 풀려져 나와서 스택(stack)위로 이송되어, 미리 만들어진 이전의 층과 접합된다. 이때 가열롤러를 이용하여 전 층 위에 접합되는데, 이전의 종이 바닥면은 플라스틱 코팅이 되어 있어 가열롤러에 의해

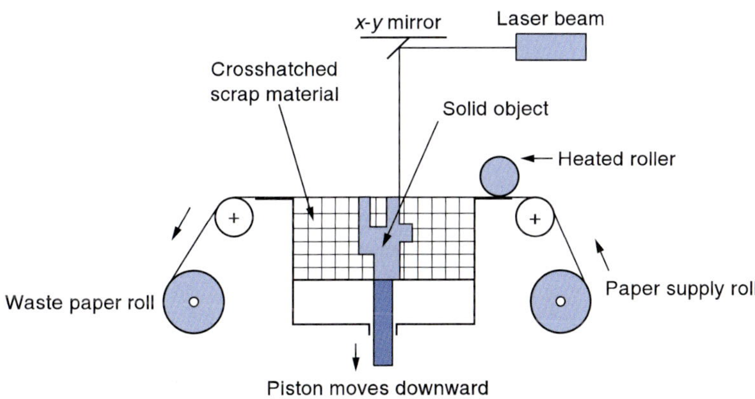

그림 8.13 ▌ 적층개체 모델링 (LOM)

용융되어 접합된다. 절단 윤곽은 x - y 스테이지에 설치된 광학계에 의해 이송된다.

레이저가 각각의 윤곽을 절단한 후, 종이 롤이 이동하고, 새로운 층이 스택에 접착된다. 이러한 공정이 반복된다. 제조된 후, 약간의 자르기, 수작업 마무리 그리고 경화 작업이 요구되고 있다. 이는 오버행(overhang)과 언더컷(undercut)을 스스로 지지하는 방식이다. 최종 개체에서 제거되는 단면 영역을 용이하게 제거하기 위해 레이저로써 그물 모양의 음영을 대량으로 새겨놓는다(*home.att.net/~castleisland/pmkt/lom*).

적층개체 모델링 공정은 표면마무리, 정확도 및 종이 개체의 안정성 등의 측면에서 다른 쾌속조형 방식들에서 사용되는 재료의 경우만큼 좋지 않다. 그러나 재료 비용이 매우 낮고, 개체는 나무의 모양과 느낌이 있고, 모래 주물용 패턴을 형성 뿐만 아니라 그 자체로 완성품으로 사용할 수 있다. 재료사용에는 제한이 있지만 플라스틱, 복합재료, 세라믹 그리고 금속이 사용 가능하다. 이들 재료는 제한이 있지만 일부 상업적으로도 사용할 수 있다.

요약하면, 일부 쾌속조형 제조공정은 CAD에서 조형으로 중요한 전환이 있었다.

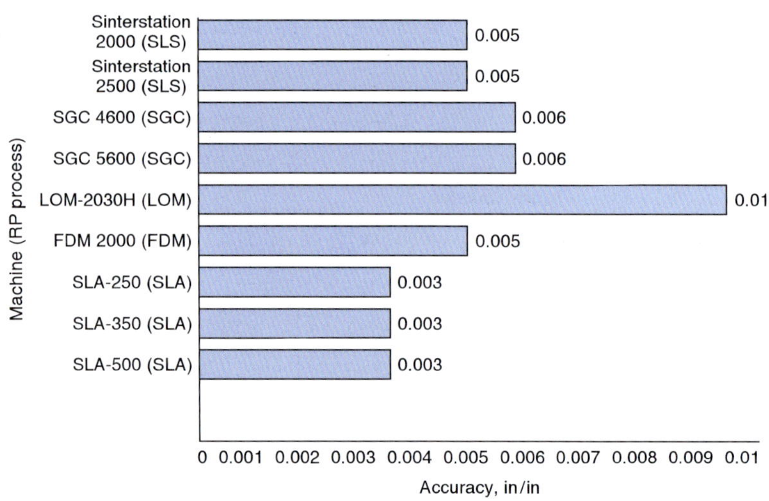

그림 8.14 쾌속조형 기술의 정확도 수준(Wright, 2001)

이들 중 광조형법, 선택적 레이저소결, 적층개체 모델링 및 융합증착 모델링 등의 몇 개의 공정은 통상 상업적으로 사용되고 있고, 이외 많은 공정들, 예를 들면, 3차원 프린팅, 솔리드 지면 경화 및 다형상 튜브 적층제작 등은 여전히 연구 개발 단계에 있다. 현재 광조형법은 가장 많이 사용되는 쾌속조형 기술이다. 특히, 주조 및 사출 성형의 마스터 패턴을 생성하는 데 이용되고 있다(McGeough, 2002). 광조형법과 선택적 레이저소결 다음으로 융합증착 모델링과 적층개체 모델링이 가장 타당성을 가지고 있다. 그림 8.14는 여러 가지 쾌속조형 기술의 정확도 수준을 보여준다.

참고문헌

제 1 장

El-Kady, E. Y., Nassef, G. A., and El-Hofy, H. (1998). "Tool Wear Characteristics During Hot Machining," *Scientific Bulletin*, Ain Shams University, 33 (4): 493–511.

Kaczmarek, J. (1976). *Principles of Machining by Cutting, Abrasion, and Erosion.* Stevenage, U.K.: Peter Peregrines, Ltd.

Kozak, J., and Rajurkar, K. P. (2000). "Hybrid Machining Process Evaluation and Development," Keynote Paper, *Second International Conference on Machining and Measurements of Sculptured Surfaces*, Krakow, pp. 501–536.

McGeough, J. A. (1988). Advanced *Methods of Machining.* London, New York: Chapman and Hall.

McGeough, J. A. (2002). *Micromachining of Engineering Materials.* New York: Marcel Dekker, Inc.

Tanigushi, N. (1983). "Current Status in and Future Trends of Ultra Precision Machining and Ultra Fine Materials Processing," *Annals of CIRP*, 32 (2): 573–582.

Todd, J. A., and Copley, S. M. (1997). "Development of a Prototype Laser Processing System for Shaping Advanced Ceramic Material," ASME, *Journal of Manufacturing Science and Engineering*, 119: 55–67.

www.unl.edu.nmrc/outline.htm

제 2 장

Benkirane, Y., Kamoun, H., and Kremer, D. (1995). "Investigation on Ultrasonic Abrasive Material Removal Mechanisms—Analytical and Experimental Study," *Int. Symp. for Electro Machining XI*, Lausanne, Switzerland, pp. 891–900.

catt.bus.okstate.edu/catt2/projects/PhaseIII/finis

claymore.engineer.gvsu.edu/~jackh/eod/manufact/abrasiv/abrasive-2-html#pgfld524546

claymoreengineer.gvsu-edu/~Jackh/eod/manufact/abra.

Cruz, C., Kozak, J., and Rajurkar, K. P. (1995). "Study of Rotary Ultrasonic Machining of Cryogenically Treated Ceramics," *Int. Symp. for Electro Machining XI*, Lausanne, Switzerland, pp. 911–920.

Egashira, K., and Masuzawa, T. (1999). "Micro Ultrasonic Machining by the Application of Workpiece Vibration," *Annals of CIRP*, 48(1):131–134.

El-Hofy, H. (1996). "Surface Generation in Non-conventional Machining," *MDP-6 Conf.*, Cairo, pp. 203–213.

Fox, M., Agrwal, A., Shinmura, T., and Komanduri, R. (1994). "Magnetic Finishing of Rollers," *Annals of CIRP*, 43(1):181–184.

Geskin, E. S., Tismentsky, L., Bokhroi, E., and Li, F. (1995). "Investigation of Ice Jet Machining, *Int. Symp. for Electro Machining XI*, Lausanne, Switzerland, pp. 883–890.

Gilmore, R. (1995). "Ultrasonic Machining and Polishing," *Int. Symp. for Electro Machining XI*, Lausanne, Switzerland, pp. 941–951.

Hashish, M. (1992). "Machining with High Velocity Water Jet," *PEDAC-5 Conf.*, Alexandria, pp. 461–471.

Hitomi, Y., and Shinmura, T. (1995). "Magnetic Abrasive Finishing of Inner Surfaces of Tubes," *Int. Symp. for Electro Machining XI*, Lausanne, Switzerland, pp. 963–976.

Jain, N. K., and Jain, V. K. (2001). "Modeling of Material Removal in Mechanical Type

Advanced Machining Processes, a State of the Art," *Journal of Machine Tools and Manufacture,* 41:573–635.
Kaczmarek, J. (1976). *Principles of Machining by Cutting, Abrasion and Erosion.* Stevenage, U.K.: Peter Peregrines, Ltd.
Kalpakjian, S. (1997). *Manufacturing Process for Engineering Materials.* Reading; MA: Addison-Wesley.
khai.itl.net.ua/eng/ttc/204/
Khayry, A. B. (2000). "Aspect of Surface and Edge Finishing by Magneto Abrasive Particles." *Second Int. Conf. on Advanced Manufacturing Technology*, Malaysia, pp. 77–83.
Masuzawa, T., and Tonshof, H. K. (1997). "Three-Dimensional Micro Machining by Machine Tools," *Annals of CIRP*, 46(2):821–828.
McGeough, J. (1988). *Advanced Methods of Machining.* London, New York: Chapman and Hall.
Metals Handbook. (1989). Vol. 16, *Machining.* Materials Park; OH: ASM International.
Singh, D. K., Jain, V. K., and Raghuram, V. (2004). "Parametric Study of Magnetic Abrasive Finishing (MAF) Process," *Int. Symp. for Electro Machining XIV*, On-site Conf. Proc. Edinburgh, U.K. (*Journal of Materials Processing Technology*).
Thoe, T. B., Aspinwal, D. K., and Wise, M. L. (1995). "Towards Ultrasonic Contour Machining," *Int. Symp. for Electro Machining XI*, Lausanne, Switzerland, pp. 953–962.
Umehara, N., Kato, K., and Suziki, K. (1997). "Magnetic Dispersion of Micro Particles Using Magnetic Fluid Application to Texturing Process for Magnetic Rigid Disc," *Annals of CIRP*, 46(1):155–158.
www.jetcutinc.com/
www.jetedge.com/
www.okstate.edu/MAE/maerl/proj2.htm
www.riken.go.jp/lab-www/library/publication/review/
www.manufacturingcenter.com/tooling/archives/0600/
www.iijnet.or.jp/MMC/nv.19/fig31.gif
www.jstp,or/jstp_E/Publs/paper/memboo7.html
www.nedians.8m.com/
www2.cerm.wvn.edu/~imse304/raghav/ragav.htm
Youssef, H. (1976). *Theory of Metal Cutting*, Dar-El-Maaref, Egypt.
Zheng, X., Chen, E., Steele, P., and Grothers, P. (2002). "Shape Machining of Aerospace Composite Components Using Not-Traditional Abrasive Waterjet Cutting Process," *Sixth AMST'02 conference*, Italy, pp. 507–514.

제 3 장

Allen, D. (1993). "Progress Towards Clean Technology for Photochemical Machining," *Annals of CIRP*, 42(1):179–200.
Bellows, G. (1977). "Chemical Machining, Production with Chemistry," MDC 77-102, Machinability Data Centre (MDC) Machining Process Series Metcut Research Associates Inc., Cincinnati, OH.
Brown, J. (1998). *Advanced Machining Technology Handbook.* New York: McGraw-Hill.
El-Hofy, H. (1995). "Machinability Indices of Some Non-conventional Machining Processes," *Alexandria Engineering Journal* (AEJ), 34(3):231–245.
El-Hofy, H. (1996). "Surface Generation in Non-conventional Machining," *Sixth MDP Conf.*, Cairo, pp. 203–213.
Machining Data Handbook (1997). 3rd ed., Vol. 2, Cincinnati, OH: Machinability Data

Center, Institute of Advanced Manufacturing.
McGeough, J. A. (1974). *Principles of Electrochemical Machining*. London, New York: Chapman and Hall.
Metals Handbook (1989). 9th ed., Vol. 16, *Machining*. Meterials Park, OH: ASM International.
Tlusty, G. (1999). *Manufacturing Processes and Equipment*. Upper Saddle River, NJ: Prentice-Hall.
www.acctechpm.com/
www.aculineetch.com/etchingep.html
www.chemart.com/
www.globalstainlesstech.com/Electropolishing/Diagram1/diagram1.html
www.greatlakesetching.com/patterns.html
www.Lkengineering.com/index.html
www.photo-sciences.comw:1000/start.html

제 4 장

Amalnik, M. S., and McGeough, J. (1996). "Intelligent Concurrent Manufacturability Evaluation for Design for Electrochemical Machining," *Journal of Material Processing Technology*, 61:130–139.
British Patent 937 681. A system for maintaining a constant current flow between tool and workpiece.
British Patent 1037 662. Control of the ratio of feed rate to the applied voltage in order to achieve a constant predetermined working gap.
Banard, J. (1978). "Fine Hole Drilling Using Electrochemical Machining," *MTDR Conf. Proc.*, pp. 503–510.
Begnon, C., and Bedrin, C. (1982). "Application of Eddy Currents to the In Process Measurement of the Gap in ECM," *Anals of CIRP*, 31(1):115–118.
Brown, J. (1998). *Advanced Machining Technology Handbook*. New York: McGraw-Hill.
Datta, M, Shenoy, R. V., and Romatkiw, L. T. (1996). "Recent Advances in the Study of Electrochemical Micromachining," ASME, *Journal of Engineering for Industry*, 118:29–36.
El-Hofy, H. (1995). "Machinability Indices for Some Non-conventional Machining Processes," *Alexandria Engineering Journal* (AEJ). 34(3):231–245.
El-Hofy, H. (1996). "Surface Generation in Non-conventional Machining," *MDP-6, Conf.*, Cairo, pp. 203–213.
El-Mehdawy, Y. (1977). Accuracy of Electrolytic Sinking, M.S. Thesis, Alexandria University.
El-Sayed, E. M. (1989). Towards Better Control of Electrochemical Machining (ECM) Parameters by Computer Interfacing, M.S. Thesis, King Saud University, Riyadh.
Kaczmarek, J. (1976). *Principles of Machining by Cutting, Abrasion and Erosion*, Stevenage, U.K.: Peter Peregrines Ltd.
Khayry, A. (1989). "Towards a Machinability System for Electrochemical Machining." *CAPE-5 Conf. Proc.*, Edinburgh, pp. 343–350.
Khayry, A. (1996). "A Knowledge-Based System for Electrochemical Machining Procedure," *Journal of Material Processing Technology*, 58:121–130.
Konig, W., and Lindelauf, P. (1973). "Surface Generation in Electrochemical Machining," *Annals of CIRP*, 29(1):97–100.
Kozak, J., Dabrowiski, L., Rusazj, A., and Slawinski, R. (1995). "Computer Simulation on

Numerically Controlled Electrochemical Machining (ECM-NC) with a Spherical Tool Electrode," *CAPE-11 Conf.*, pp. 205–210.
Machining Data Handbook. (1997). 3d. ed., Vol. 2. Cincinnati, OH: Machinability Data Center, Institute of Advanced Manufacturing.
Masuzawa, T., and Tonshof, H. K. (1997). "Three Dimensional Micro Machining by Machine Tools," *Annals of CIRP*, 42(2):621–628.
Masuzawa, T., et al. (1991). "Electrochemical Surface Finishing of Tungsten Carbide Alloys," *Annals of CIRP*, 40(1):199–202.
McGeough, J. (1974). *Principles of Electrochemical Machining*. London: Chapman and Hall.
McGeough, J. (1988). *Advanced Methods of Machining*, London. New York: Chapman and Hall, London.
McGeough, J. (2002). *Micromachining of Engineering Materials*. New York: Marcel Dekker, Inc.
Metals Handbook. (1989). Vol. 16, *Machining*, Materials Park, OH: ASM International.
Rajurkar, K. P., and Schnacker, C. L. (1988). "Some Aspects of ECM Performance and Control," *Annals of CIRP*, 37(1):183–186.
Rajurkar, K. P., Wei, B., Kozak, J., and McGeough, J. (1995). "Modeling and Monitoring Inter Electrode Gap in Pulse Electrochemical Machining," *Annals of CIRP*, 44(1):177–180.
Rashed, A. F., Youssef, H., and El-Mehdawy, Y. (1976). "Effect of Gap Voltage and Current in Electrolytic Sinking," *Bulletin of the Faculty of Engineering*, Alexandria University, XV-1:705–736.
Rashed, A. F., Youssef, H., and El-Hofy, H. (1986). "Effect of Some Process Parameters on the Side Machining During Electrolytic Sinking," *PEDAC-3 Conf.*, Alexandria, pp. 733–746.
Reddy, M. S., Jain, V. K., and Lai, G. K. (1988). "Tool Design for ECM: Correction Factor Method," ASME, *Journal of Engineering for Industry*, 110:111–118.
Rumyantsev, E., and Davydov, A. (1984). *Electrochemical Machining of Metals*. Moscow: Mir Publishers.
Soliman, S. M., Youssef, H., and El-Hofy, H. (1986). "A Study of the Side Machining in Electrolytic Sinking," *PEDAC-3 Conf.*, Alexandria, pp. 717–733.
Sorkhel, S. K., and Bhattacharyya, B. (1994). "Parametric Control for Optimal Quality of Workpiece Surface in ECM," *Journal of Material Processing Technology*, 40:271–286.
Tipton, H. (1971). "The Determination of the Shape of Tools for Use in Electrochemical Machining," MTIRA Report No. 40.
Tonshof, K., Egger, K. R., and Kloclco, F. (1996). "Environmental and Safety Aspects of Electro Physical and Electrochemical Processes," *Annals of CIRP*, 45(2):553–567.
Youssef, H., El-Hofy, H., and El-Mehdawy, Y. (1989). "Sparking Phenomena and Hole Oversize by ECM, Effect of Some Process Parameters," *Alexandria Engineering Journal* (AEJ), 28(4):247–259.
www.extrudehone.com/cation
www.unl.edu/nmrc/ecm1.htm
www.vectron.cc/electro.html
www.win.tue.nl/~scg/drilling/noot.html#part2

제 5 장

Ahmed, M. S., and Knight, J. A. (1988). "Roll texturing by EDT." *Mechanical Working and*

Steel Processing Conf. Proc., pp. 405–413.
Allen, D., and Lecheheb, A. (1996). "Micro Electrodischarge Machining of Ink Jet Nozzle, Optimum Selection of Material and Machining Parameters," *Journal of Materials Processing Technology*, 58:53–66.
Allen, D., and Huang, S. X. (1995). "An Investigation into Multi-electrode EDM of Micro Holes," *ISEM-11*, pp. 389–392.
Allen, D., and Huang, S. X. (1997). "The Reduction of Tool Wear and Machining Time for Micro-EDM of Micro Holes by Using Copper Vapour Laser Machining as a Roughing Process," *International Journal of Electrical Machining* (IJEM), Tokyo, 2:9–11.
Amalnik, M., McGeough, J., and El-Hofy, H. (1997). "An Intelligent Knowledge Based System for Manufacturability Evaluation of Design for EDT," *32nd MATADOR Conf.*, Manchester, pp. 418–424.
Aspinwal, D. K., Wise, M. L. H., Stout, K. J., Goh, T. H. A., Zhao, F. L., and El-Menshawy, M. F. (1991). "Electrical Discharge Texturing," *Int. J. of Machine Tools and Manufacturing*, 32:183–191.
Aspinwal, D. K., Zhao, F.L., El-Menshawy, M. F. (1989). "Electrical Discharge Texturing (EDT) of Steel Rolls," *Surface Topography*, 2:123–141.
Bellows, G., and Kohls, J. B. (1983). "Drilling without Drill," *American Mechanist*, Special Report 743, pp. 183–185.
Benhadad, M. A., McGeough, J. A., and Barker, M. B. (1991). "Electrodischarge Machining of Al-Li Alloys and Its Effect on Surface Roughness, Hardness and Tensile Strength," *Processing of Advanced Materials*, VI(314):123–123.
Birnie, J., and Champney, M. (1967). "The Contribution of Electron Beams to Machining and Forming in Electrical Methods of Machining and Forming," *IEE Conf.*, Publ. No. 36, pp. 210–221.
Boehme, D. (1983). "Perforation Welding and Surface Treatment with Electron and Laser Beam," *ISEM-7*, pp. 190–199.
Chen, X. K., and McGeough, J. (1994). "Fast Drilling of Small Deep Holes by EDM," *Tenth Int. Conf. on Computer-Aided Production Engineering* (CAPE-10), Palermo, pp. 188–195.
Chryssolouris, G., Sheng, P., and Anastasia, N. (1993) "Laser Grooving of Composite Materials with the Aid of Water Jet," *Trans. of ASME, Journal of Engineering for Industry*, 115:62–72.
Corfe, A. (1983). "Why a Laser Is Better Than EDM for Drilling," *The Production Engineer*, 62(110):13–14.
Crookall, J. R., and Khor, B. C. (1974). "Electro Discharge Machined Surface," *15th MTDR Conf.*, pp. 373–334.
Dauw, D. F., and Van Coppenolle, B. (1995). "On the Evolution of EDM Research," *ISEM-11*. Lausanne Switzerland, pp. 117–142.
Dauw, D. F., and Brown, C. A. (1990). "Surface Topography Investigations by Fractal Analysis of Spark Eroded Electrically Conductive Ceramics," *Annals of CIRP*, 39(1):161–165.
Delpreti, M. R. (1977). "Physical and Chemical Characteristics of Super Facial Layers," *Proc. of ISEM-5*, pp. 209–212.
Devries, M., Duffie, N., Kruth, J., Dauw, D., and Shumacher, B. (1990). "Integration of EDM within a CIM Environment," *Annals of CIRP*, 39(2):1–8.
Drew, J. (1976). "Electron Beam Tackle Tough Machining Jobs," *Machine Design*, 26:94–98.
El-Hofy, H. (1995). "Machinability Indices for Some Non-conventional Machining Processes," *Alexandria Engineering Journal* (AEJ), 34(3):231–245.
El-Hofy, H., De Silva, A., and McGeough, J. A. (1997). "Technological Advances in EDM," *PEDAC-6 Conf.*, Alexandria, pp. 941–954.
El-Menshawy, M. F., and Ahmed, M. S. (1985). "Monitoring and Control of Electro-discharge Texturing Process for Steel Cold Mill Work Rolls," *NAMRIC-13*, Berkeley, USA, pp. 470–475.

Fengguo, C., and Jianyu, H. (1995). "Technique of Precise Laser Machining for Diamond Wire Drawing Dies," *ISEM-11 Conf.*, pp. 629–637.
Fujino, M, Okamoto, N., and Masuzawa, T. (1995). "Development of Multipurpose Micro Processing Machine," *ISEM-11*, pp. 613–620.
Fukuzawa, Y., Tani, T., Ito, Y., Ichinose, Y., and Mohri, N. (1995). "EDM of Insulator Ceramics with a Sheet of Metal Mesh," *ISEM-11*, pp. 173–179.
Gagilano, F. P., et al. (1969). "Lasers in Industry," *IEEE*, 57(2):114–147.
Hsu, M. J., and Molian, P. A. (1995). "Off-axial Gas Jet Assisted Laser Cutting of 6.35 mm Thick Stainless Steel," ASME, *Journal of Engineering for Industry*, 117:272–276.
Hsu, R. K., and Copley, S. M. (1990). "Producing Three-dimensional Shapes by Laser Milling," *Trans. ASME, Journal of Engineering for Industry*, 112:375–379.
Jeswani, M. L. (1977). "Study of Surface Finish in EDM," *ME Journal*, 57:329–333.
Jeswani, M. L. (1978). "Roughness and Wear Characteristics of Spark Eroded Surfaces," *Wear*, 51:227–236.
Kaczmarek, J. (1976). *Principles of Machining by Cutting, Abrasion and Erosion.* Stevenage, U.K.: Peter Pergrenius Ltd.
Kalpakjian, S. (1997). *Manufacturing Processes for Engineering Materials*, 3rd ed. Reading, MA: Addison Wesley.
Kuneida, M., and Furuoya, S. (1991). "Improvements of EDM Efficiency by Supplying Oxygen Gas into Gap," *Annals of CIRP*, 40(1):215–218.
Kozak, J., Dabrowski, L., Rozenek, M., and Cepiak, J. (1995). "Wire EDM of Multi Layer Metal Matrix Composite and Laminate Structures," *ISEM-11*, pp. 427–436.
Lau, W. S., Lee, W. P., and Pans, S. Q. (1990). "Pulsed Nd: YAG Laser Cutting of Carbon Fiber Composite Materials," *Annals of CIRP*, 39(1):179–182.
Lau, W. S., Yue, T. M., and Wang, M. (1994). "Computer Aided Laser Drilling of Aluminium-Based Metal Matrix Composites," *Annals of CIRP*, 43(1):177–180.
Lauwers, B., and Kruth, J. (1995). "A Computer Aided Process Planning System for Electrical Discharge Machining," *ISEM-11*, Lausanne, Switzerland, pp. 261–278 (JSEM/CIRP).
Levy, G. N. (1993). "Environmentally Friendly and High-capacity Dielectric Regeneration for Wire EDM," *Annals of CIRP*, 42(1):227–230.
Levy, G. N., and Maggi, F. (1990). "WED Machinability Comparison of Different Steel Grades," *Annals of CIRP*, 39(1):183–186.
Machining Data Handbook. (1997). 3rd ed. Cincinnati, OH: Machinability Data Center, Institute of Advanced Manufacturing.
Masuzawa, T., and Saki, S. (1978). "Quick Finishing of WEDM Products Using Mate-electrode," *Annals of CIRP*, 36(1):123–326.
Masuzawa, T., Kuo, C. L., and Fujino, M. (1994). "A Combined Electrical Machining Process for Micro Nozzle Fabrication," *Annals of CIRP*, 43(1):189–192.
Masuzawa, T. (1990). "Improved Jet Flushing for EDM," *Annals of CIRP*, 41(1):197–199.
Masuzawa, T., and Tonshof, H. (1997). "Three Dimensional Micro Machining by m/c Tools, *Annals of CIRP*, 46(2):621–628.
McGeough, J. A., and De Silva, A. (1996). "Research Directions and Applications of Unconventional Machining," *Proc. of Advanced Manufacturing Processes, Systems & Technologies* (AMPST), pp. 3–15.
McGeough, J. A. (1988). *Advanced Methods of Machining*, London, New York: Chapman and Hall.
McGeough, J. A. (2002). *Micromachining of Engineering Materials*, New York: Marcel Dekker.
McGeough, J. A., and Rasmussen, H. (1992). "A Model for the Surface Texturing of Steel Rolls by Electro Discharge Machining," *NAMRIC Conf.*, pp. 155–164.

Metals Handbook. (1989). Vol. 16, *Machining*, Meterials Park, OH: ASM International.

Mohri, N., and Saito, M. (1991). "A New Process of Finish Machining on Free Surface by EDM Methods," *Annals of CIRP*, 40(1):207–230

Morita, A., Imai, Y., Maruyama, H., and Kobyashi, K. (1997). "Fuzzy Controller in EDM," *ISEM-9 Conf*. (JESM/CIRP), Nagoya, Japan, pp. 236–240.

Motoki, M., and Lee, C. (1968). "Electro Spark Machining Using Trapezoidal Power Supply," *Electrochemical Eng. in Japan*, 8(3):12–20.

Pawleski, O., Rasp, W., Zwick., W., Nettelbeck, H. J., and Steinhoff, K. (1994). "The Influence of Different Work Roll Texturing Systems on the Development of Surface Structure in the Temper Rolling Process of Steel Sheet Used in Automotive Industry," *Journal of Material Processing Technology*, 45:215–222.

Ramesh Babu, N., Radhakrishnan, V., and Murti, Y. V. (1989). "Investigation on Laser Dressing of Grinding Wheels—Preliminary Study," ASME, *Journal of Engineering for Industry*, 111:244–252.

Ricciardi, G., Gantello, M., and Savant-Aira, G. (1996). "Marking of Computer Keyboards by Means of Excimer Lasers," *Annals of CIRP*, 45(1):191–196.

Rohde, H., and Verboven, P. (1995). "Precision Cutting and Drilling with a Laser Nd: YAG Slab Laser," *ISEM-11 Conf. Proc.*, pp. 777–784.

Shichun, D., et al. (1995). "A New Technology for Machining Spheres by Rotary, EDM," *ISEM-11*, pp. 921–827.

Simao, J., El-Menshawy, F., Aspinwal, D., Wise, M., and Kockoll, L. (1994). "Simulated Laser Texturing Using a Modified Electrical Discharge Arrangement," *Proc. Seventh Int. Conf. of Production/Precision Engineering (ICPE)* and *Fourth Int. Conf. on High Technology* (JSPE) Chiba, Japan, pp. 558–563.

Snoeys, R., Staelens, F., and Dekeyser, W. (1986). "Current Trends in Non-conventional Material Removal Processes," *Annals of CIRP*, 35(2):467–480.

Spur, G., Appel, S., and Liebelt, S. (1997). "Non-linear Modelling and Simulation of Laser Cutting and Grooving of Fiber Reinforced Thermo Plastics." *32nd MATADOR Conf.*, Manchester, pp. 381–386.

Stavitskaya, N. B., and Stravinsky, B. L. (1979). "Fundamental Features of Precision Spark Machining," *Electr. Obrab. Mater.*, 4:5–15.

Steigerwald, K., and Meyer, E. (1967). "New Developments in Electron Beam Machining Methods." *Electrical Methods of Machining and Forming. IEE*, Conf. Publ. No. 38, pp. 252–258.

Tabata, N., Yagi, S., and Hishu, M. (1996). "Present and Future of Lasers for Fine Cutting of Metal Plate," *Journal of Material Processing Technology*, 62:309–314.

Tam, S. C., Williams, R., Yang, L. J., Jana, S., Lim, L. E., and Lau, M. W. (1990). "Laser Processing of Air Craft Components," *Journal of Materials Processing Technology*, 32:177–194.

Tani, T., Fukuzawa, Y., and Mohri, N. (2004). "Machining Phenomena in WEDM of Insulating Ceramics," ISEM-XIV *On-site Conf. Proc.* Edinburgh, U.K. (*Journal of Materials Processing Technology*).

Todd, J. A., and Copley, S. M. (1997). "Development of a Prototype Laser Processing System for Shaping Advanced Ceramic Materials." ASME, *Journal of Manufacturing Science and Engineering*, 119:55–67.

Tonshof, H. K., and Dickmann, K. (1989). "Influence of Surface/Subsurface Damage on Magnetic Properties of Laser Cut Electrical Steel Sheets," *Annals of CIRP*, 38(2):695–699.

Tonshof, H. K., and Sturmer, M. (1995). "Machining Using High Energy Radiation," *ISEM-XI Conf.* Switzerland, pp. 49–60.

Tonshof, H. K., Hesse, D., Mommsen, J. (1993). "Micro Machining Using Excimer Laser," *Annals of CIRP*, 42(1):247–251.

Tonshof, K., Egger, R., and Kloclco, F. (1996). "Environmental and Safety Aspects of Electrophysical and Electrochemical Processes," *Annals of CIRP*, 45(2):553–567.

Ueda, T., Yamada, K., and Nakayama, K. (1997). "Temperature of Workpiece Material Irradiated with CO_2 Laser," *Annals of CIRP*, 46(1):117–122.

Yamazaki, M., Suzuki, T., Mori, N., and Kunieda, M. (2004). "EDMing of Microrods by Self Drilled Holes," *ISEM-XIV On-site Conf. Proc.*, Edinburgh, U.K. (*Journal of Materials Processing Technology*).

Yeo, C., Tam, S., Jana, S., and Lau, M. (1994). "A Technical Review of Laser Drilling of Aerospace Materials," *Journal of Materials Processing Technology*, 42:15–49.

Yilbas, B. S. (1996). "Experimental Investigation Into CO_2 Laser Cutting Parameters," *Journal of Materials Processing Technology*, 58:323–330.

www.advancedplasma.com/

www.blkbox.com/~chase/polymer/

www, skion.com/html/technology.htm

www.unl.edu/nmrc/outline.htm

Zhixin, J. (1995). "Study on Mechanical Pulse EDM," *Precision Engineering Journal*, 117(2):89–93.

제 6 장

Brown, J. (1998). *Advanced Machining Technology Handbook*. New York: McGraw-Hill.

Clifton, D., Imai, Y., and McGeough, J. (1993). "Some Ultrasonic Effects in Machining Materials Encountered in the Offshore Industries," *30th MTDR Conf.*, pp. 119–123.

Datta, M., and Landolt, D. (1983). "Electrochemical Saw Using Pulsating Voltage," *Journal of Applied Electrochemistry*, 13:795–801.

El-Hofy, H. (1990). "Characteristics of Pulsed EC-Superfinishing," *Alexandria Engineering Journal* (*AEJ*), 29(1):83–100.

El-Hofy, H. (1995). "Machinability Indices for Some Non Conventional Machining Processes," *Alexandria Engineering Journal* (*AEJ*), 34(3):231–245.

El-Lawendy, M. (1977). "Electrochemical Super Finishing," M.Sc. Thesis, Alexandria University.

Hoshino, S., and Ogawa, K. (1995). "Electrochemical Buffing Using Carbon Fiber Cloth," *ISEM 11*, pp. 577–583.

Kaczmarek, J. (1976). *Principles of Machining by Cutting, Abrasion and Erosion*, Stevanage, U.K.: Peter Peregrines.

Kalpakjian, S. (1997). *Manufacturing Processes for Engineering Materials*, Menlo Park, CA: Addison Wesley.

Machining Data Handbook. (1997). 3rd ed. Cincinnati, OH: Machinability Data Center, Institute of Advanced Manufacturing.

McGeough, J. A. (1988). *Advanced Methods of Machining*. London. New York: Chapman and Hall.

Metals Handbook. (1989). Vol. 16, *Machining*. Materials Park, OH: ASM International.

Pajak, P. T., DeSilva, A., McGeough, J., and Harrison, D. (2004). "Modeling the Aspects of Precision and Efficiency in Laser Assisted Jet Electrochemical Machining (LAJECM)," *ISEM XIV*, *On-site Conf. Proc.*, Edinburgh, U.K. (*Journal of Materials Processing Technology*).

Randlett, E., et al. (1968). "Electrochemical Honing (ECH)," Technical Paper MR68–815, 9 pp.

Rumyantsev, E., and Davydov, A. (1984). *Electrochemical Machining of Metals*. Moscow: MIR Publishers.

Shpitalni, M., et al. (1981). "Adaptive Control System for Optimising the ECG Process

under the Over Cut Constraint," *Annals of CIRP,* 30(1):97–102.
Youssef, H. A. (1971). "Electrolytic Superfinishing of Sintered Carbides," Faculty of Engineering Bulletin, Alexandria University, X.209 231.
Zybura-Skrabalak, M., and Ruszaj, A. (2000). "Investigation Aiming to Increase the Rate of Electrochemical Dissolution Process," *CAPE-2000 Conf.*, Edinburgh, U.K., pp. 163–174.
www.unl.edu/nmrc/hybrid/hybrid_machining.htm

제 7 장

Crichton, I., and McGeough, J. A. (1984). "Theoretical, Experimental and Computational Aspects in Electrochemical Arc Machining," *Annals of CIRP*, 33(2):1–4.
El-Hofy, H. (1985). "Fundamental Study of Electrochemical Arc Wire Cutting," Ph.D. Thesis, Aberdeen University, U.K.
El-Hofy, H. (1992). "Electro Erosion Dissolution Machining of Graphite, Inco 901, 2017 Al. and Steels," *5th PEDAC Conf.*, Alexandria, pp. 489–501.
El-Hofy, H. (1995). "Machinability Indices for Some Non Conventional Machining Processes," *Alexandria Engineering Journal*, 34(3): 231–245.
El-Hofy, H. (1996a). "Assessment of Machinability in Electro Erosion Dissolution Machining," *Alexandria Engineering Journal*, 35(2):43–49.
El-Hofy, H. (1996b). "The Role of Electrolyte Flow Velocity in EEDM," *Alexandria Engineering Journal*, 35(2):139–14.
El-Hofy, H., and Khayry, A. (1995). "Comparative Study on Produced Geometry and Surface Integrity by Electrochemical Machining, Electro Discharge Machining, and Electro Erosion Dissolution Machining," *Proc. of IEMS 5*, University of Central Florida, pp. 515–327.
El-Hofy, H., and McGeough, J. A. (1988). "Evaluation of an Apparatus for ECAM Wire Cutting," ASME, *Journal of Engineering for Industry*, 110:119–123.
El-Hofy, H., and McGeough, J. A. (1989). "Effect of Pulse Duty Cycle on Stock Removal Rate and Accuracy in ECDM," *PEDAC-4 Conf.*, Alexandria, pp. 355–362.
El-Hofy, H., El-Makky, M., and El-Wardany, T. (1990). "Surface Generation in Electro Erosion Dissolution Machining," *Alexandria Engineering Journal*, 29(4):301–305.
Erden, A. (1979). "Investigation on the Role of Dielectric Fluid Velocity in EDM," *2nd PEDD Conf.*, Ain Shams University, Cairo, pp. 769–776.
Hewedy, M. (1995). "The Influence of Electrode Vibration in the Performance of EDM Process," *Engineering Research Journal*, Helwan University, Cairo, 2:32–42.
Jain, V. K., et al. (1991). "Experimental Investigations into Traveling Wire Electrochemical Spark Machining (TW-ECSM) of Composites," *Journal of Engineering for Industry*, 113:75–84.
Khayry, A. (1984). "Stochastic and Experimental Studies of Drilling by Electrochemical Arc Machining," Ph.D. Thesis, Aberdeen University, U.K.
Khayry, A., and El-Hofy, H. (1990). "Aspects of Stainless Steel Die Sinking by Electro Erosion Dissolution Machining," *Transactions of SME (NAMRI XVIII)*, pp. 273–243.
Kuneida, M., and Furuoya, S. (1991). "Improvement of EDM Efficiency by Supplying Oxygen Gas into Gap," *Annals of CIRP*, 40(1):215–218.
Levy, M., McGeough, J., and Munro, W. (1983). "Investigation of Surface Finishing of Dies and Moulds in Electrochemical Arc Machining," *ISEM-7*, pp. 265–275.
Machining Data Handbook. (1997). Vol. 2. Cincinnati, OH: Machinability Data Center, Institute of Advanced Manufacturing Sciences.
Masui, K., Demizu, K., Sato, Y., and Sone, T. (1995). "Surface Modification of Tool Steels

by Alloying Method Using EDM Processes," *ISEM-11*, pp. 419–426.
Masuzawa, T., et al. (1992). "Improved Jet Flushing for EDM," *Annals of CIRP*, 41(1):239–242.
McGeough, J., Khayry, A., and Munro, W. (1983). "Theoretical and Experimental Investigations of the Relative Effects of Spark Erosion and Electrochemical Dissolution in Electrochemical Arc Machining," *Annals of CIRP*, 32(1):113–118.
Mohri, M., Saito, N., and Tsunekawa, Y. (1993). "Metal Surface Modification by EDM with Composite Electrode," *Annals of CIRP*, 42(1):219–222.
Murti, V. S., and Philip, P. K. (1987). "A Comparative Analysis of Machining Characteristics in Ultrasonic Assisted EDM by Response Surface Methodology," *Int. Journal of Product Research*, 25(2):259–272.
Nowicki, B., and Spadlo, S. (1995). "Brush Electrodischarge Mechanical Machining," *ISEM-11*, pp. 209–216.
Rajurkar, K. P., Wei, B., Kozak, J., and Nooka, S. R. (1995). "Abrasive Electrodischarge Grinding of Advanced Materials," *ISEM-11*, pp. 863–869.
Rumyantsev, E., and Davydov, A. (1984). *Electrochemical Machining of Metals*," Moscow: Mir Publishers.
Saushkin, B., et al. (1982). "Special Features of Combined Electrochemical and Electro Erosion Machining of Elongate Machine Parts," *Electrochemistry in Industrial Processing and Biology* 105, part 3, 8–14.
Schumacher, B. (1990). "About the Role of Debris in the Gap During EDM," *Annals of CIRP*, 39(1):197–199.
Spadlo, S. (2002). "Computer Studies of Brush Electrodischarge Machining with Electrode of Alloy Steel and Tungsten," *16th Int. Conf. on Advanced Manufacturing Systems and Technology Proceedings* (AMST03), Udine, Italy, pp. 515–524.
Thermal Machining Processes. (1979). Dearborn, MI: SME.
Wells, P., and Willey, P. (1975). "The Effects of Variation in Dielectric Flow Rate in the Gap on Wear Ratio and Surface Finish During EDM," *IEE Conf. on Electrical Methods of Machining, Forming and Cutting*, pp. 110–117.
www.Jobshop.com/techinfo/electdischagrggrindingdef.shtml.
www.unl.edu/nmrc/hybrid/hybrid_machining.htm.
Zhang, J. A., Lee, T. C., Lau, W. S., and Ai, X. (1997). "Spark Erosion with Ultrasonic Frequency," *Journal of Material Processing Technology*, 68:83–88.
Zhang, Q. H., Zhang. J. H., Ren, S. F., Deng, J. X., and Ai, X. (2004). "Study on Technology of Ultrasonic Vibrations Aided Electrical Discharge Machining in Gas," *ISEM XIV On-site Conf. Proc.*, Edinburgh, U.K. (*Journal of Materials Processing Technology*).
Zhixin, J., et al. (1995). "Study on Mechanical Pulse Electrodischarge Machining," *Precision Engineering*, 17(2):89–93.

제 8 장

Elsabaa, I., Soliman, E., and Khayry, A. (2001). "A Comparative Study of Rapid Prototyping Techniques," *Alexandria Engineering Journal*, 40(3):335–346.
Hauber, D. (1988). "Automatic Production of PBM Parts Directly from a Computer Aided Design Model," *International Journal of Powder Metallurgy*, 24(4):337–342.
home.att.net/~castleisland/fdm_int.htm
home.att.net/~castleisland/ink_int.htm
home.att.net/~castleisland/len_int.htm
home.att.net/~castleisland/pmkt/lom_int.htm

home.att.net/~castleisland/pmkt/lom_int.htm
home.att.net/~castleisland/sgc.htm
home.att.net/~castleisland/sla_int.htm
home.att.net/~castleisland/SLS_int.htm
ime.ucla.edu/~luoh/bpm-web.htm
Kruth, J. P. (1991). "Material Increase Manufacturing by Rapid Prototyping Techniques." *Annals of CIRP*, 40(2):603–614.
Kruth, J. P., Leu, M. C., and Nakagawa, T. (1998). "Progress in Additive Manufacturing and Rapid Prototyping," *Annals of CIRP*, 47(2):525–540.
McGeough, J. A. (2002). *Micromachining of Engineering Materials*. New York: Marcel Dekker, Inc.
mtiac.alionscience.com/pubs/rp/rp42.htm
mtiac.alionscience.com/pubs/rp/rp47.htm
Sachs, E., et al. (1993). "Three-dimensional Printing: the Physics and Implications of Additive Manufacturing," *Annals of CIRP*, 40(1):257–260.
students.bath.ac.uk/en2hlt/FDM2.htm
Wright, P. K., (2001). *21st Century Manufacturing*. Upper Saddle River, NJ: Prentice Hall.
claymore.engineer.gvsu.edu/eod/manufact/manufact-310.html
www.bsu.edu/classes/flowers2/lom1.htm
www.caip.rutgers.edu/~kbhiggin/VDF/FDM.html#intro
www-2.cs.cmu.edu/~sdm/
www.foundry on line.com
www.quickmodels.com/prod03.htm

찾아보기

옮긴이 소개

강명창 kangmc@pusan.ac.kr 부산대학교 대학원 융합학부 교수

신보성 bosung@pusan.ac.kr 부산대학교 인지메카트로닉스공학과 교수

정해도 hdjeong@pusan.ac.kr 부산대학교 기계공학부 교수

정가 25,000원

하이브리드 가공학

2013년 11월 12일 초판 인쇄
2013년 11월 25일 초판 발행

저 자 : Hassan El-Hofy
역 자 : 강명창 · 신보성 · 정해도
발행자 : 우명찬 · 송 준
발행처 : 홍릉과학출판사
주 소 : ㊐ 142-885 서울시 강북구 인수동 455-60
등 록 : 1976년 10월 21일 제5-66호
전 화 : 999-2274~5, 903-7037
팩 스 : 905-6729
ISBN : 979-11-5600-008-2

역자와의 협의하에 인지생략

hongpub@hongpub.co.kr
www.hongpub.co.kr